马修霞 著

资深心理咨询师手记

巧玲的 365 天

知识产权出版社
全国百佳图书出版单位

图书在版编目（CIP）数据

资深心理咨询师手记：巧玲的365天 / 马修霞著. —北京：知识产权出版社，2014.9
ISBN 978-7-5130-2994-0

Ⅰ.①资…　Ⅱ.①马…　Ⅲ.①心理咨询—案例　Ⅳ.①R395.6

中国版本图书馆CIP数据核字（2014）第214420号

内容提要

作者是著名的心理养生师，她以自己一年365天的生活和工作为蓝本，结合自己做的大量心理咨询案例和对生活的体悟，写就此书。这是一本从生活角度谈家庭教育和心理成长的读物，作者去除案例中繁杂的咨询过程而注重理念的渗透，对于生活本身的解读尽显文学化，为读者提供真实的引导和启发。

责任编辑：周　游　责任出版：刘译文

资深心理咨询师手记：巧玲的365天
ZISHEN XINLI ZIXUNSHI SHOUJI QIAOLING DE 365 TIAN

马修霞　著

出版发行	知识产权出版社 有限责任公司	网　址：	http://www.ipph.cn
电　话：010-82004826			http://www.laichushu.com
社　址：北京市海淀区马甸南村1号		邮　编：	100088
责编电话：010-82000860转8532		责编邮箱：	zhouyou-1023@163.com
发行电话：010-82000860转8101 / 8029		发行传真：	010-82000893 / 82003279
印　刷：北京中献拓方科技发展有限公司		经　销：	各大网上书店、新华书店及相关专业书店
开　本：720mm×1000mm　1/16		印　张：	18
版　次：2014年11月第1版		印　次：	2014年11月第1次印刷
字　数：285千字		定　价：	49.80元

ISBN 978-7-5130-2994-0

前 言

作为一名资深心理咨询师和家庭教育工作者，生活和专业的积累促使作者在完成几本相关的专著后，更加读懂了家长的心理需求，于是作者一直就探索着用文学的形式去表现心理成长、灵性思想的作品。几番尝试后，就在场景上从自己所住的小院子写起，采用了365天这样一种形式，自己就是一切事件活动的主线，这样天时、地利、人和的因素都有了，就家庭教育、心理成长、灵性人生而言，这应是激起读者共鸣最好的方式了，因为一切都来源于真实，一切都来源于家庭。一个家庭教育工作者，把自己的家庭晒到这个程度，这就如"歌者是歌的一部分、舞者是舞的一部分"一样，人与事在这里找到了最好的整合方式。

书名取 "巧玲的365天"，一是因为"巧玲"是作者父母送给作者最好的礼物——乳名。二是因为"巧玲"二字有其积极的意义："巧"代表的是对生活的选择方面，要抓住机遇善于做选择，同时又会经营生活，美好的生活从来都是经营出来的；"玲"者"灵"也，代表的是生活中智慧的层面，也就是灵性人生。就心理健康程度而言，"巧玲"就是心理健康的最高境。作者和自己家庭是贯穿本书始终的一个案例，是读者的参照点——书的内容涉及到作者原生家庭的影响、婆媳关系的处理、对儿子的教育方式、夫妻的相处之道，这些内容时不时地就渗透在书中，这都是"巧"和"玲"的境界。书中有作者描写自家小院植物的大量片断，这些从植物身上悟到的思想闪光点，是"灵"性人生的升华。人类经过多少万年的进化，几千年的文明史，与植物和谐共处，成长有共性、灵性亦能通，从植物身上得到的感悟与从人那里得到的感悟相比，更具有思想的共鸣。

作者用散文的记叙、描写和议论方式，记录了大量心理咨询案例，这些案例的记录去除繁杂的咨询过程而注重理念的渗透，是为了给读者一个启发，一个理念的引导，起到"他山之石，可以攻玉"的效果，因为悟透了这些案例，就是不用咨询的咨询，就是恰到好处的自我救赎，这种直透式的记录最能触及人心灵的成长。人本是因为共性而相处与合作，因彼此不同而成长和进步，看别人的成长自然是引导自己成长最好的方式，因为这些案例本身就是镜子，让人既照见自己又照见自己的家人。

这是一本从生活角度谈家庭教育和心理成长的读物。列夫·托尔斯泰曾说"幸福的家庭都是相似的，但不幸的家庭却各有各的不幸"，那么我们就从本书作者描写家庭的方方面面中去看这种"相似"，而从那些形形色色不同的案例中去看"各有各的不幸"，化"不幸"为"有幸"，从作者思想的阐述中体味人的灵性成长。

CONTENTS 目录

2013 年 3 月

2013 年 4 月

2013 年 7 月

2013 年 8 月

1月

2013　周二
01·01　　特殊的朝天锅调料

　　元旦要放假了，好想利用这三天做一个生命质量的提升，就跟老公去潍坊参加一个生命教育培训课程。

　　今年的雪水充盈得给人一种饱胀的感觉，一场雪还没有消融呢，另一场接着就来了，好像急着赴一场心灵的约会。路上，除了冰还是冰，车辆和行人都小心翼翼。培训的第一天，中午下课时已近十二点。时间紧张没空做饭了，就在路上买了六个火烧。我拽着老公的衣服，一步一滑地走在回儿子家的路上。

　　好不容易走到儿子家小区门口，要拐弯了，我一个趔趄摔倒在马路上，立时，手里的火烧就分左、前、右三个方向滚去，我仰面朝天地倒在地上，疼得龇牙咧嘴，老公笑得东倒西歪。我调整精神，坐在了滑滑的冰上，看看周围，有几个孩子正在玩悠悠球，对于我的倒地和老公的大笑，竟然像没看见一样。我有点奇怪，摸着后脑勺问老公："这么'惊天动地'的大事儿，这些孩子怎么视而不见呢？"老公一边扶我起来，一边说："人家潍坊的孩子见过大世面，早已是见怪不怪，哪能见你一大老娘们摔倒了就乐呢？"

　　下午培训课分享生活感受时，我说了摔倒的经过。导师笑坏了，他说："你是嫌我们中午吃的潍坊朝天锅不够味，特地又给加了一味调料吧？"人摔倒了，往往会先顾及自己的面子，好像此时自己成了世界的焦点，其实路上的行人都有各自的事情在忙，有多少人会关注摔倒的人呢？

拿摔倒当笑料调侃，也需要一定的境界。

2013 周三 01·02　粗毛线女帽

因为培训学校车位有限停车受阻，这几天的培训老公一直骑儿子的电动车。老公平时是开车一族，穿羽绒服不用帽子的。这次真要"无备有患"了，天气这样冷，骑电动车很容易冻坏耳朵的。我在儿子的房间来回找，只找到一顶粉红色的粗毛线女帽，帽子两边罩下两个耳朵，耳朵下各连着一根粗毛线绳，帽子的顶上是一朵硕大粉色的绒绒球，我想：这帽子戴在头上一准儿暖和。可这是儿子还没有过门的媳妇的帽子啊！不管它，让老公戴戴看！我一看乐了，粉红的帽子，白皙的脸庞，戴上后老公竟然显示出男性的几分妩媚。我把老公拉到镜子面前，让他"孤芳自赏"。他也乐了，自顾自地说："只要舒服，别冻坏，就是胜利。再说了，潍坊有几个人认识我？"我好佩服老公的勇敢啊！我哈哈笑着和老公出了门。

到了培训班，音乐声中我们进入教室，老公忘了头上的"妩媚"，径直走了进去。同学们一看，就笑得不行。老公竟然大将风度，不动声色。没想到下午的化装课，老公就戴着这样的帽子参加了，竟然歪打正着获得最佳创意奖。

2013 周四 01·03　鞋底哪去了

今天晚上培训结束时，已近半夜十一点了，气温已达零下十七八度，好冷啊！老公孤胆英雄，骑着电动车载着我往儿子家"飞"。路上的冰反射着冷冷的光，我感觉身上的热气都跑掉了，紧紧地贴在老公的后背上，如同一只寄居蟹。呀！大事不好！"咣当"一声，我们连人带车摔在了马路上，车子滑出去几米远。我一伸手，抓住了老公的脚，老公仰面倒在地上，我急忙喊："啊！摔着没有啊？"好在两人都有厚厚的羽绒服包裹，如同两只蠢猪趴在那里，检查身体各部分的"零件"，还好！完好无损！扶起车子要走时，才发现老公的一只鞋子只留下了鞋面，鞋底不知跑到哪里去了，我们两个在地上乱摸一气，最后只找到了鞋垫，鞋底竟然遍寻不着。啊！这劣质的皮鞋和这极冷的天气啊！怎么办呢？我想了想，把自己羽绒服的帽子摘下来捂住老公的脚，又用帽子的两根带绑住，老公又勇敢地骑车出发了。一路上，好担心老公的宝贝脚啊！

老公能如此乐观地跟我一起学习，真好！三天的生命教育培训课程，我们大大地享受了一把琴瑟和鸣的感觉。

2013 周 **01·04** 五　天好晴朗

今天是个特殊的日子，今天也是个应当封存于记忆深处的日子。

昨天下午知道今年全国矿业权评估师考试的分数可以查了，就打电话给老公，他竟然在电话里孩子似的说："我怎么不敢查呀！"我跟他说："查查吧，相信结果总是如人愿的，再说了，什么结果也得面对呀！"他说："好的。"放学往家走的路上，就想回家后能看到老公什么行为呢？狂喜还是沮丧？结果回到家，看到他仍在灯下绣十字绣，心想这么淡定呀。询问后才得知是没有查到，因为打电话时对方已下班。

今天上午，八点半上班了，就开始查分，拨打电话，一直是忙音，估计是查分的太多，也"堵车"了。快十点了，老公才打通电话，他边接听边拿笔记着，而我则侧过头看他在纸上写的——财务与法律60，地质与矿业工程95，矿业权评估实务93，矿业权评估61。他有些疑虑地问："那这样就算通过了？"对方停了一会儿，才慢悠悠地回答："你倒挺会考哈！"老公就乐了，我也乐了，高兴地搂着老公的脖子蹦跳。蹦够了才停下来算分，哎呀好悬呀，刚过线。打开"矿业权评估QQ群"看时，就不断有人感叹老公这神一样的分数。

来到院子里，我看着蓝色的天空，感觉有种天亮了的感觉。想想老公这人，从年轻时就与自己的母亲格格不入，母子关系水火不融，下岗这么多年了，就一直窝憋着，没有职业没有收入，除了抱怨指责，似乎生活中没有了其他的内容。我除了照顾他的生活，还要看他的脸色，忍受他的抱怨和指责。虽然心底里觉得他是个人才，但英雄无用武之地的人多了，是人才又怎么样？人才没有生活在他想要的位置上，生活的质量还比不上不是人才的人，因为人才怀才不遇的抱怨易滋生出畸形的心理，他看什么都不顺眼。当一个人看什么都不顺眼的时候，别人看他能顺眼吗？但自从带他去潍坊家庭教育中心做过家庭治疗后，他就变了，变得不再抱怨，变得有心情生活，变得与婆母也能聊几句家常，而不是原来那样话没有几句就愀然变色。慢慢地，婆母也变了，变得理解儿子，心疼儿子，最为重要的是，她的心疼能当面对儿子表达，而儿子也能接受。几个月前当得知要举行全国矿业权评估师考试时，老公毅然拿起了书本，沉浸在复习当中。五十多岁的人了，戴着老花镜，抱着书变成了小学生。我毕竟有些事情需要忙碌，因为我的职业，也因为我的爱好。他用手抓着我的胳膊，眼睛直视着我的眼睛，一字一顿地说："马修霞！我告诉你！在我复习考试期间，你必须停止一切社会活动！"我当即答应："好好好！我停止！我停止！"于是在老公复习考试的四个多月里，我做了全职太太，陪伴不仅用心，还要用情。老公有些信心不足时，我就会告诉他："你是个人才，老天一定会垂青于你的！"复习累了的时候，我会牵着他的手去散步，看河边的风景。在他烦的时候，我会给他播放他喜欢听的音乐，他就会在音乐中慢慢放松下来。在他需要倾诉的时候，我会陪他去找他最好的朋友，看着他跟好朋友喝酒、聊天、仰天大笑，牛皮吹得山响。

老公去长春考试了，他在QQ上告诉我："坏了，复习的重点全偏了，看来过关的可能性不大。"我跟他聊，考试情况错综复杂，没有到考场，谁也不能断定自己的复习是偏还是不偏，不能听别人的一家之言，现在最重要的是有信心，信心就是一种定力。老公考试回来了，我抱着一大束鲜花去车站接他。当老公从车上下来时。我把鲜花给他，把他的包接过来背在肩上，他腼腆得像个姑娘："让人看见多不好意思。"我说："怕什么，我们是合法夫妻！别人看见只会羡慕，这是运气，抱着！抱着！"从车站往家走时，老公抱着鲜花，鲜花映着他汗津津的脸庞，脸笑得也成了一朵花。我背着沉甸甸的包，推着自行车，惹得行人纷纷注目。回家后，才知道超自尊的魅力，老公温顺得如同孩子，做什么都乐颠颠的。隆冬的季节，我们家的感觉却像阳春三月。那束鲜花如盛装的新娘，在客厅灿烂了半个多月。

今天，终于有了自己想要的结果，老公笑靥如花。是啊，就过关考试而言，那个考60分的永远比考100分的要高兴，侥幸啊！我跟他说："这就是运气吧，看你，是一个多么有福气的人。运是会走的，是什么让运走到你这里呢？"他歪着头想了想，说："去感谢母亲吧！"于是我们一起去请婆母吃饭。电话打过去后，婆母就高兴得不行。当我们赶到婆母住的楼时，婆母一看见我们就哭了，哭得一塌糊涂，老公却在一边发呆，我一手推着老公的背，另一只手推着婆母的背，慢慢地把两个天底下最亲的人圈到一起，娇小的婆母就蜷缩在了老公的怀里，婆母的泪眼婆娑伴着老公的温存软语，我在一边也泪如雨下。婆母抽泣："太不容易了，这么大年龄了，受苦了！"我轻轻地拍着婆母的后背，把嘴巴凑在婆母的耳根上："娘，你儿子是个英雄！多么不简单！全国才考过了一百多人呢！整个潍坊地区就他一人呢！"婆母擦干眼泪，八十多的老太太撒娇似的说："英雄！英雄！""看看，忘了！应给英雄整个大红花戴上！"我笑了，婆母也笑了，尽管她的眼角上还挂着硕大的泪滴。

下午回到家里时已是午后三点多，冬天的阳光正好，我在院子里喃喃自语："南京解放了！北京解放了！全国都解放了！"解放的天好晴朗！

2013 周 挂十字绣
01·05 六

2012年我全年去潍坊挂职学习家庭治疗，留老公一人在家，漫漫长夜何时了啊！为打发这孤寂的日子，我提议老公绣十字绣。老公的心细手巧是圈子里尽人皆知的。结果他用十个月的业余时间绣好了一幅长两米一、宽一米零五的十字绣，还过五关斩六将考出了矿业权评估师，被我的好朋友誉为"极品男人"。

看着装裱起来精美绝伦的十字绣，我在想把它挂在哪里呢？朋友建议挂在儿子的新房里，儿子今年要结婚，这样精美的饰品挂在儿子的新房里，是再合适不过了。但我还是想到了家的源头，想到年事已高的婆母。我就问老公："你的儿子和你的妈妈，谁看这十字绣时心情会特别好呢？"

老公说："有什么能比得上一位母亲看自己儿子作品的那种满足感和幸福感呢？"我说："家庭中的能量，家庭中的爱，都是自上而下流通的。看这幅画，名字是《富贵祯祥》，这里面的每一样物体都有一层深刻的含意——牡丹，代表富贵；孔雀，代表吉祥；梅花，代表幸福；竹子，代表平安。对于一个家庭而言，这就是最温馨、最幸福的。而这些正能量，需要从上往下流动，顺流自然是通畅的。所以，祝福家庭的正能量还是从妈妈那里往下流传吧。"老公自然是乐不可支。

我俩小心翼翼地把十字绣运到婆母的楼下时，邻居看到从车上抬下来的十字绣，眼睛都直了。邻居帮忙把十字绣抬到婆母的客厅，婆母激动万分，她说："给孙子挂在潍坊吧。这么好看，别浪费了。"我说："娘，这画放在您这里，是再合适不过了，谁看也不如您看啊，谁看也没有您看的心情，是吧？"婆母说："那倒是。只是太珍贵了。""珍贵的东西放您这里，儿子一样能得到家庭中的祝福。放您这里会沾上您的福气，以后这东西就是我们家的传家宝啊！"婆母欣然接受了。我跟婆母说："娘，我同事说了，'人家咋那样能耐呢，生出这么优秀的儿子，这么有耐心，能绣出这么美的十字绣来'。"婆母的脸如菊花一样灿烂，她说："那这样说来，还有我的功劳了？"我说："当然了，功劳大大的。都是您的功劳，无论您儿子多么优秀，都是您的功劳。"

我感觉婆母的脸上每一道皱纹都舒展开了！

于是自今日起，这五彩缤纷的《富贵祯祥》就在婆母的客厅里流光溢彩起来。自此后，每逢家里来了客人，婆母就成了最高级的讲解员，她站在十字绣前满面含笑地讲述，坐在沙发上的人听得津津有味。

2013 01·06 周日　狗屎先生与笑靥如花

QQ上有一个人跟我打招呼，他的昵称是"狗屎先生"。谁呢？不太喜欢这名字啊，于是就没搭理，结果他说："老师，还记得笑靥如花吗？"我一下子就知道了他是谁。

他是一个又高又帅气的男学生，语文成绩很好。我做班主任工作时，季节合适的时候一般会在讲台边放一盆鲜艳的菊花，菊花在傲然开放，那种生命的质感就一下子活跃在班级里了。记得有一次让学生写菊花，我也写：

"今天是大雪日，富有诗意的是，我和我的学生一起面对一盆金丝菊，在抒写着冬日的情怀。

"我向来喜欢菊花，也许是受母亲的影响吧。小时候家境贫寒，可以用来装点生活的饰品几近于零，但爱美成性的母亲每年都要在院子里的空地上栽下一丛丛的菊花。西风乍起、黄叶纷飞的时候，她会小心翼翼地用铁铲把菊花连根带土一起移栽到小木桶里。冬天，室外大雪纷飞、滴水成冰，室内却温暖如春、生机盎然，菊花如盛装的美人，开在我家的后窗上。这盛开的菊花就让我们的生活充满了色彩。最让母亲骄傲的是一株名字叫作'凌风唤彩'的黄色菊花，硕大的花朵足有一个成年人的巴掌那样大，纯金色的花瓣一层一层地铺绽开来，如同美女的秀发飘飘，名字也起得富有诗意，'凌风'本身就给人一种召唤的感觉，召唤而来的色彩就充满了飘逸，飘逸的光与彩有一种灵动之美啊！生活的美感就在这光与彩中渲染着。漫长寂寞的冬天，我们就在菊花黄金色的辉映中，在热乎乎的大土炕上玩耍嬉戏。很多时候父亲打理完一天的生活，就面对着一小碟花生米，陶醉般地浅饮小酌，母亲云鬟高耸端坐在父亲身边，安详地纳着鞋底，不时地把针在头皮上蹭几下。那样的时候，我发现母亲的眼里全是菊花的色泽。

"如今，我已成家多年。也许是受母亲的熏陶和感染吧，总喜欢在院墙外栽下一丛丛的菊花，或黄或红，或白或粉，像晶亮的眼睛一样点缀在那里。每当放学时带着一身的疲惫回家，拐过胡同口的墙角，菊花就会擦亮我的眼眸。阳光融融之中，秋风徐徐而来，菊花点头召唤我，我微笑着同每一朵花行过注目礼，微笑着开门，把一脸阳光般的微笑也带进家门。平日总觉得菊花是带了几分骨气生存于世间的，不去挤春的娇艳，不去抢夏的绿泽，却拥有深秋的金黄色——黄金，富贵的象征；秋阳，温暖的佐证，这些，菊花都有。

"现在，面对着一盆金丝菊，我和我的五十名学生都在挥动着如椽的巨笔，和菊花进行着心灵的对话，抒写着自己的梦想，成就着大的中国梦想。看这菊花墨绿色的枝叶，细细的圆筒形的花瓣，如一张富足的脸，绽开在教室里。因自己所爱，几乎我教过的学生，都会和我一同赏菊、写菊。今年也是这样，只不过从时令来说晚了一些，因已到了大雪日，菊花大多从室外移到了室内。本学期教两个班的语文，整日忙得脚不沾地，好不容易今天上午后两节没课，又恰逢安丘集，忙不迭地驱车来到花市。花市里人头攒动，透过人的缝隙看到的是开得正艳的仙客来，火红火红的，让人会暂时忘却冬日的寒冷。菊花已不多，正当我以为自己会扫兴而归时，一盆开得正艳的金丝菊出现在我的视野里，金黄的色泽浓得似乎流泻下来。太好了！就它了！携花而归，如同得了一个宝贝般欢欣鼓舞。

"从今天起，这盆菊花就会置于冬日的教室，我跟学生说这是我送给他们的礼物，他们可以从一盆菊花中吸收成长的力量。今年的这一级初一新生，对求知的热忱，课堂上表现出的悟性，常常令我大加赞赏。我想这一班聪灵的他们，在菊花面前，美好的潜质当早日养成。

"学生与花一样美——我总这样认为。

……"

而今看到这学生的QQ签名，禁不住笑了，"狗屎先生与笑靥如花"是如此巧妙地合在了一起，真是大雅即大俗啊！这就是对立统一吧！生命竟会缔造出如此的完美。

2013 周一 01·07 对幸福的诠释

看到这样一句话："幸福就像一个玻璃球，这个玻璃球从天上掉下来，碎了。玻璃球的碎片散落到每一个人的身边，于是，周围的人就把碎片捡起来。有些人捡得多一些，有的人捡得少一些，但没有人可以捡到全部的。所以，握紧那些捡在手里的幸福，才是最重要的。"对这段话我有我的理解：

1. 每个人手里所握住的玻璃球碎片是不一样的，所以每个人体验幸福的方式是不同的。有的人，美食一顿之后，也许就会美哉美哉，活神仙一般。而有的人呢，也许是一篇美文，会让他获得至美享受……

2. 人以珍惜拥有为幸福。幸福不是缥缈的，它是人心灵的满足程度，所以捡到手里的才会拥有幸福。幸福来自人感受生活的能力，而人感受生活的能力来自内心的能量，内心的能量满满的，满则溢，所以自己感到幸福的人是一定会善待他人的，而这种善待又会形成一种正向能量的循环，让好的人遇到好的事，从而形成良性循环！

2013 周 01·08 二　对"神童现象"的思考

近日读到一段话，南宋叶梦得《避暑录话》中有这样一段记载——北宋元丰年间，饶州有位神童叫朱天赐，因从小就能熟读经书而做了官。于是，当地所有有孩子的人家全都逼着家里的小"神童"熟读五经。但孩子生性好玩，不肯好好背记。父母们把这些神童一个个都放进竹篮，吊上树梢，使其玩耍不成。不少家长还请来家教，孩子背完一经，先生就能得到若干铜钿，作为酬劳和奖励。结果这个地方的许多孩子，因为生性不具备神童的先天素质而被活活折磨死。

这段话引发了我深深的思索。为人父母最大的幸福，莫过于有一个健康而又聪明的孩子。而多数父母，对孩子学习成绩的追求要远远大于健康。人生于世，既然为人父母了，就证明在社会上的打拼已不是一年半载，而且世人多有这样一种观念，就是做到父母了，人就已经定型了，生活上、事业上追求一种稳定。但人的生活总会有缺憾的，于是不知不觉当中，就会把自己的那些没有实现的愿望寄托在孩子身上，自己倒不去努力了。希望孩子比自己过得好，希望孩子的生活如己所愿。人是最善于对比的，同类中的孩子拔萃了，自然也会求自己的孩子出类。如饶州的民众，从朱天赐的身上看到了无穷无尽的希望，如法炮制酿成了悲剧。这样的悲剧在现实中有几多呢？

我的观点是，为人父母，是一种角色，而非一种职业。当父母把父母做成了一种职业的时候，孩子只会成为父母的产品，而不会成长为有灵性的一个人。

听《琵琶语》

许久没有这样了，可以听着《琵琶语》自己思量。与《琵琶语》这首曲子邂逅，是在暑期教育局组织的教师远程培训中。因对宗璞的《紫藤萝瀑布》欣赏有加，当看到课程中有《紫藤萝瀑布》时，毫不犹豫地进入这样一处令人眩迷的地方，仿佛进入了一个绝佳的胜景中，身心俱已痴迷。美得令人有些窒息的画面，藤萝的花一串串地悬垂着，紫色的花本身就写满了神秘，何况是已成瀑布的紫，盛开的、将开的，在阳光的温情中，泼洒出梦幻一样的感觉。年轻的语文老师，在教室中款款地走动着，声音幽幽地在教室中飘荡："紫藤花有个古老而美丽的传说：有一个美丽的女孩想要一段情缘，于是她每天祈求天上的红衣月老能成全。红衣月老被女孩的虔诚感动了，托梦给女孩：'春天到来的时候，在后山的小树林里，你会遇到一个白衣男子，他就是你想要的情缘。'等到春暖花开的日子，女孩如约来到了后山小树林，等待她美丽的情缘——白衣男子的到来。天黑了，那个白衣男子还是没有出现，女孩在紧张失望之时，被草丛里的蛇咬伤了脚踝。女孩不能走路了，无法回家。她心里害怕极了。在女孩感到绝望无助的时刻，白衣男子出现了，女孩呼喊着救命，白衣男子上前用嘴帮她吸出了脚踝的毒血，女孩从此便深深地爱上了他。可是白衣男子家境贫寒，他们的婚事遭到了女方父母的反对。最终两个相爱的人双双跳崖殉情。在他们殉情的悬崖边上长出了一棵树，那树上居然缠着一棵藤，并开出串串紫藤花。紫藤花需缠树而生，不会单独活下去。有人说紫藤就是女孩的化身，白衣男子就是树的化身，紫藤为情而生，为爱而亡。藤萝那一身淡紫色的芬芳，那一颗颗饱满的花舱中，蓄满的都是情，都是意……"深情解读伴着琵琶声声，声声琵琶直至人的肺腑，是那么幽雅、从容。从此，这首曲子的旋律扎根于我的心中。

际遇的到来多是不经意间。某天中午，电视上在讲解一首曲子，似曾相识的感觉，定睛一看是《琵琶语》。咦？好像有一种老朋友的感觉。啊！想起来了，原来这曲子的名字叫《琵琶语》。

没事的时候，就在《琵琶语》中释放，释放一份孤独，也释放一份忙碌，身心的闲暇中，总是重拾旧时的感觉与向往。

2013 周四 01·10 努力营造孩子成长的场效应

儿子今天回家了，年轻的儿子是那么阳光而又帅气。我开门迎他回家时，他的一个远房爷爷正站在街上，爷爷眼神不是很好，看到我时才认出来面前站着的是他的孙子。爷爷走过来拉住了儿子的手，眉眼里全是笑，慈爱的眼光始终扫描在儿子的脸上，再也挪不开。爷爷两年前因为喉癌做了声带切除手术，再也无法跟人用语言交流。他拉着儿子的手，笑着，比画着，眼神闪动着，把儿子的手放在自己的胸口上。我在一边已经是泪眼迷蒙。儿子感慨又困惑地看着他的爷爷，他读不懂爷爷的肢体语言。我把儿子的手放在爷爷的手里，跟儿子说："你爷爷是说，自己的孙子好优秀，看到孙子这样优秀他好高兴，他说你是全家族的骄傲。是吧？叔叔？"其实我也不懂得爷爷说些什么，但是我想，这些语言对儿子是有教育作用的，所以就无师自通地跟着自己的感觉这样解释。

没想到，儿子一下子受到了震撼，我从他的神情中分明看到了一种使命感，他用力地握着爷爷的手，庄重地跟爷爷说："爷爷，你好好保重身体，孙子在外面一定会记得你的嘱托。"年迈的爷爷用力地回应着，很动情地用另一只手向我跷起了大拇指。

我由此想到，生命本是一种场的能量。对于孩子来说，人际关系就是孩子的一种场效应，而亲子关系是场效应中能量最强的一种。一个孩子生活在周围人的赞誉中，他会按照亲人的期望往前走，既自尊又自信。而当孩子的所作所为得不到周围人的认可时，这种场的力量就会起反作用，孩子正向生命的能量就不足。有的父母基于对孩子的一种不放心，当孩子有一些不合时宜的举止时，就会跟周围的人诉说不停，这样的父母往往是定力不足，他们意识不到这些不良信息反馈到孩子那里时，对孩子的自尊心无疑是极大的破坏。自尊和自信紧密相连，自信和成功更是密不可分，所以我理解的"人前教子"是当众指出孩子的优点，而不是历数孩子的缺点让他蒙羞。

2013 01·11 周五　标点符号没背过呢

在老公考得证件后，我跟他说我们要为自己出征了，这需要我们具备相应的能力，老公拍拍胸脯说他的身体素质都有了，资格有了，就可以整装待发。我说："那只是你的从业资格啊，那么相应的能力呢？虽然你是五十岁的人，但是我们也应有年轻人具备的能力啊。"我们细细商榷，最需要学习的是沟通技巧，最需要练习的是电脑打字的速度。

今天我去潍坊参加生命教育培训，回到家时老公正站在客厅里摇胳膊，见我进屋他说："这几天胳膊好疼啊！"我以为出什么问题了，他就如孩子向家长邀功一样眨着眼睛说："这几天我练打字练的。"我为他的努力而欣喜："哇！老公，你好棒呀！键盘上的字母和符号背过了没有？"他说："没有全背过，但差不多了，标点符号没有背过。"我连忙说："你太厉害了，我都没有背过标点符号呢。"

2013 01·12 周六　父爱在右

我酝酿了多日的家庭教育讲座《父爱在右——谈谈父亲在家庭教育中的作用》今天终于出炉了。昨天从潍坊回家时，我看到路边高大的杨树直插云霄，对它们而言支撑重于保护，我当时受到极大的启发从而构思了这个讲座的结尾：

母亲是大地，给孩子提供的是温暖，对于孩子的身体健康有重要作用。父亲是支撑，对于维护孩子的精神世界，构建孩子的心理世界，功不可没。在这个世界上，母亲象征着温暖，如同土地一样给孩子宽广的怀抱。所以，母爱是包容、是承载、是呵护。父亲象征坚强，父爱是高山，父亲的爱对孩子来说是支撑、是构建、是养成。试想，当孩子长大的时候，他就会离开双亲独自生活，亲情的教育以分离为目的。看看那些匍匐在地上，离不开大地母亲的植物，它们终其一生需要的都是依靠和依赖。高大的植物都是扎根在土壤里，而枝干却伸向无尽的空中去发展、成长、繁衍。

母爱是左手，父爱是右手，左手和右手只有配合默契，并且用力基本均匀的时候，才能够平衡，才能够和谐。左手和右手，在平衡的基础之上，也不要忘了，多数时候，最先伸出去的往往是右手，需要决定的时候，也是通过右手来进行表决。在关键的时候，父爱教育是起决定作用的，如同力挽狂澜一样。母爱在左，父爱在右，在平衡和谐的基础上，孩子健康发展，爸爸、妈妈幸福恩爱，天长地久。

2013 周
01·13 日　为何会"输不起"

在生命教育课中，我发现许多学员都存在"输不起"的心态，就因为这样的心态，很多时候就没有了赢的机会。为什么"输不起"？因为怕失去，以为失去了，人生从此不再完整。得与失，本是生活中的两种常态，没有得就没有失，如同没有痛苦就不会体验快乐一样。但人们往往以为，得到是应该的，得到就对了，得到的时候不感激，不感恩，认为是必然的，心安理得，所以人无论得到多少，无论得到什么，都觉得是应当应分的，常此以往，心就麻木起来。但是对于失呢，就太敏感了，只要有一点点的失，忧虑就来了，紧张也来了，焦虑也来了。因对"得"的漠然和对"失"的敏感，人就容易滋生抱怨心理。

对于成长而言，"赢得起"固然重要，因为那样人会勇往直前。而"输得起"更重要，因为那样人不会倒下，所以，"输得起"一定是"赢得起"的前提。按照"吸引力法则"，关注点在赢的上面，则吸引来的，一定是赢；而关注点在输的上面，则吸引来的，一定是输。

　雪花与鲜花

　　阴云越聚越多，到晚上的时候，就凝成了雪花。我家的院子，植有蔷薇和藤萝，我每年都会种下佛手瓜，四时之景不同心情自然也会不同。我自诩"春看蔷薇花夏赏藤萝叶，秋看佛手瓜冬天赏雪花"。一年的美景从雪花开始，冬天的尽头就是春天的开始。雪花落在蔷薇枝上，枝杈间就坠满了白色的绒绒花。

　　一个私营企业的老板来咨询了。他前几天刚遇上一场车祸，门牙撞掉了两个，脸皮蹭破了好几处，结的痂黑红黑红的，惨不忍睹啊！问他的感觉，他说现在头脑反应迟钝，好像长在脖子上的不是自己的脑袋。现在他要开几家连锁店，而他却迟迟做不了决定。我告诉他，车祸是突如其来的打击，这场打击只让他受了一点皮肉之苦，这是他的福气担着。试想这场灾难发生后，虽然身体没有受到大的损失，但是人却经历了一场惊吓，神受伤了，"诸神归位"需要时间这位魔术师出场，头脑反应迟钝是神志在告诉你——慢一些行事。而自己做决定时的迟疑，那是不是就表明自己有那么点焦虑呢？他当即有茅塞顿开的感觉，摸着后脑勺不好意思地笑了，说："我明白了！"

　　过后，他托人送来一大抱的鲜花。看着鲜花摇曳在我的屋子里，我心想是他的内心有鲜花的感觉了，才会以鲜花相送啊！人，用自己的力量让自己平静下来，这是不是一种能力？当意识到的时候，调整也就开始了。孜孜以求时，也许不会得到，稍微放一放、缓一缓，于不经意间，所求的也许会不请自到。

　酸菜冒泡了

　　去年的时候，跟着东北的苗苗腌制酸菜。第一次腌的时候，是她来家里掌舵，我只是打打下手，仅是帮着往缸里码白菜而已。但看过之后，心里就有底了，于是今年冬天，我就自己动手腌制酸菜了。

按照固定的程序，把酸菜腌制在缸里后，就有了牵挂的事情，在阳台一角的大缸，悄无声息地，总是每天迎接着朝阳的到来，再送走斜阳的余晖。阳光在往返中，就把温度留在了缸里，缸里悄悄地发生着变化。我每天早上起床后的第一件事就是去看它，晚饭后的闲暇时间还是去看它。白菜在缸里悄悄地发酵着，接受着我每天探察的目光，味道一天天地深邃起来。记得去年把酸菜分给自己最要好的同学时，同学没有吃过酸菜，我跟她说："吃酸菜的时候，你才知道什么叫绵软悠长。"同学扶了扶眼镜，说："别转文了，是有回味吧？为什么不说回味无穷？"我笑着说："这对茬了，凡事总是先入味，再回味的，白菜在缸里，要待近两个月的时间，快赶上生长期了，已经把味道浸成了绵软，那自然就悠长起来，所以啊，吃酸菜，才有荡气回肠的感觉。回味无穷只是没有尽头，却没有质感在里面。"没想到同学回家后没几天，给我发信息说，酸菜吃起来，还真有点绵软悠长的感觉。

如同生活也需要回味一样，对于酸菜回味的喜欢，再加上是自己动手制作的，自然就格外钟情起来。看着缸里的水慢慢变混浊，又慢慢地变白，看着压在白菜上的小脸盆一样大的石头一点点地往水里浸，心底里的回味自然是一天天地加浓、沉淀。从菜里析出的成分在水里氤氲着，慢慢地漂浮，在水的表面聚集起来。终于，过了半个多月，如同织一张网一样，从水里析出的泡沫就把一缸水的表面封住了，这种彻头彻尾的封，使得缸里同缸外变成了两个相互绝缘的世界。

水的表面已经全变成了白色，那种半透明如同白色的塑料食品袋一样，把整个缸的表面全封起来了。看着的时候我总在思忖，这是一双什么样的巧手织就的呢？从上往下看去，竟然有经线、纬线编织的感觉，这样就很牢固了。水的表面都织得这样牢固，是怕一不小心，能撑破吧？缸里面发酵冒出的小气泡再也出不来了，在表面鼓起一个个金鱼眼一样的大泡泡，多数泡泡挨挤在缸沿，少数的泡泡点缀在里边，于是平铺的缸面就开放了簇簇的小花。我看着忍不住了，小心地用手去触，结果手还没有感觉到什么，泡竟然倏忽不见了。

时间总是在人忙碌的时候就不经意地溜走，不知不觉地，就放寒假了。把单位里分发的过年福利放在阳台的茶几上，就又看酸菜缸了。上次回娘家的时候，侄女跟我说，生活往往就有意外，家里种的白菜屋子里都放不下，却没有一个人会做酸菜。偏偏这么个能写文章会抒情的大姑妈，人住在城里，每天在单位忙得脚不沾地，自己又不种地，却会腌制酸菜，真是阴差阳错啊！侄女可怜巴巴地问，酸菜什么时候腌好，她都有点等不及了。我跟侄女打保票，过年的时候一定要让她吃上酸菜，并笑着说，不用翠花上，我们自己上就可以了。

看着单位发的一盒盒包装精美的食品，倒不是侄女向往的，唯独对于这缸酸菜，可是牵挂太多，这也倾注了我太多的向往。看着越鼓越多的白色泡泡，内心里回味的感觉更强了。雪花飘、年来到的时候，在院中飘散着的，不仅是年的味道，还有这缕缕绵软、挥之不去、回味无穷中又荡气回肠的酸菜的味道，啊！那股酸酸的、醇醇的，让人永难忘怀的绵软悠长的回味啊！

2013 周 01·16 三　铜盆子铜碗铜大缸啊

上午的时候，腌制韩国式的辣白菜，因为需要使用的作料太多，盆盆罐罐的，在我家宽敞的阳台上堆了一地。我捧着这个抱着那个，结果一不小心，就把一个瓷盆打破了。冬日的阳光一览无余地泻在这破成两半的白瓷盆上。我停下了忙碌的身体，蹲在地上观察着这破碎的一小堆，想起小时候常说的"锔盆子锔碗锔大缸"，心里很明白这已经破了的瓷盆是难以锔起来的，但想起了童年常做的游戏，如同阳光入怀一样，并没有因为碎了器皿沮丧，却因童年的美好回忆而动情起来。

我回到屋里，老公正在茶几前守着他的一堆电子零件摆弄个不停，我摘下他的眼镜，先让他的眼睛不好使，然后他就必须停下手里的活来跟我说话。我问他："想想，'锔盆子锔碗锔大缸，锔起个缸来不漏汤'，后边的两句是什么来着？"我恳切的目光如同窗外的阳光一样灼灼动人，他开始思索起来，慢悠悠地说："不是锔缸啊，应是锔锅吧？""别打岔，沿着我的思路想。""嗯，对了！我想起来了，不是锔锅，是这样说的'锔盆子镉碗镉大缸啊，镉起个碗来光漏汤啊，屎盆子尿盆子一样镉，就是不镉咸菜缸'。"老公也进入了童年的光阴。"是这样吗？好像不对味啊！""当然不对味了，这样的盆子，还对味？你不是在腌咸菜嘛，怎么想起镉盆子了？盆子破了？"

无心回应老公的话，思绪飘到了小的时候。

小时候，通常是两个小伙伴一起，四只小手握在一起，交叉伸长胳膊如同拉锯一样，嘴里朗声诵出的就是这样的歌谣。记忆特别清楚的一次，我跟四哥用木棍抬着尿罐去生产队送尿，走到街口那里，我最要好的小伙伴在那长势正旺的梧桐树的阴凉中尽兴地玩着这样的游戏。我人在走路，可眼神却怎么也离不开欢声正浓的小伙伴，后面的四哥脚步快了也没有感觉到，抬着的罐子在木棍底下晃晃悠悠、来来回回荡起了秋千。终于，心已飞走、眼不看路的我被路上的一块石头一下子绊倒了，人一下子摔了出去，摔了个嘴巴啃地。本来就不安分的罐子大概是早就受够了这样的悠荡，一下子从棍子上挣脱，摔出去老远跌个粉碎，罐子里的液体也溅了我一身，我浑身的泥土加上浓重的异味，实在狼狈到了极点。身后的小伙伴哈哈大笑，她们一起在我的身后猛喊："镉盆子镉碗镉大缸啊，镉起个尿罐来也漏汤啊……"我羞得满脸通红，赶紧拉着四哥跑回家了。回到家里父亲正在院子里浇菜，看到我们就明白是怎么回事了，我怕他责骂我，想快点逃离他的目光，没想到父亲笑着说："你们这一对现世宝，罐子打破就打破了，还抬回来两个罐子鼻做什么？还有用场吗？"我和四哥一看，尿罐的两只鼻还完好无损地拴在绳子上悠荡呢！

想到这些，脑子里轰然洞开了大门，我终于想起来了，那首童谣是这样念的："镉盆子镉碗镉大缸啊，镉起个缸来不漏汤啊，大烟袋啊，小烟袋啊，扑出扑出又一袋啊。"冬日的阳光下，我不再腌制泡菜，我自己在阳台上双臂交叉朗声念着："镉盆子镉碗镉大缸啊……"

2013周 **我要和爸爸一起**
01·17四

老公的姑夫去世了。我主张给儿子打电话，老公不同意，因为儿子很忙。我说："还是打吧，让儿子知道这件事情，也是对儿子的尊重。"老公没心情打，我拨通了电话，得知情况后儿子沉默了。我说他要是忙的话就不用回来了，爸爸去参加葬礼就行了。没想到儿子说他要请假回来。我说："逝者是你的老姑夫，照礼节你不用去的。"没想到儿子坚定地说："我一定要回家，我要和爸爸一起！"我一下子懂了儿子的心思，眼泪涌了出来，儿子不仅仅是出于悲痛要送逝者最后一程，更是出于对自己至亲生者的关爱和体贴要和爸爸一起，因为他知道，有他站在爸爸身边，就是爸爸的一种支持和力量。我放下电话，就不想去擦眼角流下来的泪水，就让泪水那么一直流着、流着。

儿子参加工作三年了，这三年来他的成长速度我用《发展心理学》的尺子衡量怎么也量不上，太快了！我去潍坊学习有时搭乘儿子的车，坐在副驾驶的位上听儿子跟客户交谈，老练的谈话程度让我惊讶，他用的沟通方式在我听来都是我学过的《社会心理学》中功能最好的沟通方式。我惊问他什么时候参加过人际沟通理论的培训，他说没有，所有这些都是自己在做业务时悟出来的。春节前夕，他打电话要爸爸一定等他回家一起去给爷爷上坟。去上坟时他带着自己买的一串长鞭炮。当纸钱点燃后，袅袅青烟中阴阳两隔的人开始了心灵的对话。儿子把鞭炮点上，噼里啪啦的声响中，儿子泪如雨下，他告诉长眠于地下的他最亲爱的爷爷："爷爷！你放心吧！孙子长大了！孙子已经挣钱了！"儿子就这样让鞭炮响起在爷爷的坟前。鞭炮声中，整个家族的亡人都在聆听儿子的铮铮誓言。看着高大帅气的儿子，时常就想，不知不觉中，儿子怎么就长大了呢？妈妈好像还没有做好准备呢，他就如此独立了——独立到换单位都不告诉妈妈，怕妈妈担心；独立到自己去承担职场中的风风雨雨，把单位很多难缠的事情都处理得游刃有余；独立到遇上重大事情，会想到要和爸爸一起，让他还不算老的爸爸不再独自面对生活中的重大变故。

想起阳光满怀足以能承担很多的儿子，总觉得自己在家庭教育的路上走得好幸福，因为儿子已成为我坚实的臂膀和力量。

阳光虽然清丽但冷得逼人，室内却是温暖如春。一个正上高二的学生咨询我，说他自己早恋但与女友闹了矛盾，在和女友闹矛盾的同时，又和最好的朋友闹翻了。因为跟别人打架，好朋友为了保护他，受伤住院了，好朋友期望他或是他的家人去看望。结果他的家人没出面，他又因为心情失落也没有去看望好朋友。于是好朋友的家人有了很大的怨气，好朋友感觉是赔了夫人又折兵，也不再理他。他就感觉烦透了，总感觉生活没意思，总有一股怒气在心中。他说着的时候，人无助，眼神中却是不甘和不服。

我给他讲了一个故事：古代有一个品德高尚、受人尊敬的军事领袖叫皮索恩。有一天，一个士兵出去做侦察任务，回来后向皮索恩报告说跟他一起外出担任侦察任务的士兵失踪了，他搞不明白同伴失踪的原因，皮索恩当即大发雷霆，下令处死这个士兵。当刽子手要行刑时，结果这个失踪的士兵竟然回来了。可是结果却出人意料，皮索恩因为羞愧而更加暴怒，下令处死三个人：第一个士兵是因为要坚决执行死刑命令，第二个士兵是因为没有及时回来而导致第一个士兵被处死，而刽子手则是因为没有及时执行死刑命令而被处死。

讲完后停留一小段时间，我让这个目前正处在无力而又愤怒状态中的孩子思考：这三个人为什么难逃厄运？孩子心情沉重地告诉我，是因为皮索恩的愤怒再也难以控制、一发而不可收拾。然后我问他："那你当下要处理的是什么？"他明白了！当务之急，就是把自己心中那个愤怒的小孩子清除出去，还自己的心理世界一片明朗。他明白了当下是不能去找好朋友解释，或是取得女朋友的谅解的，因为自己处在这种极不平静的情绪状态中，是不可以平心静气地解决问题的，反而极易因为自己的情绪过激而导致双方关系的进一步恶化，甚至会造成对别人的伤害。至于方式方法，他以自己的聪明会找到的，而且这件事情平息后，他的自我管理能力就会上一个台阶。

今天是腊月初八，俗称"腊八日"，人们要喝腊八粥温暖自己的身心。人的温暖从心开始，只要心能感受，则温暖无处不在。

一位中年女性，因为父亲的突然离世而使自己的生活失去了原有的味道，她感觉饭再也不香，睡眠再也不踏实，情绪仿佛也拉成了一条直线——生活了然无味，诸事再也激不起她心头的波澜，时常呆坐在那里，不知不觉间已是潸然泪下，而自己却浑然不觉。形如槁木、心如死灰是她最为真切的写照。爱人心疼她把自己的心丢在旷野，于是拉着她找来，希望把她迷失的心找回来，重拾过去的美好时光。

一颗麻木的心还不如一颗痛苦的心啊，痛苦的心有知觉，还可以流泪，还可以哭泣，还可以悲人所悲、喜己所喜。而麻木的心呢？浑然不觉，浑浑噩噩，虽生犹死，要想让这样的心恢复知觉，谈何容易。

我让他夫妻二人对视，缓缓播放的音乐如同淙淙溪流。音乐具有极好的疗愈作用，慢慢地，她眼中大颗大颗的泪珠洒落了，丈夫要给她擦拭，我轻轻地阻止了，就让她的泪水那么悄无声息地、一滴一滴地、如硕大的珍珠一样落在她胸前的衣襟上。过了一会儿，她索性伏在丈夫的胸前，号啕大哭。那哭声，撕心裂肺；那感觉，痛断肝肠。等她哭够了，我让她坐下来，我跟她谈：每一个家庭中，父亲都是擎天的大柱，如今这根柱倒了，于是这个家庭中每一个成员心灵的天空坦塌了，而坦塌的心灵重新构建，需要一个过程，这个过程的漫长与否，因人而异。我问她，愿意短时间内构建起自己心灵的殿堂呢，还是遥遥无期？她空洞无神的眼睛中闪出一丝丝的光亮，求生一般地喃喃自语："短时间内。"我再引导她：自己是妈妈，与自己的老公同样是为人父母，那么在这个世界上，为人父母者，最大的责任是什么？她不假思索地回答："希望自己的孩子幸福、快乐！"我为她的悟性而感动，我再引导她：既然如此，那么自己的父母呢？他们最大的心愿做儿女的应深深地懂得！听着听着，她的眼睛越来越亮，我知道这双越来越亮的眼睛已告诉我什么。

这对恩爱的夫妻让我放心地回家了，我难以抑制自己的情绪，去到藤萝架下打扫藤萝的落叶。这厚厚的落叶啊，你的每一片、你躺在地上的每一枚，要告诉我什么？哦！这也是需要慧质的心才能懂的啊！我把它们轻轻地扫进纸盒里，今晚的腊八粥，我要烧大锅用落叶来熬。袅袅的青烟中，我嗅到了落叶厚重的味道。

2013 周 01·20 日　她的女儿离家出走了

今天是二十四节气中的大寒，谚语说"小寒大寒，打春过年"，大寒一过，年的味道就来了。每到夜间，在室外的感觉就如同掉进了冰窟中，季节的力量啊！热有热的价值，冷也有冷的道理，大自然这样的安排之下，万物就按照各自的序位有条不紊地运行着，"天地位焉，万物育焉"包含的不仅是空间，当然也有时间在内。

一对夫妻来咨询了，因为正上高中的女儿早恋，已经有一周的时间不去上学，与男友一起要打拼生活，父母什么样的办法都用了，但换来的只是女儿冷冷的目光和离家出走的结果。夫妻二人坐在沙发上，男的冷若冰霜，女的一脸无奈——一个家庭中出现这样的变故，生活再也无序，人生再也无心，亲子变成仇敌，夫妻往往互相抱怨而反目。当他们坐在我面前的时候，我也感到了少有的尴尬，这个时候说话要格外赔小心。我跟他们聊自己孩子成长中的一些波折，我跟他们说："无论孩子的成长中出现什么，我都会坚信，我的孩子是个好孩子，他一定会挺过难关的。不管什么时候，父母对孩子的信任也是孩子成长的一份定力，做父母的相信孩子一如相信自己。"话只说到这里坐在沙发上的那位母亲两行热泪就滚落下来，大颗大颗地，她也不去擦，一任泪水流着。

我跟这对父母聊着孩子离家出走的案例：一个家庭中女儿离家出走了，父母在苦苦地寻找一天一夜后，身心疲惫地回到家里。早上八点，女儿从外面回来了，爸爸一见女儿，想也没想抬手就是一巴掌打在了女儿的脸上，女儿捂住被打出五条红色印痕的脸，一滴眼泪也没有掉，她一字一顿地说："爸爸妈妈，我在网吧里待了一夜，想了一夜，我想跟着男友出走，但又放心不下你们。现在，男友还等在网吧里。好的，我欠你们的，已经用这一巴掌还上了。我走了，你们不用找我！"

另一个家庭中，女儿也离家出走了，妈妈要告诉同学、要告诉老师、要报警，爸爸都阻止了，他说，女儿回来后还要上学呢，你把她的后路切断了，她还有什么脸回来呢？爸爸上网，用邮箱给女儿写信，虽然女儿没有回复，但他相信女儿一定看了，于是就一封一封地写着，写爸爸妈妈对她的担心、着急，写爸爸妈妈对她的爱，没有问女儿离家出走的原因，女儿却用邮件告诉爸爸她离家出走的原因：她羡慕三毛流浪的浪漫，她也想做三毛。爸爸就在信中表扬女儿的勇敢，并且说自己年轻时就一直有这么个愿望，现在女儿替他实现了，真好！然后女儿又告诉爸爸自己的远大抱负……就这样聊着聊着，女儿明白了，再远大的抱负也得从眼前的好好学习把握自己开始，于是女儿回来了，好好地上学，再也不提离家出走的事情。

聊着这些的时候，我让他们反思自己是如何对待离家出走的女儿的。

2013 周一
01·21 待我强大，我给自己安全感

女儿还算是不负家长的期待，跟着妈妈走到我面前来了。我跟她聊，她说她印象最深的，就是小时候爸爸经常上夜班，把她一个人放在家里，她自己面对黑漆漆的长夜，总是感到好害怕、好紧张。而从上小学开始，每到周末，爸爸又总是逼着她学习，每到假期，则是让她参加各种各样的辅导班，只要看到她玩，就会说："做题去！"然后就会拿她的成绩跟家属院里的每一个孩子比较。她从小到大，从来就没有玩的时间……"现在我大了，什么事情我可以自己做主了，我就玩个够，把小时候没玩的时间补过来。我大了，爸爸妈妈管不着我了。"她不无恨意地说。至此咨询陷入尴尬，我征求她的意见，要不要做幼儿的成长疗伤。她不同意，她恨恨地对我，又好像对自己说："待我强大，我给自己安全感！"在她的面前，我已是无话可说。

写给离家出走的女孩

因为对这离家出走的孩子无计可施，只好给她写一封信，让她自己思考：

孩子，你受苦了。你这种叛逆的方式让你体验到了切肤之痛吧，学过物理的你，一定懂得作用力与反作用力的关系，因为父母与孩子永远是唇齿相依的关系。这种切肤之痛是双方的，你有多痛父母就有多痛，父母有多痛你就有多痛，只是你不理解，父母对你的痛变成了怨，而你的痛变成了恨，你看到他们因为你的叛逆痛苦，自己却有了些许的报复的快意，是这样吗？你曾说，可以不要父母。但我跟你说，父母是你的影子，你不可能摆脱掉的，一个与父母连接不好的孩子，他的人生路上不仅仅能量不足，而且极易产生心理障碍。因为父母就是孩子的根啊，根都断了，如何成长和发展呢？

我读懂了你的幼儿阶段的成长史，我知道在你的成长史中缺少了一些什么。你用这种方式为自己补，你用这种方式增加自己的安全感。只是，亲爱的孩子，我问问你：你用这种方式找到安全感了吗？聪明的你，一定知道人的一生，绝不会是这样子的，它会有更好的生存方式，只是这种方式要在人拥有高自尊的前提下才能获得！

我知道你的尊严，我更理解你要别人对你的尊重，这很好，只是这份尊严要如何获得呢？我给你写信，除了我自己没有时间外，同时也是为了维护你的尊严，因为这样就会少有人知。你想要人少知道你的事情吗？如何做，爸爸妈妈就不会再带着你找人做教育、做咨询、做治疗？你的悟性这样高，一定懂得的，一定知道的。青春的时光是你自己的，人生是个单行道。青春期的你，叛逆是你的权利，但这个叛逆却会影响你人生的什么，对此你比任何一个人更为清楚。

孩子啊，人的生活中，不可控制的因素是很多的，其中过去的事情就难以再控制，只能接受和想开，父母也是属于不可控制的因素。我说来也许深奥，你也许不懂，但你却可以思考：家庭中人的关系是血脉相连的，父母与孩子精神上很多地方是一体的，他们在世上是一个不可分割的联合体。所以，对父母的反抗其实也是对自己的反抗啊！这种反抗带来的结果是，父母和孩子双方都在受伤，都在流泪不止。

我想到你妈妈的眼泪，孩子啊，一个内心纯正的孩子，是不会忍心让自己的妈妈为自己既流汗也流泪的，假如能让妈妈为自己流泪，那也是欣慰的泪水。如同我，现在时常被自己的孩子感动得稀里哗啦。我相信，终有一天，你的妈妈也会为你流下欣慰的泪水，只是这一天来到的时间，是由你来决定的，你要其间经历多长时间呢？

我相信，你会长大的。能通过努力来体验幸福的心灵，为什么要让它体验痛苦呢？

2013 周三 植物都是有灵性的
01·23

下午近五点的时候，天快黑了，看看院子里的植物，即使在冬天里我也会有特殊的感觉。我总觉得植物都是有灵性的，亿万年来它们能在这个星球上存活，年年繁荣从不间断，也从不放弃，即使是冬天冰天雪地的节气里，那种内在的积累和沉淀也从未停止过。一旦嗅到春的气息，它们就勃然生发，或花开枝头，或叶绽新绿，孜孜然的生机与生长的环境息息相通，而且给人和动物以滋养——所有的植物都是我们的老师啊！它们的生长充满了灵性。从它们的身上，能感受到成长的动机和活力。

2013 周四 知与不知一步之遥
01·24

读书看到这样一个故事：

刘老汉是一个典型的庄稼人。他一生中有一个不大但也绝对不小的烦恼，就是他家的木门在开和关的时候都会发出响声。那响声又尖锐又干燥，常令他心烦意乱，全身上下都不舒服。响声是什么时候有的，已经不得而知。他自己开关门的时候很小心，可是令他尤为恼火的是别人开关门的时间和快慢无法预料，冷不防来一阵或长或短、或轻或重的怪音，刘老汉半天都恢复不了常态。

媳妇儿一个接一个地生孩子，门的响声也一年比一年增多。孙辈们出世以后，响声增加了几个几何数级，刘老汉的烦恼也增加了同样多。他的脾气也慢慢变得暴躁，常常为一些小事大发雷霆，儿孙们都害怕接近他。

后来刘老汉病了，成天躺在床上。一次正在念初中的孙子进门，在门的响声结束以后，他叹着气说："我一听见门响就难受。"于是孙子就从厨房拿了一瓶油，往门轴上下摩擦处各倒了一滴。几次开合之后，响声消失得无影无踪。

一个月以后，刘老汉去世了。他在去世前才明白，是什么带给了他一生的烦恼，以及消除这个烦恼本来是何等容易。

看完这个故事，我思索了很长时间，知与不知就是一步之遥，努力了，越过这一步，也许就是福地洞天。而停止在原处呢？也许就是万丈深渊。所以，改变是从心开始的，由行动落实的。而一颗不去寻求改变的心，往往充满了怨恨与敌意，与幸福无缘了。

2013 周 01·25 五　中年的我们，要坚强

听同事说，今年是年前打春，而春节后的2014年是年后打春，要是想2013年结婚的话，准媳妇就要到婆家过年。我很尊重古人立下的这些规矩，这些说法大多是古人在大量总结的基础上提出来的，自然有一定的道理，不能简单地用"迷信"二字就封杀掉。人有心情地生活着，最宝贵的因素是什么？是心安！心安才能理得，生活中的一切就会感到有序有位，福报不就来了吗？心安是故乡啊！人总要循一定之规的，特别是孩子的事情，人们常说孩子的事无小事，因此我们就要认真对待。

看着在床上心安理得晒太阳的婆母，又想到未过门的媳妇，由媳妇自然想到了儿子，老的和小的需求不同啊！婆母最大的需求是精神需求，她要归属感，她最怕的就是孤独，只要身体健康，她于生活何所求呢？每餐一碗稀饭就很满足，住早已不是问题，行有公交车就安全又可靠。衣呢？

孩子们给买的就穿不了。而儿子呢？最大的需求是物质需求，他要衣食住行的生活条件，又得买房子、又得买车子，谈女朋友还得花钱。生活在中间的我们呢？除了满足自己的需要外，上得考虑到老人的精神需求，下得考虑到子女的物质需求，所以中年的我们，一定要坚强。

2013 周 婆母的自由生活
01·26 六

周末就有充分的时间去到婆母家里。就要过春节了，先做点吃的吧，毕竟准媳妇也快要来了，于是我自己就在婆母住的楼上开始了美食计划的策划。婆母收拾利落，自己带上公交卡到泰华买好吃的去了。老公被同学约去玩了，我一个人在家里就可以边收拾家务，边进行深度思考。

2006年农历五月初一这天上午大雨纷飞，公公骑着三轮车去银行给他的同事支药费，出去后就再也没有回来——他因为突发性脑出血被送进医院，不到三个小时的时间就溘然长逝，从此与我们阴阳两隔。公公走了七年了，这七年的时间，我们经常后悔那天大雨中放心公公一个人骑三轮车出去。过去发生的事情，哪能再改变呢？后来安丘的公交车很有秩序地运行后，婆母办了老年卡，就成了高度自由的人，公交车每路去哪里她比我们任何一个都明白，而且每次回来后，总有说不完的幸福感——司机如何提醒她，车上的人如何给她提东西……满意度特别高，说的时候对社会充满了感激，说完了往往用这一句结尾："唉，你爸爸要是活着该多好！坐上公交车哪里也能去，不用蹬三轮车累得脑出血。"婆母是切切实实地享受到社会福利带来的幸福，她感受到了，她让周围的人也感受到了。

老年人的自由，老年人出行方便，多么重要啊！

2013 周 窗明几净的感觉
01·27 日

放寒假后，第一要做的当然是大扫除了，此时的自己身份已变，不再读书写作，变成了家里的清洁工。

先是自己的家里，阳台、卧室、南屋、西屋，当然了，还有那个自己最为钟情的绿色客厅——西屋顶的藤萝架下，用劳动还每一处清洁后，我开始当玻璃窗的贴皮虫。一盆盆的脏水倒进下水道中，好有成就感啊，仿佛是自己的五脏六腑都清理干净一样，通畅的感觉。擦好一扇玻璃窗后，横看看、竖瞧瞧，看上去如同隔着空气。连着两天的时间，家里就改天换地，一边唱着"社会主义好、社会主义好"，一边脚不沾地。自己家收拾好了，又去婆母住的楼房。

婆母年事已高，手脚有时发麻不太敢接触凉水，我把婆母床上铺的、被子上蒙的、沙发上垫的，全部撤下来洗。花花绿绿的衣服在洗衣机里漂洗着，我就开始擦玻璃。先是用抹布横扫千军，然后用报纸地毯式扫描，玻璃清亮了、光洁了，眼神不好的婆母以为玻璃没有了，竟然伸出手去试试玻璃还在不在。当把洗衣机的床单全部晾晒在阳台后，窗户也擦完了。此时坐在沙发上，喝着刚刚泡好的普洱茶，看看窗外素雅的床单，好享受！门开了，老公和儿子从外面回来了，看到家里窗明几净，说："又是一天没停下吧？"我笑着说："是啊！你看我多有成就！老公，看我劳动了一天，你也表扬一下。"老公笑得更厉害，他说："我不表扬你还不停下，我要是表扬，你岂不是连觉也不睡了？"全家人一起哈哈大笑起来。

2013 周一
01·28　超级月饼

经过几天的奋战，婆母的家里已是窗明几净，我感觉连阳光也格外清亮起来。我正在洗刷厕所呢，婆母就喊我出来，她的手里捧着两个精致的食品盒。婆母慈眉善目地说，这是今年中秋节最高级的月饼，是外甥送的，一直没舍得吃，她要留给孙子，可是孙子工作忙，一直没有时间回家，如今回来了，那就把月饼给孙子吃了吧。她一边絮絮叨叨地说，一边把月饼从盒里拿出来，放在茶几上。我一看是枣泥馅的，心想这样的月饼很容易变质，询问婆母时，她说一直在冰箱里冻着，我被她对孙子疼爱的感情感动，看着月饼的时候又特别不放心，要是变质了，可咋办呢？但要是扔了，似乎又辜负了这一片心意。还是先拿自己试试吧。我把月饼放锅里蒸了，心存忐忑地吃着呢，被老公看到了，他孩子似的也想尝尝。我没给他，我想要是中毒的话，就毒我一个吧。要是没事的话，他们明后天再吃也不迟。

2013 周二
01·29 为什么所有的鱼都臭了呢

今天是安丘大城埠集，我要去买刀鱼回娘家。年年有余啊，图个吉利。集上卖鱼的很多，我还没有到摊位前呢，就闻到一股股的臭味，那臭味直往我的鼻孔里钻，直到五脏六腑的最底处，我恶心起来。奇怪的是，每个摊子上的鱼都这样，我都不敢到鱼摊前。我隔很大一段距离问卖鱼的老板："你们的鱼怎么这么臭啊？都变质了吧？"老板很生气，说："这么冷的天，呵口气都会结冰，鱼怎么会臭呢？臭的是你的鼻子吧？"我犹豫了半天，斟酌了半天，就没敢买。两手空空往家走，感觉身上一阵阵地发冷。回到家里，就躺在床上睡了，午饭也没有吃。

到了晚上近十点的时候，开始呕吐。先是吐出肚里的固体食物，然后是水一样的东西。我很奇怪，肚子里哪来的那么多的水？都吐了半桶了，还是吐。最后实在没的吐了，开始吐胃里发黄的东西，口里感觉又苦又涩。最后，我实在是没有力气了，穿着睡衣趴在客厅里，头就歪在一边，口里往外淌着黄水，一边呻吟着，一边颤抖着，怕麻烦家里的人，一直坚持到天亮才去诊所打点滴。

2013 周三
01·30 中毒悟到的

身体中毒，人成了一只慵懒的虫子。回想吃月饼中毒的前前后后，想到买鱼的特殊经历，我才悟明白东西没臭鼻子闻到臭是一种自我保护，此时的身体拒绝任何东西进入。这实在是像极了城内在清理前先关闭城门的道理，我们的身体多么精密而科学啊！大哥是医生，听说我病了打电话询问，我告诉他事情的经过，并且奇怪地问他："胃里哪来的那么多的水啊，我吐了半桶水，足有一脸盆那么多啊！"大哥笑着在电话里说："哪能都是胃里的水啊？你这是脱水了，是身体内的水排到胃里吐出来了，因为你的身体发现中毒了，得赶紧排啊！于是身体的应激系统启动，身上的水通过肠胃把你身上的毒冲出来。当你感觉不舒服的时候，是你的身体里面在进行一场紧张的战斗啊！那激烈的程度，不亚于抗日战争时跟日本人白炽化的搏斗啊！"

2013 周四 01·31 冰花的冥想

很少有这样的时间，可以躺在床上闲思，婆母得知我中毒特别后悔和心疼，专门照顾我。我闲来没事长时间看窗户上层层绽开的冰花。天冷啊！整整一天的时间后阳台玻璃上的冰花都不会融化。这美丽的流动方式啊，把气体凝成这样的画面，画面的内容随你去想，真是心之所想，冰之所成。

看着这些冰花的时候，我想到了母亲在世时冬天来我们家小住的日子。母亲在世的时候，冬天一个人在家里不便于取暖，每年冬天我都会把母亲接来住在家里。那时儿子还小，我教学的工作又忙，每天回到家后忙于儿子、忙于家务，很少有时间陪母亲说话。冬天冷到极致的时候，我家后阳台上总是布满了冰花，那冰花一棱棱、一束束、一片片，如同丹青高手的杰作一样。我记得很清楚的是，每当我想把这些冰花擦掉的时候，母亲总是含笑阻拦，她说："老天好不容易给我们送来这样不花钱就能欣赏的画，怎么舍得擦呢？"母亲很多时候就会对着满窗的冰花出神，虽然没有从正面接触母亲看冰花的目光，但我想那目光一定是脉脉的。

现在，我还没有踏入母亲那样的老年生活，因为身体不适躺在床上，我感觉到一个人闲下来的时候，也是最容易触动心灵最底层沉淀的时候。

2 月

老者的风范

　　早上四点多，我斜着身子看着窗外，下弦月就挂在天际偏西的方向，许是天上有云彩吧，所以它不是很分明，如同隔了一层薄薄的水雾，但仍看得分明。月亮的弧形是鼓起来的，我知道，这鼓起来的部分会慢慢地凹下去，流逝的时光也就盛在凹下去的槽中，积攒的感情也蓄积在这里，虽成为过去但却是影响心际的因子，波光盈盈，经心田的温润或许会成为生动的风景。

　　人生也如月亮吧，那隐在暗处的并没有消失，只不过没有发散出光来而已。我们呢，过去经历的一切也没有消失，它就积聚在我们的心里，时不时地刺痛我们一下。人的情绪与过去有关的积极情绪是"满意、满足、充实、骄傲、安详"，梳理一下自己的心仓，这样的情绪有多少呢？代表人幸福的三个取向是"愉快地生活、投入地生活、有意义地生活"，而这三个取向都与人的生活满意度有关。

　　因为汶水小学校长的邀请，我去他们学校洽谈家校共育的事情。在校长室的旁侧，我看到了一幅生动的画面——一位古稀之年的学者授课的真实照片，这位老者精神矍铄，一群孩子众星捧月般地围在他的身旁，融洽又温馨。校长告诉我，这位学者是国内著名的教育家于永正，他已有七十二岁了，来给孩子上课一上就是两节课，然后再给老师做报告，真是精力充沛啊！看看于老先生，我就想到凡是以"老了"当借口的人，并不是精力不行，也不是干不了，而是不想干，是用"老了"来进行推托和逃避，

"我老了"就是最好的逃避方式啊！

2013 周
02·02 六　**锅缘何破了呢**

　　同事要为我庆祝身体的康复，在家里招待同事，吃点什么好呢？冬天养胃还是羊肉啊！大羊为美嘛！我家有上好的大锅，何不杀只羊来，我们也享受一下大块朵颐的惬意？天上飘着羊绒似的雪花，上好的新鲜羊肉放在大锅里，然后架上条儿顺的木头，锅底是如花瓣缭绕的火苗，锅里羊肉跟骨头掺在一起纠缠着，沸腾的热气把肉的香味送出去好远，这生活的场景啊！这样想着的时候，就这样做了，一只整羊已经送来了。

　　我把久已不用的大锅刷了一遍又一遍，心想这口锅跟随我们多少年也记不清了，要是正在煮着羊肉，锅突然破了怎么办？边想边把老公剁好的肉和骨头放进锅里，蹲下来正要点火呢，就听到小溪流的声音。嗯？泉水之声从何而来？低头看时，就见从灶间溢出了浑浊的水流，挟带着污浊的灰烬，正冲破艰难险阻往我的脚下流来呢。大事不好，锅真的破了！忙把老公喊出来看时，就证实了自己的判断。

　　接下来的时间就忙了，老公出去买新锅了，我则忙着收拾，然后又从网上查新锅如何使用，又在担心这么贵的羊肉要是煮出来黑炭似的，同事可如何下咽？新锅换上了，我按照网上教的办法一遍遍地清洗着新锅，不知用了多少水来刷，光醋就用了二斤！终于怀着忐忑的心把羊肉煮上，还是百般地放心不下，要是煮出的肉没法吃呢？锅破了是不是要触霉头？——一颗不宁静的心，能承受什么？乱了方寸啊！同事来了，大家聚在乒乓球室打球，我一个人在厨房百转千回，早已泡好的粉皮放在瓷盆里，自己回转身的时候，一屁股把盆子蹭到了地下，盆里的粉皮洒了一地，水四处溢开来，厨房里又一次"水漫金山"！湿的粉皮沾上土没法吃，只得重新泡。忙天活地地炒了几个菜，放在案子上往外端时，一盘炒好的芹菜又因为没有放正菜全倒在了案子上！捉襟见肘狼狈不堪啊！

　　没想到煮出来的羊肉味美可口颜色也好看，大家吃得美喝得也爽。酒宴结束后我对着满桌子的狼藉心想：结果还是很好的，但过程乱了。想想我自己做饭时受的折磨，感觉真是没有意义。过了几天见到娘家的大嫂，我嘻嘻哈哈地把事情的来龙去脉跟她说了，大嫂就是个智慧的人，她一语道破天机："知道你们的锅为什么破了吗？那是因为使用的时间太久了，肯定很薄了，你又是一个大大咧咧的人，肯定隔着老远就往锅里扔骨头，新剁的骨头碴如刀一样尖，还不会把锅扎破？"真的是一语惊醒梦中人啊！我要是再因为锅破了，就自认倒霉厄运会来到，那倒是极易因为自己的情绪而使厄运真的来到啊！

2013
02·03 周日   我的婆母

　　婆母与时俱进，拿着笔整天研究学问。今天周末我儿子回来后，我们去楼上看婆母，大包小包地拎着刚进楼门，婆母就颠颠地用力挽着孙子的胳膊，往卧室里拽，我以为她又给孙子什么好吃的东西，赶紧跟过去看，结果婆母拿出了一张汇款单。我还以为是哪位亲戚给儿子买房子的赞助，听婆母絮絮叨叨地说，我才知道那是她投稿《老干部之家》稿件刊登后得的稿费，数量不多只有十元，但足以令全家振奋，儿子把他的奶奶揽在怀里，说："奶奶呀，这张汇款单你就不用支了，我们照这个单子上面的钱倍数给你，等我有时间把这汇款单装裱好张挂起来看，看我的奶奶多有才呀！"我也跟着打哈哈，表扬年事已高的婆母真是不简单，婆母就用幸福的眼光看着我们。

　　我整天表扬婆母是智慧的老人，享有自由、享有智慧、享有高度的自尊。享有这些的老人是最幸福的吧？因为身体健康的老人是时间的富翁啊，婆母有足够的时间来行动——不用为生计奔波啊！

2013
02·04 周一   春天来了

　　今天是二十四节气中的立春，一年的时光又始了，心中满是对春天的憧憬和向往。读积极心理学的时候，对一个观点很是认同：凡是外向和乐观的人，生活的幸福感指数会普遍地高一些。我这样分析，因为外向，就容易跟人相处，人际关系中"施"与"受"就会多，而大量的"施"与"受"就是能量的传递，这样人的心田会衍生不尽的生机，从而缔造无尽的繁华。谈到乐观，乐观与期望密切相关，怀有期望是乐观的前提，期望就是人仰望的动机，人总是活在期望当中的。春天来了，期望就种满心田了，而这个种满是用耐心成就的。

2013 周二 眉眼盈盈处
02·05

　　虽然依旧是天寒地冻，我却从中嗅出了春天的气息，这种气息从蔷薇的枝上得到了最明显的印证。

　　要过年了，蔷薇也应装扮一下，冬日的阳光中，我在西屋顶给蔷薇装扮，今年新长出的枝条斜伸出来，足有丈把长啊！我用质地柔软的毛线把它们捆到篱笆上去，那感觉如同给漂亮的女孩梳扎小辫。扎着扎着，我发现蔷薇每枝要长叶的丫间，皮肤变白了，中间已经鼓出红的尖尖的芽，这多像动人的秋波啊！这就是蔷薇气息流通的地方吧，它借助这样动人的"眼眸"，与尚是滴水成冰的外界进行着气息的交换，感受春天已经不远的讯息，从内心萌动丝丝缕缕的生机，看似静止的外表，内心实则是风起云涌！这就是生命啊！总有一个地方进行能量或是讯息的交换，总有一个地方进行沟通和交流的欢畅！

　　我想到了前几天去青云湖边玩的时候，看到湖面结的冰，足有几尺厚，整个湖面成了一个冰场，湖中心有一个骑自行车的人，正在冰上骑着自行车踽踽独行。我激动得不行，也要骑自行车去冰上玩，被同伴拉住了，同伴说不常在冰上走的人不熟悉冰的习性，冰再厚，也有一个气眼与水相通，要是不小心踩到冰的气眼上，人掉进冰窟里面去，那不就完了？我当即吓出一身冷汗，第一次听说冰还有气眼，生活在湖边的同伴白了我一眼："水也需要喘气，也要进行能量的交换！"是啊，在冰底下并没有静止的水，不断热胀冷缩的水，不断受潮汐涌动的水，也有大量的能量需要与外界进行交换啊！

人是有灵性的，所以人有着多种与外界交换的"气眼"——眼睛、皮肤、鼻子、嘴巴、耳朵，等等。万物皆有灵性啊！看着蔷薇的"眼眸"，好感慨这盈盈眼啊！

2013 周三 体验司空见惯的幸福
02·06

一个初一的男生，因为英语成绩不好，妈妈带他来做咨询。男孩子一提英语就头疼。我让妈妈回家，给孩子专门设计了一个难度很大的体验——我把自己想看的书放进包里，然后挂在西屋顶藤萝架下，给这孩子蒙上双眼，让他把书给拿回来。先带男孩子看好路线，然后在咨询室给他蒙了眼睛，告诉他："去吧！"男孩子上路了，结果才到阳台上，方向感就错了，他如同一只无头苍蝇一样在阳台上转了半天，并且喃喃自语："这是些什么东西啊？我怎么没想到有这些东西啊？"他请求摘下眼罩，再看看去的路线，我答应了。

这一次，他自己去看路线，我远远地看着他，他对每一处地方都留心，几处地方都用手去触摸——多么聪明的孩子啊！他在用脑思考，他在调用自己的触觉！而此前他是被家长误以为有智力障碍带到我面前来的。等他回来后，我重新给他蒙上眼罩，然后用强有力的声音告诉他："老师就在这个房间等你回来，准备好了没有？"他说："准备好了。""好的，出发！"

他并没有费很多周折就找到了上屋顶的梯子，然后小心翼翼地就爬到了屋顶上。此时孩子的内心一定恐惧到了极点，因为他不敢站着，他趴在屋顶上用手四处触摸。此时，我就悄悄地跟在他的后面，他小声地跟别人又好像跟自己说："老师啊，我好害怕！我就要被吓死了！咱不玩了行吧？这个游戏太难了，我受不了了。"此时我真怕他自己会摘下眼罩来，那样就会前功尽弃。但孩子是坚强的，他一边在地上摸索，动作虽然慢，但是没有放弃，他一直在尝试！好几次，他停了下来，那动作就是雕像《思想者》的翻版，我惊叹于艺术的贴近生活。他哆嗦着，摸索着，前行着，害怕到极点的时候赶紧蹲到地上。此时，他的身上已经是一身的土，我感觉他唯有趴在地上才感觉是安全的，啊！厚重的大地啊，你无论什么时候都是人的庇护神啊！我想到了希腊神话中力大无比的"安泰"！

孩子对于书包位置的判断是准确的，因为他就在书包的周围打转，有好几次，他都跟近在咫尺的书包擦肩而过，我站在他的身边，看得两眼湿乎乎，我甚至都想牵他摸到那个悬挂在那里、如同旗帜一样的书包，但我不能，因为这样他就失去了成功的体验。我在心里想啊，要是这样的场景被他的妈妈看见了，妈妈一定是泪水横流，妈妈会不会不顾一切把孩子搂在怀里，或是干脆就替孩子去取那个书包呢？可孩子毕竟要自己长大啊！终于，这顽强的孩子抓住书包了，他如同找到亲人一样，先是长长地吁了一口气，接着如同见了久别的亲人一样把书包紧紧地搂在怀里，生怕它会飞了！可能想到还要把书包送回的任务，他又上路了，显然，拿到书包后的他轻松了许多，而且聪明的孩子竟然会借力用力——他把书包整理好，当成了探路的工具，慢慢地、一步一步地、坚毅地，他回到了我们的咨询房间。当他摸到我的时候，竟然激动得说不出话来，我告诉他："孩子，你想告诉我什么？"他当即高声说："我太想说我的感受了，在楼梯那里……在屋顶上……"他有些语无伦次，我笑着说："我知道，这些等把眼罩给你摘下来，再跟我说，好吗？你的任务是什么？"他明白了，他抓住我的手，大声告诉我："老师，你的书我给你拿回来了！"当眼罩摘下来的时候，孩子的眼睛晶晶发亮，他逼视着我的眼睛，跟我说他的恐惧、担忧、小心、兴奋、惊喜！此时孩子的心多么开放啊！他强调最多的就是，当他上梯子时感觉自己浮起来了，他感觉自己是空的。我又一次想到了大地给人的厚实和安全感。他说完了，我问他："孩子，那你现在还有害怕和担心的事情没有？"他拍着胸脯，信誓旦旦："没有了！""那与你刚才完成这个任务相比，背英语单词、学英语、还是难题吗？"他笑了，说："不是了。"于是我跟他商量听一段音乐来把刚才的一切沉淀一下——我打开音响，一曲《唱给太阳》中，他如雕像一样静默着，而我却泪眼迷蒙——我又一次因生命的奇迹而感动！

听完曲子后，我让他在纸上写下自己的感悟，他用心地写着："1.要落实行动不放弃。2.相信自己能行。3.克服胆小恐惧心理。4.要有勇气和自信。5.要坚持行动。6.实现目标和理想后感到很高兴。"我又启发他，当眼睛蒙上后，他使用的最多的信息交流的渠道是什么？他很明白，是触觉。然后，我又启发他，当他使用触觉时，更多地启用了自己的哪部分器官的功能？他更明白，是大脑，很努力地思考。我给他升华：人接受外界的信息，可以用眼睛看，可以用耳朵听，可以嗅、可以尝，当然也可以触，而无论用哪种，都要用脑来思考，还有更重要的一点是，我们拥有明亮的眼睛，拥有一双聪慧的耳朵，是这样幸福，所以我们要珍惜，更要把它们的作用发挥到极致。

体验和分享结束了，我又模拟他的动作，他当即哈哈哈大笑，我从网上查出《思想者》的雕像图片给他看，他很惊讶，还小声嘀咕："原来是这样！"然后我又学他退回到地上的动作，从网上查希腊神话《安泰俄斯》的故事，他看后更惊讶。我知道以他初一孩子的心智水平说不出"艺术源于生活"这样的话来，但他对这话已有感觉，这就足矣。因为这体验给孩子带来的记忆，是终生都不会忘却的。

2013 02·07 周四　发现与成长

一个爸爸把他正上初二的女儿领到我面前，女儿总喜欢看电视剧，特别是韩剧，上课就经常无精打采，学习成绩就很差。

我给她放一首《雪之梦》的钢琴曲，曲子的缓缓流淌中，她慢慢地平静下来，我对她进行绘画测试。我把她画好的东西平铺在桌面上，让她自己发现，看看哪些地方感觉舒服，哪些地方感觉不舒服。她凝神看着自己的画，沉思了，毕竟是从自己心里出来的东西，她是有感觉的。我开始问她："画画时画眼睛用了很多的时间，而每个自己几乎都没有手，这里面有什么含意吗？"她不好意思地歪了歪头，小声地说："用眼睛多了，喜欢看，不喜欢动手。"我表扬了她的悟性，用手拍了拍她的肩膀。我慢慢地引导她，她悟到自己是一个心气很高的女孩子，目标定得很高，却不喜欢动手去尝试、去行动，因此就有些迷茫，呆坐的时候特别多，对父母的认同又不是很高，有时就感觉很沉闷。我问她："当一个人感觉沉闷的时候，感觉茫然的时候，其实是需要一种东西来寄托的，这种寄托的方式常常是简单的，也就是打发时间而已。这种寄托又不能给自己实现目标带来效果，于是就会陷入恶性循环当中。生活的不如意又会触发自己的消极情绪，这种情绪又会导致学习分心，学习分心了，成绩就会不好，在父母和老师那里又得不到认同，于是就身陷一种被动当中，是这样吧？"此时，她是用心地点了点头，我问她："你的这种寄托方式是什么？能告诉我吗？"她直白地说："看电视，看小说。"我又引导她看画上每个自己那画得精美的头发，让她感悟，她说自己其实是很爱美的。我告诉她："爱美是人的天性，你的潜质中崇尚善良、爱美的，这是你学习和成长的动力啊，因为美不仅是外表，更大的美是内在，最可贵的是你可以创造美，是这样吧？"孩子此时眼睛直勾勾地看着我，好像从我这里获得一种力量。我把她轻柔的双手握在自己的手里，看着她的眼睛跟她说："孩子，你现在到了人生最宝贵的青春期，这个时期是一个人自我意识觉醒的时期，人要成长，要承受，要有自己的生活，就要在觉醒的基础上把握自己啊！你已经发现了自己的一些问题，你也能用自己的能力来调整和改变，是这样吗？"她神色端庄，用眼神告诉了我她的答案。

2013 周
02·08 五　　儿子回来了

雪花飘、年来到，今天儿子和准媳妇回家过年来了。

儿子把车开到家门口，然后就喊我来看他带回来的年货。嗬！花花绿绿的包装盒子堆满了车的后备厢，他喊我和老公出来拎，自己却笑意盈盈地站在那里看，这就是成就感吧？也是孩子长大后给父母的回报吧？儿子让我看够了，说："妈妈，你看看这些东西，哪些要拿下来，哪些不需要。"我当即明白儿子的心意，有好些礼物是给他的姑姑们的，知子莫若母啊，我一看就知道哪些是给她的大姑、二姑、三姑、四姑的，姑姑永远是孩子成长的贴心资源。我也大胆地说："这些给大姑，这些给二姑……"儿子笑了，美滋滋地说："妈，其实我也是这么想的。"幸福的感觉啊！我笑着推了儿子一把："臭小子，都打算好了，还来考验妈妈！"他坏笑着说："我不是怕妈妈是个吝啬鬼，不舍得拿嘛！"

年货拿回来了，儿子又拿出给爸爸的礼物，他给爸爸买了保暖内衣，还有一件时尚的灰色羽绒服，把老公满足得只会站在一边傻笑，然后儿子拿出一个佳乐家的购物卡，说："妈，儿子不好给你买衣服，儿子粗心，怕给买的衣服不合适。给你这个购物卡，自己看中什么衣服用这卡买吧，不够的钱呢，嘿嘿，可以跟我要，当然了，我想你大概不会跟我要的。"儿子啊，妈妈把你养大，看你能想到别人，妈妈就很知足了，母子之间怎么能分出个你我来呢？

一家人高高兴兴来到婆母面前，婆母见了孙子，自然更是欢欣，儿子把给奶奶的礼物拿出来，有适合老年人吃的果蔬，有营养丰富的橄榄油，细心的儿子还给奶奶带了一个特别的礼物——精致的小盒里是西红柿的种子和营养土，浇上水到了一定的时间就能出芽，种好了还能结西红柿。奶奶满足啊！我儿子走到哪里，奶奶就跟到哪里，连儿子去厕所的当儿，奶奶也要守在厕所门口，她巴不得自己的孙子时时地出现在她的眼神里——天伦之乐啊！我跟儿子商量："儿子，妈妈有工资，想穿什么衣服自己买就可以了，谢谢你想着妈妈。你把这个购物卡送给奶奶吧，就说是你给她的礼物，让她想吃什么就买什么。你奶奶虽然是退休教师，但我知道，她没有用购物卡买东西的经历。"儿子说："那你？""我是你妈妈，妈妈跟儿子还客气什么，只要奶奶满足了，幸福了，不就是我们家的福分吗？"儿子想了想，就拿卡去跟奶奶说，儿子极有耐心地教奶奶如何用购物卡，而且跟奶奶说如果使用方便，以后这个卡花完了，再跟孙子要。这时我感觉婆母就是一个听话的孩子，她看着孙子的眼睛慢慢地浑浊起来，她拿在手里，不是物质的卡，而是精神的尊重，我知道这卡发挥的，已是双重的价值——多么超值啊！比给我强多了。

2013 02·09 周六　婶婆去世了

夜间十二点半，电话铃响个不停，老公穿上睡衣去接，我迷迷糊糊地听到："快啊！快打120！我们马上过去！"我以为婆母出事了，心想昨天还好好的，晚上突然犯病？老公接听完电话告诉我，是我的婶婆母突发心脏病，叔公公打电话过来，人大概不行了。我一边穿衣服一边在想，这婶婆母啊，可真会找时间啊！婶婆母唯一的儿子十年前突然患病离去，她跟叔公所有的大事都是我们的。来到婶婆的家里时，医院的人已经来了，我们就跟着救护车去了医院。来到室外才知道腊月底深夜是这么冷，喘到肚里的气是丝丝冷线穿进去的感觉。我和老公把婶婆送进急救室，医生抢救了一番，下达了死亡通知书。我看看躺在床上气息全无的婶婆，为她系好扣子，给她理理头发，小声地跟她说："婶啊！安心地走吧！天亮了我再去给你买上好的衣服，你放心，我一定让你衣履光鲜地去见你的儿子。"看着她安详的面孔，我想起前天给她家的大门上贴对联时，她硬是不让，还骂骂咧咧！我当时感觉好委屈，现在看着婶婆的遗容，我想大概人要离去的时候自己是有感觉的，她知道她家今年是不能贴大红对联的。

除夕的太阳升起来了，家家户户忙着过春节，喜气洋洋的鞭炮时不时地响起，我们却在忙碌着婶婆的丧事——买寿衣、去火化，到送别，到安葬，本着一切从简的原则，但那些繁文缛节还是要走的，特别我是儿媳妇的身份。到下午两点，婶婆就入土为安了。把叔公打发好，然后告诉他年夜饭我们给准备，明天早上来拜年的时候给他带来，他自己照顾好自己。看着老泪纵横的叔公，感到人生有时真的很残酷。

身心疲惫地见到婆母时，她就开始抱怨，抱怨婶婆母的不懂事，单单选这个时候走，八十多的老太太，竟然越说越生气，好像连过年的心情也没有了，我扶她在床边坐下，给她一杯水，说："娘啊，我们在家里什么事情都给她处理好了，你又没去，晚上也没有挨冻，白天也没有忙活，当然了，也不可能让您老忙活啊，您还有什么不满意的？"没想到婆母的眼泪下来了，她带着哭音说："我不是心疼自己的孩子啊！她怎么这么会找时候啊？这大过年的，不是给人晦气吗？真不让人疼！"我说："娘啊！婶婆没有孩子，她的事情早晚还不是我们的事？你说婶婆不会选时候，虽说生死不由己，我却觉得婶婆最会选时候了，她知道自己没有孩子，她也知道年岁久了人们大概不会去给她上坟烧纸钱，她多聪明啊！大年除夕就是她的忌日，这样家族里的人都要去上坟，岂不是每家都要给她上坟吗？她的打算多精明啊！"婆母一听，竟然乐了，说："这家伙一辈子都在赚我们家的便宜，早年你爷爷奶奶的好处她全占了，如今死了，还要占全家族人的便宜。"说着的时候，竟然又有些愤愤然。我说："娘啊，这便宜不是一般人就能赚的，她连个孩子都没有了，我们还跟她攀什么？"婆母终于心安了，我也吁了一口气。

2013 周日 购物卡装满兜的感觉
02·10

今天是春节，家家张灯结彩，生活还得继续啊！婆母守在家里，我们一家三口先是给叔公送去了煮熟的饺子，然后又去给本家的人拜年。等我们回到楼上时，就快十一点了。

看我们闲下来了，婆母跟我们说她昨晚做梦了，梦到她的口袋里全是购物卡，把她的口袋都快撑破了，她只有不断地捂捂才能把那些卡收回到她的口袋里，这下好了，想买什么也可以了，这不是实现共产主义了吗？当她说到这里的时候，我和儿子会意地一笑，而儿子则悄悄地向我竖起了大拇指。再看婆母，竟然拿起手帕开始擦拭眼角，儿子把奶奶揽在了怀里，婆母多享受啊！过了一会儿，婆母坐直了身子，又开始说她从梦中醒来的时候看看表，才夜里一点多，摸摸衣袋，坏了！卡不见了！她就起来满屋子找，哪里也没找到，就连床缝她都用手电筒照过了，就不用说柜子底、沙发空了，可是都没有。她又想了想，昨天出去倒垃圾了，许是掉在小区里了？早上不到五点，她就起来打着手电筒出去找，来来回回找了几趟，也没有找到。听到这里，我和儿子的表情都僵了，好事成坏事啊，这不是折磨老人吗？儿子看我的眼神已是哭笑不得，我也着急起来，并不是心疼那个卡，而是心疼婆母的折腾。儿子问："奶奶，那到现在还没有找到吗？是丢了吗？"奶奶像是一个做了错事的孩子点了点头，那脸上有委屈，又有心疼，更有不舍。儿子站起身，去到婆母的卧室里，他近一米九的个子，真是"高瞻远瞩"啊，拿目光探照灯似的那么在屋里一扫，就发现目标了——原来卡在高低橱的顶上呢！儿子把奶奶牵过来，小心地把奶奶抱起来，说："奶奶，你看这是什么？"婆母一看，先是愣了，接着说："啊！我想起来了，我怕把卡丢了，才放在高处的，这就忘了。你看这事闹的。"

婆母拿到卡，看着她的孙子，笑了；我看着小有成就感的儿子，笑了；儿子看着我们这两个现世宝，也笑了；老公虽是一副冷眼看人生的脸孔，但也冰皮始解般地笑了。

2013 周 二哥就是不服 2月
02·11 一

正月初二是回娘家的日子，这次在二哥家吃的饭，三哥的儿子——我的亲侄也在。自从三哥因病逝去后，我的这侄过年就在他的大爷家过，每次见到他在家里就是屁股离不开地的感觉，他跟每一个人都亲，跟他的大爷们、跟他的叔叔们、跟他的姊妹们有着说不完的话。午饭过后好长一段时间了，我们还在闲聊，对于一个家庭来说，一年当中的这天是难得小聚，嫁出去的女儿这天回到家里来，济济一堂的感觉真是好啊！

下午快三点的时候，三嫂跟她现在的对象来二哥家里了，他们急着回去。侄儿恋恋不舍地从沙发上起来，一家三口就走了。我们送出门口，下了门口东的小坡，二哥的手还攥着侄儿的手不肯松开，我和妹妹就站在后面看着，我看到二哥松开侄儿的手，侄儿跟妈妈和继父走了，二哥的肩膀就开始抖动，那种感觉是拼命抑止又抑止不了的样子，妹妹还在说着一些无关紧要的话，我拉住妹妹说："你看看二哥在干啥？"妹妹看去，小声地说："好像哭了。"此时二哥清醒地知道，站在他身后的，有他的媳妇、妹妹、闺女，这些都是最疼他的人，他久久不敢转回身来，肩膀就一直那么抖动着——如同筛糠一样。我们都清楚地知道二哥心里在翻腾些什么，我们的心里跟二哥一样疼。亲人就是这样吧，心总能疼在一起。

二哥的小女儿看不下去了，走过去扶着她的爸爸，嘴里小声地说："爸，多少年了，还这样，什么时候你能走过这个坎儿去啊？"二哥呜咽着说不出话来，随小女儿回到家里，他红着眼睛，鼻涕和眼泪搅和在一起，有些秃的前额上已鼓起了几道青筋，他实在控制不了自己的情绪，有些愤然地说："我就是不服！我就是不服！他，老三，从小吃的苦、受的累，有我和大哥多吗？什么事也是我和大哥顶着，他上了最多的学，找到了最好的工作，为什么他会这样？我就是不服！"

十多年了，对于三哥的去逝二哥都没有放下啊！对于过去发生的事情而言，我们不是只有接受，才能放下吗？虽然这是我们永远的疼，但是命运既已做了如此的安排，我们又能怎么样呢？三哥走后，我们不是更加学会珍惜了吗？三哥走后，我们不是更加坚强了吗？三哥走后，我们不是更加学会担当了吗？过去发生了的事情，不服折磨的永远是自己。二哥，接受吧！现在，我们不疼三哥，我们心疼的是二哥！

2013 周二 02·12 怒斥之下的觉醒

初春的太阳升起来，大家还是愿意窝在屋子里，一起说啊、笑啊，嗑着瓜子，喝着茶水，把一年来积下的话头都拾起来。

表姐来拜年了。表姐是资深的职业女性，是智慧的女人，总有些独到的见地。她说她在来的路上遇到了原来的一个老部下张某，那家伙现在活得好好的，面色越发红润，人也越来越精神了。表姐说十多年前，他是表姐单位的副职，业务能力很强。忽然有那么一阵子，张就像变了个人似的，工作上的事情百般漏洞不说，人也没有了精气神，每天惺忪着双眼说话颠三倒四，好像魂儿都丢了。表姐很纳闷，在一个周末的晚上请他到饭店喝酒，想弄明白他的心结到底是什么。果然，三杯酒下肚，他的眼泪就下来了，五杯酒下肚，他就端着酒杯哭开了。他絮絮叨叨地说自己怕是过不去今年这个年了，他有多少的不舍啊，但是没有办法，命啊！表姐很吃惊，以为他查出了什么绝症，张继续沉浸在自己的世界里，他说自己的家庭就是这样的劫数，父亲是自己今年这个年龄离世的，大哥也是自己今年这个年龄离世的，如今自己也到了这个年龄，他说自己感觉每天精神恍惚，什么事也做不下去，晚上也睡不着，总感觉父亲和大哥如影随形地跟着他。他说自己已经做好了离去的准备，虽有万般不舍，但也没有办法。表姐听到这里明白了，表姐问他的母亲现在是什么情况，张说母亲现在身体很健康。表姐当时就火了，用手指着张的头皮就骂开了，骂他不知好歹，骂他是浑球，骂他是个愚蠢的如同木头桩子一样的人，骂他有什么根据就认定自己遗传的是父亲的基因，而不是母亲的基因，是谁告诉他的？假如遗传真是那么准，那也是一半一半，一半来自于父亲，一半来自于母亲。现在，父亲走了，母亲还活得好好的，为什么不从心底里认定是遗传母亲呢？——就这样，张被表姐骂了一个狗血淋头后，竟然如梦方醒，是啊，谁又说自己不会遗传母亲呢？母亲不是一直好好地活着吗？这样想来，他一下子轻松了，不久恢复了往日的工作热情，精神头也来了，工作上照样雷厉风行。

表姐说完喝了一口水，说这家伙现在还活得好好的，每次见了她都会心地一笑，这次也不例外。是啊，人在遇事时心理暗示很重要啊！给自己过多的不良心理暗示，人的潜意识就会跟着那种暗示走啊！这个张大哥如果不是因为表姐的一骂而如梦方醒，那他现在的生存就难说了。表姐的一骂，真是胜造七级浮屠啊！

2013 周三 年轻媳妇缘何一脸青春痘
02·13

跟随老公去看他的舅舅啊、姨母啊，一家一家地走去，这些都已过八旬的老人一年一年并没有看出什么变化来，倒是姨母家几年前新娶进门的媳妇，抱着已经两岁多的女儿在那里，脸全然不是年轻女性的光滑细腻，却长满了青春痘，到处坑坑洼洼不说，有几处还好像有些感染，看上去就要发展成痤疮了。

媳妇抱着孩子走亲戚去了，姨母说她这个媳妇啊，欲望可是比天高，结了婚不到半年就开始抱怨：不是抱怨自己的老公没钱，就是抱怨自己的老公当不了官；不是抱怨自己的公公、婆母不是大款，就是抱怨嫁进了这样的一个贫门寒户，自己既不能披金戴银，又吃不上山珍海味，就是出门开个小车吧，也不中她的意，她要的是宝马。这年轻媳妇欲海难填，自然会导致内分泌失调，而内分泌失调，首先会破坏人的脸皮——让人的脸皮不仅粗糙，而且易出现与年龄不相符的青春痘。相比之下姨母跟姨父的经济条件在我们的亲戚圈子里还是好的，可是经济条件再好，也难以满足一颗贪婪的心。

2013 周四 情人节的思考
02·14

今天是一年一度的情人节，一大早佳乐家门口就有很多的人守着鲜艳的玫瑰在兜售，那些美如芳唇的色泽，那些娇艳欲滴的容颜，让人联想到最为美好的词——爱情！

闺蜜来向我讨教，她的儿子要结婚了，她看到婚礼的繁文缛节很是头疼，就想什么仪式也不举行，让两个孩子悄悄地旅行结婚去吧。既然她来问我，我就大胆发表自己的看法，我以为婚礼的仪式还是必要的，不然人们为什么要花费重资聘请那些个掌管仪式的司仪呢？结婚是孩子一辈子的大事，有自己的至亲好友当面见证，如同走过了一个公证仪式，孩子的心田里留存了一份美好的记忆，孩子就会特别珍惜。至于结婚的场面大小，可以适当控制，比如近年流行的最新做法——朋友和同学、同事这个庞大的群体退钱，大体上退八十元钱左右，这些人就不在宴请之列，婚宴只限于亲戚，这些亲戚就是孩子的姥姥家一支血脉、孩子的太姥姥家一支血脉、孩子的岳母家一支血脉、孩子的本家一支血脉，这样重要的人都出场了，特别是孩子的亲舅、亲姑、亲姨们，孩子的感觉也就照顾到位了。说完，我跟她说我自己的孩子结婚，我就打算采用这样的仪式。闺蜜一听，感觉很有道理，她说自己的一个同事孩子结婚了，当时怕麻烦也想省钱，没有给孩子举行仪式，结果婚后小两口处得不是很好，老公总是揭他妻子的短，说她是什么也不计较自己主动送上门的。

2013 周五 那一定是黄金比例
02·15

今天娘家的人来看望婆母，婆母又开始讲她儿子绣的十字绣了，她声情并茂地演说着，说着说着话题一转："今年我们家啊，哪样都好，就是孙子的这个女朋友，个子不高。我整天看着这十字绣的两只孔雀，你看这只大的，多像样啊！又高又大，多像我的孙子啊！你再看这只小的，个头多小啊！我看着这两只孔雀的时候，就感觉是孙子跟他的女朋友。"我儿子的舅舅跟舅妈一听都笑了。我在后阳台收拾菜呢，也听到了这实在高的"高论"啊！十字绣上的两只孔雀，一雄一雌，雄的气宇轩昂、神采奕奕，雌的风情万种、仪态大方，隐在雄孔雀一边，一副"含章可贞"的模样。婆母有这样的看法，也不容易啊，日思夜想！不接受未来的孙子媳妇，很大的折磨啊！

吃过饭后，客人都走了，我坐在婆母身边跟婆母聊："娘啊，你儿子绣的十字绣，选的这画面，你感觉美吗？""美啊！我整天看，也看不够啊！""那凡是上画的，就不仅是美的，也是和谐的吧？你看那只雄孔雀，帅气吧？你再看那只雌孔雀，脾气特好吧，它不抢雄孔雀的镜头，就愿意用自己来衬托雄孔雀的美。既然这样的大小比例，都上了画了，那一定是黄金比例的，一定是看上去最美的，是吧？"婆母又细看了十字绣，笑了，说："嗯，经你这么一说，我心情好多了，看来这样的比例，是最合适的，不能光以大小来评论，是吧？"婆母笑了，此时我的感觉啊，十字绣上的两只孔雀相视而笑呢。

2013 02·16 周六　蔷薇雪

正月初七的晚上，下了一场雪。白雪映衬之下，蔷薇仍有一些叶子挂在枝头。蔷薇属于落叶植物，别的落叶植物在冬天，只有疏朗的枝条张扬在空中，叶子早已荡然无存。蔷薇却不同，即使到了现在，春天就要来了，细看枝条上，已经绽出米粒一般大的芽，但老叶尚存。

这场雪前，一阵疾厉的北风，好像要把冬天积存的扫荡殆净。在这场威力无比的扫荡中，蔷薇的叶子被纷纷带离枝头。但当风过去，再看枝头，留存的叶子仍有许多，它们稀稀落落地分散在蔷薇的枝条间，像在等待什么，又像是在守护什么。

初春的雪，雪花总是分外的大，如同柔软的棉絮。这柔软的雪花拥着悠闲的身子，飘落在我家蔷薇的枝间了。蔷薇如同一张撑天的筛子，把雪花迎进自己的怀中。蔷薇虽干但未枯的叶子，成了雪花最好的承载。于是，春天开过粉红色花的蔷薇，此时盛开了白色的花朵。叶子温暖的怀抱成了最为适宜的花萼，把雪花托举在叶上，白色的花朵硕大无比，一朵一朵，一簇一簇。当冬未消、春未至的时候，蔷薇呈现了自己最美、最为独特的一面。绒绒的雪花成团成簇成朵，看过花的心如云如霞如虹。

风仍在，但此时的风也柔情起来，当它把雪花带离蔷薇枝头的时候，是满含爱意的，因为，这动作是那样轻盈，这弧线是那样柔美。

2013 周 02·17 日　雪融蔷薇芽

雪也会沉淀的，经过一天一夜的沉淀，雪更加消融了，看上去质地软软的、柔柔的，就有了黏性，这有了黏性的雪就跟蔷薇的枝条拥在一起，灰黑色的枝条上托着跟枝条一样粗的绒绒雪，玉树琼枝下的花团锦簇，我的心满被欣喜罩着了。看着看着，忽然"噗"的一声，有一团雪就落地成银花飞溅。

这场雪来得真是时候啊，不早也不晚，要是早几天呢，大家都外出串门子呢，雪会给多少人的出行带来麻烦呢，因此看着这些雪的时候，就想到了一个词"天知人意"，真好！细细看着的时候，我很吃惊地"哦"了一声：蔷薇的芽出来了！那红红的、如同小鸟的喙一样的芽，就在枝杈间呶呶着，张嘴欲啄的感觉，它们是要啄这即将萌动的春天，还是春天的雪给了它们绝好的口感？春天的感觉，当是从这红嘴尖喙中开始吧？

2013 周 02·18 一　过年的感觉

过年给我的感觉，就是做菜、洗盘子。每次饭局结束，往往是菜能净盘，而肉的盘子却净不了，今年更是如此，诸如芥末拌菠菜、木耳拌黄瓜之类，那会吃得干干净净，看着干净的盘子，就觉得自己好有成就感。今年我所做的菜中，最受欢迎的是猪肉冻，被评为第一名，其次是小豆腐，再次是炸藕盒子。准儿媳妇看我忙天活地地做菜，时常呆呆地看，不知道应帮些什么，过后跟我说，她家里过年，从来没有这么多的人一起吃饭。我时常觉得，女人一定是因为她所做的饭而生动起来的，因为女人从来都是给养，如同土地一样付出啊！生命从开始孕育起，那就是女人在濡养着啊！我身为女人，很多的时候会因为自己能做饭而骄傲！这就是我的本色啊！

2013 周二 02·19 狗狗的幸福

　　春节的时候，感觉自己忙得就是一个机器，没有陪婆母好好地说说话，昨天下午跟老公商量，去陪婆母住一晚吧，晚上可以跟婆母好好地聊一聊天。晚上我做了婆母最喜欢吃的黄花鱼，跟婆母喝了一杯葡萄酒。

　　第二天回家的时候，开门进到小院看到阳台的门开着，心想不好，是小偷乘虚而入吗？进阳台一看，客厅的门也洞开着，就更加坚定了自己的判断。环顾四周也没有发现自家的黄狗，心想黄狗也凶多吉少了吧？忙来到卧室仔细察看，往床上看很是吃了一惊！我的被子在床上展开了一角，柔软的被子被压成了一个小窝，窝里安睡着我家的那只黄狗，它大概是听到动静才从美梦中醒来，很是惬意地伸了一个懒腰，一脸幸福状地看着我，眼神里是那种慵懒的满足。好家伙，敢情是它鹊巢鸠占在我的被子上睡了一晚，一直在院子里睡觉的它，今晚的感觉一定是做神仙一样美吧？看见我们，竟然不急着下床，极想让人分享它的幸福。看着它，我笑了，追求幸福真是所有生灵的普遍权利啊，这么一个时机，竟然被它捕捉了去，而且是如此享受，如此放松，就连主人回来了也浑然不觉。我把它赶下床，把被罩和床单都扯下来洗了。洗着的时候，没有怨狗的造次，而是欣然接受着它在床上做的春秋大梦。

2013 02·20 周三 活着,就要做自己生活的主角

　　人健康幸福地活着是一件多么值得庆幸的事情啊！春天来了，大自然很快就会生机勃发，看看蔷薇的变化，就知道春花灿烂的日子已经不会太远，蔷薇小小的叶片已见端倪，我知道的，那些红色的"喙"很快就会变成"小鸟的爪子"，等那些"爪子"张开的时候，那就是生机盎然，那就是春晖无限。

　　一位中年男性走进了我的咨询室——因为慈父的逝去，他久久不能从失父的痛苦中走出来，他跟我感叹："人生就是这样，此消彼长：我失去了'家'，我又成了别人的'家'。我现在只会喘气，如同苟延残喘，饭也吃不下多少，睡眠质量很差。"因为他的孩子有孩子了，他又成为家庭中新的"老人"。因为年龄相仿，我们投机地聊着。咨询者走后，我在想，人啊！最折磨人的就是失去了，其实人一生下来，就是不断地失去啊，失去每天的时光，慢慢地失去自己的青春年少，再慢慢地失去双亲——但同时人不又是慢慢地得吗，慢慢地得到爱情，慢慢地又得到自己的孩子，慢慢地得到智慧，于是才有了灵性的人生。人总感觉得到理所当然，失去则痛楚万分，但无论得还是失，都是充实的人生。得往往是暂时的，失却是最后的结局，有句话说"因得到而失去永远胜于无"，所以人要在短暂的得中去珍惜，这才是人的课题啊！成了别人的"家"时，也要有自己的生活，而不是只欣赏别人的生活。活着，就要做自己生活的主角，而不是匆匆的看客，人在哪里，哪里就是自己的家。

2013 02·21 周四 美景怡心

　　因为还在寒假中，就有充分的时间自己支配，见枝上的雪还未消融，我就自己一个人慢慢地到汶河边漫步了。一个人在河边走着看风景，那感

觉，真是好，因为此时给人的感觉，就是什么也可以想，什么也可以不想，想看什么就看什么，而不想看时，则可以低下头来默默地想心事。被阳光蚀过的雪沾在枝上，那感觉别有一番情趣，飘飘雪成绒绒花的感觉，这感觉是柔软、是融合，而不是生冷和逼仄，多好的一种境界啊！它让人体会到的是干净，是亲合，是那种想凑上去亲一口的冲动。

看着枝头的雪，也可以产生暖心暖肺的感觉。当绿叶绽出的时候，心田里也婆娑起来，岂不令人欢欣鼓舞？美景怡心啊！

2013 周
02·22 五 ## 放下与臣服

我正在院子里看蔷薇的新芽呢，就听见黄狗报警，知道有人来了，出门迎时，是我的一个学生来了。学生是我的得意门生，初中时在班里一直是班长，一直为她的大度而感慨。可是她的婚姻却出现了少有人经历的变故——双方父母先是不和，发展到双方父母的矛盾白热化，结果她的婆母对她的父母出言不逊。女儿是最懂得孝敬自己父母的小棉袄，结婚后的女儿是小棉袄移至别人家，本身适应就难，怎么还能忍受父母遭受奇耻大辱呢？结果性情刚烈的她一气之下抱着自己刚刚满月的女儿，什么也不计较地就和老公离了婚，回住到了娘家。她本与老公没有什么深仇大恨，可是双方的父母水火不能相容，两家就出现了老死不相往来的局面。一个单身妈妈，带着自己的女儿过活，无房也无款，心中千疮百孔的她找我诉苦，我劝导她——人要有自己的生活，人也要有自己的生活空间，这样对孩子的成长、对于自己的感情、对于自己的生活，都是必需的，寄身于父母之下的孩子，是永远也长不大的。她一个冰清玉洁的心身，自然是懂得这些，可是她的父母却放不下过去的怨恨。我跟她澄清这样的理念：人在争吵的时候，说的话很多不是出于自己的本心。为人父母的，对孩子不会有私心的，我们不是也做父母了吗。亲家父母的一些冲突，都是沟通不好，每个人站在自己的角度，都是想把事情做到最好，特别是对待孩子，总是付出最大的努力，而每一件事情的发生，也是好多因素综合作用的结果，不能把原因总归结到别人身上。学生接受了，说是回去想办法跟老公和公婆沟通。不久后我在她的 QQ 上看到了她的"说说":"人生只是一张没有回程的单程票,路过的见过的一切都是风景。"想必她已做了很好的调节。

2013 周六 02·23 小·叔叔病了

白天感觉越发地长了起来,天也慢慢地转暖,一年当中这个最为悠闲的时期,是逛街游玩最好的时机,老公拉我去看他的小叔叔。小叔跟我一样大的年龄,年前的时候突发脑出血。进门来,小叔的儿子在家伺候着,小婶上班去了。我跟老公坐在小叔的床边,小叔躺着拿眼神看着我们,面无表情。过了一会儿,他竟然转过身去,不再看我们,因为没有语言的交流,就不知道他在想些什么,但从他的表现来看,对于自己的现状,他是不接受的,甚至于非常抵触。跟小叔的儿子说了几句话,我们就回来了。往回走的时候我想,这样躺在床上的病人,大多是放弃了西医的治疗,而一个人躺在床上,身体动不了,思维却很活跃,对于这样的病人,采用心理治疗倒是不错的选择。

2013 周日 02·24 银龙鱼香消玉殒

一年一度的同学小聚安排在今天晚上。等进到同学的客厅时,大家已是七嘴八舌,我第一眼的眼光先落在他家硕大的玻璃鱼缸上,结果我大吃一惊:那条让我时常想起来的银龙鱼竟然不翼而飞!看着空荡荡的鱼缸里,只有几棵红红绿绿的塑料水草摇曳其间,还有几只蚌横躺在缸底,银龙鱼哪去了呢?

同学的这条银龙鱼,赚取了我多少的目光啊!每次到她家聚餐时,大家四仰八叉地乱扯,我的注意力却多在这条银龙鱼上——这条鱼有一尺多长,括号式的嘴巴一吸一吐中,展现的全是贵族儒雅的气质,真是不凡的谈吐啊!它在缸里悠闲地摆着尾巴,游动的时候好像身上的每一个细胞都在舒展，水银一样亮晶晶的鱼鳞闪着炫目的光，给人的感觉是通体透明。每当它游到鱼缸的尽头时，尾巴轻轻地一摆，就变更了游动的方向。鱼缸就是它的世界，水里就是它的空间，它的优雅让看它的每一个人都气定神闲。

吃饭的间隙，我问同学鱼哪里去了，她有些伤感地说那次家里的暖气坏了，她忙糊涂了没有给鱼缸接上电源取暖，结果一晚上的时间鱼就翻了肚皮浮在水上，是冻死了。看着这一缸的水仍在，这里面可曾还有银龙鱼的芳魂？"失去总比从没得到要强百倍"，我又一次想到了这句话，是啊！得到总会失去，但不管得到的长短，记忆中总存在那样一个鲜活的影子，这就足矣！

2013 周一 02·25 通识的重要性

一则文章说，一名想学识玉的人找到了最有名的玩玉大师请教，大师见他心诚，于是收他为徒。开始授课了，大师总是让他手握一块玉，然后开始向他讲解国学、讲授中国的历史。学玉者很奇怪，问大师为什么不教给玉的知识呢？大师笑着说——玉是在中国的文化中温润起来的，一个识玉者必须要了解国情、国史、国文化，这是识玉的通识啊！否则只会识玉的形体，把握不了玉的精魂，也就是解读不了玉的灵性。读了此文我的通感出来了，我立时想到，我的讲座中力求让家长提升自己生活的幸福感，这不就是家庭教育的通识吗？不教而教、大雪无痕、大爱无言，这些都能串起来，而这才是教育孩子的最高境界。

2013 周二 02·26 他爱上了自己的语文老师

半个月前做过一次咨询的男孩子又来到了我的面前，他是一个高二的学生，无心学习，经咨询得知他的整个关注点都是将来，他似乎就是一个为将来而活着的人。我让他写下自己的个人优势，记得上次五分钟过去了，他只写出一条"我健康地活着。"而这次情况发生了很大的变化，他逐一写来："我有一双没近视的眼睛。我有一副健全的肢体。我的身体是健康的。我可以坚持一种习惯。我有一颗正常的大脑。我可以很快地完成一件事情。"我表扬他对自己认识的提高，然后引导他来看他写的，除去生理的前三条，除了一条对自己的智力有所评价，其他都是哪些方面？高中孩子的悟性啊！神！他看了一眼，想了想说："习惯！"我向他竖起了大拇指，然后问他："自己是高中的孩子了，为什么在习惯上对自己孜孜以求呢？"他说："自己下了无数的决心，比如几点起床，可到时总是做不到，时间白白地过去了，然后又恨自己没有坚持下来，又恨自己，就这样反复无常，学习也没有心思，做事也没有感觉。"我笑着跟他说："一个人精力的使用取决于克服阻力的多少，而不是精力本来就有多少。因为上帝很公平，世界上百分之九十五的人智商都是差不多的。就你的情况而言，是什么形成了你无法克服的阻力呢？"我起身要打开电脑中的音乐，他却站起来阻止我，脸倏地红了，小声地说："老师，我可不可以跟你说我喜欢的那个人是谁？"我停了下来，知道突破点来了，我说："当然可以啊！"他又开始支吾起来，我用笑给他勇气，他低了头："我喜欢的人，是……是……是我的语文老师！"情况太意外了！我一下子按住了自己的额头，我跟孩子说："让我自己静静，我也需要平静一下。"稍停片刻，我问他："喜欢老师的感觉，怎么样？""时好时坏。""那就是说，一半是天使，一半是魔鬼了？"他不好意思地笑了："经常胡思乱想，精力无法集中起来。"我们重新坐下来，我在面前的纸上写了一个大大的"爱"字，我问他："你懂得这个字的内涵吗？"他不回答，我又问他："有一句歌词是这样的'我拿什么奉献给你，我的爱人'，有印象吧？那就是说，爱意味着付出。青春期的孩子正因为有了爱的萌动，所以才有成长的巨大的内驱力。就你目前的情形来看，你能给你所爱的人什么？"他一时英雄气长，激动地说："好多！好多！""好的，空说无凭，写下来，我看！"他立即在纸下写下："正确的爱的方式。体贴入微。通过努力达到能力的顶峰，给予物质的一切。永不消却的感情。"看着他写下的，我引导他："看看你写下的东西，是发生在什么人之间的关系？"他低下头看，思索了好长一段时间，抬起头来说："是结了婚的人吧？"我看着他的眼睛，跟他说："对呀！就你们目前的情形而言，她是你老师，而你是她学生，你能给她这些吗？爱的方式是什么？你能说明白吗？如何体贴入微？你能做到吗？你连她如何吃饭就寝都不得而知，如何入微？物质的一切又是什么概念？永不消却的感情，你又能掌控你和她多少？"说着的时候，孩子的泪下来了，他说："是呀！我看到她辅导其他的男生学习，心就特别酸，也有一种冲动。因为看不到她具体的生活是什么，时常地就感到很茫然。""如此，你的生活不就是空的吗？你的关注点不就全是未来吗？想想你现在的情形，是不是这才是原因呢？"他努力地想，我专注地看着他，过了一会儿，我问他："通了没有？"他点了点头，但不是很坚决，我则步步紧逼，开始逼问他："想清楚，你现在到底能拥有什么，你通过努力，能给她什么？想明白了，写下来！"他的神情很凝重，他写道："拥有一流的学习成绩。游刃有余的人际处理方式。几个肝胆相照的朋友。要有钱。要有权力。要有健康的家人。"我引导他，他立时明白，把最后一条修订为"要有健康的自己和家人"。真是通了，我长长地舒了一口气，从抽屉里拿出一张早就准备好的大红的剪成心形的纸，足有拳头那样大，让他把刚才写的写到这颗红心里。他认真地写着，不是用手，那感觉分明是用心。

今天的咨询时间已到，我让他明天继续。

2013 周三 02·27 要跟孩子说的是恭喜

咨询如约而至。我问他："愿不愿意接受一种挑战？有利于调整自己身心的？"征得他的同意后，我把他昨天写好的"红心"放到一个包里，然后引领他来到藤萝架下，把包挂到架上，让他看到有感受。我跟他说要蒙上他的眼睛，他会变成盲人来拿到自己想要的东西，是从咨询室出来拿到，然后再回去。他立时紧张地回答："我有恐高症。"我笑了，说："正因为有，所以才挑战，而且完成这个后，你的恐惧啊、焦虑啊什么的，都会烟消云散的。"于是在同意的前提下"盲人之旅"开始。毕竟是高中学生，方向感的掌控能力特强，他并没有费多少周折就拿到了自己想要的东西，就是在下楼梯的时候，他的头开始颤抖，我在后面拽着他的衣襟，轻轻地，力求让他不能觉察。回到咨询室，我让他谈感受，他开始说："好紧张！好害怕！"我问他悟到了什么，他说："尽心尽力走的话，该是自己的，还是自己的。"我给他修正，明确为"投入地去行动去尝试，就能得到自己想拥有的"。他又说："遇到障碍时，停留一会儿，不放弃，还是能拿到自己想要的东西。"我给他修订为"困难和挫折都是暂时的，只要不放弃，就能达成自己的目标"。两条足了，我又问他，开始时说自己恐高是因为什么呢？他笑了，这次的笑好灿烂，无遮无拦的，因为他的眼睛比较小，我就笑着说："你啊，我发现你做完这个体验后眼睛变大了呢。"他就咯咯地笑个不停，我当即告诉他："有没有想明白？任何借口其实都是想逃避，而逃避是一事无成的。"他信服了，我让他看这三条，然后让这三条在自己的心里有感觉。

咨询结束了，我把他那颗宝贵的红心放在我的书上面，把书送给他，跟他说："这次的信心，可是满满的了。至于你爱上自己的老师，我要跟你说的是恭喜，因为这说明你是一个心气很高的孩子，老师对于学生而言是需要仰视才见的人物，你爱上她，她给你的绝对是至善至美，她永远不会跟你堕落。而你看到她的永远是美好和光鲜的一面，你要做的是借力用力，以此作为成长的动力，那样，你就鼓满了帆，好风须借力啊！好好地成长吧！感谢你的开放和开悟，再想找借口的时候，就想想眼睛蒙上的时候，好吗？"他很庄重地做了回答。

2013 02·28 周四　心不能病

有一个病人的家属咨询，他的爱人患子宫癌，做过手术之后，病情稳定下来，人却变得极为敏感。家庭中因突发这样的事端，生活就失去了往日的宁静和幸福。妻子变得特别敏感，家人处处赔小心，丈夫连正常的应酬都不敢参加了，身心极为疲惫。一家人的生活焦点全在妻子的病上。我首先给予理念上的澄清：妻子病了，她只是家庭生活中的一个人吧？其他的家庭成员是健康的吧？生活还得继续吧？妻子是一个器官病了，而且这个病灶已经切除，其他的器官还是健康的吧？为什么不把关注点放在健康的器官上，感念自己还有那么多健康的成分，而要把注意力放在一个切除的病灶上呢？家庭中营造欢乐的气氛、其乐融融的感觉，总比那种沉闷的、死气沉沉陷入无穷无尽的恐惧和没完没了的担忧中强吧？

待他醒悟后，我跟他聊这样的理念：人病了，心不能病，不病的心懂得体恤，懂得疼爱，更懂得因为自己的病对家人的连累。这样的人懂得感恩，懂得宽恕。而宽恕就是对自己最好的救赎，这会促使和引发人去改变。而只有改变，才能让人获得新生。相反，抱怨呢？乖戾呢？敏感呢？本来就已负重的心会不堪重负吧？不堪重负的心会把自己的身体引向深渊。医者能治的，只是身体。能救心灵的，仅且仅是自己。不是说嘛，自己是自己的上帝，自己是自己的救世主。从这个层面上去理解，才是心灵的成长。

3月

他因朋友的自杀身亡而陷入抑郁

2013
03·01 周五

春天近了，枝上仍有雪，枝上卧残雪，应是经冬雪消的感觉。

一个中年男性走进了咨询室，他是一个极为开放的人，不用我怎么引导，他就絮絮叨叨地诉说——他极为要好的朋友因抑郁而自杀身亡，朋友的丧事由他一手操办的，他与这个朋友平时无话不说，亲密到两个人在彼此面前都没有什么隐私，他自己敏感地感觉到，自从朋友逝去后，他自己也抑郁了，时常有爬到楼上跳下去的念头，而且不敢看刀子，要是看到面前有刀子，他就有一种拿起刀子刺向自己的冲动。明天是朋友逝去后四个月的日子，他感觉这几天自己特别烦，他不敢自己一个人待着，就来到了我的面前。

我让他平静下来后分析他意识层面的东西，他的意识里除了女儿，就是他逝去的朋友，让他把这些呈现出来，他几次停笔思索，最后干脆说："我写不下去了。"眼睛就慢慢地红了。我把他的呈现摆在一起，然后开始提问："在你的意识呈现中，呈现的为什么都是别人呢？你自己呢？"他当即一怔，随即跟了一句："是啊，我自己呢？"然后他开始说自己对待朋友是如何侠义心肠，对待家人是如何无微不至，对待领导是多么古道热肠。我再问他："自己的感觉呢？是不是经常就被自己忽略掉呢？"他的眼睛呆呆地，说："确实很少考虑到自己的感觉。""那就是说，对自己照顾不到位了？"他从心底里说出："不是不到位，而是根本没有。""那你就一直是一个为别人而活着的人？"他似乎要流下眼泪来，沉默了。

跟他商量后，我打开音乐《花草香随风》，让他闭上眼睛，听音乐的时候，看看他脑海里呈现什么样的画面，而且要感受当时自己的那份感受。音乐如水，缓缓流淌，他静静地坐着，一动不动。音乐结束时，我问他看到了什么，他说："开始看到的是一个舞台，一个小女孩在表演，表演结束了，他跟那个小女孩恋恋不舍地分手。后面就出现他的好朋友，是一个画像，用黑纱包裹着的画像，他抱着那个画像慢慢地行走，心里很难受，泪流满面。就这样一直持续到音乐结束。他感到自己非常孤单。"慢慢地睁开眼睛后，我再问他感受，他说当时的自己很伤心、很难受、很无助，而且很无助的感觉停留的时间最长。"生活中，你经常有这种无力感吗？"我问他，他承认，随即他说："这么长时间了，我就是走不出来，我自己知道，只要我从这里面走出来，我会变得非常强大。"我想了想，就跟他说："给你用正念疗法吧！"

我拿出自己精心做的花瓣枕头，让他闭上眼睛，然后用枕头捂在他的鼻子上，让他深深地吸气。因为枕头是软的，所以并不会阻碍他的呼吸，我问他："闻到了什么？"他回答："叶子味。不对，是烟的味道。"我移开枕头表扬他的判断，因为花香确实与香烟的味道容易混淆。然后我告诉他枕头里面装的是蔷薇的花瓣，又从电脑上调出蔷薇开花时那种饱满、绚然的画面，就让他回家每晚睡觉时枕着这花瓣枕头，头脑里出现蔷薇美好的画面，从自己的童年开始，所经历的事件——正念而来。多么蕙质兰心的人啊，他竟然一下子就知道了正念疗法的内涵，我告诉他，心理治疗就是人运用自己的心理能量进行自我疗愈，因为人是灵性的动物，本身就有这种能力，我们只不过是借用花的香气和絮然的姿态来让自己快快切入。

看着他带着花瓣枕头离去的背影，我知道朋友的离世打乱了他此前成长一帆风顺的单纯心境，他要从这件事上去学会承受，做到从沉重的打击中勇敢地站起来，就会练就自己的金刚不坏之身。

2013 周 **03·02** 六　**她看到了自己不应看到的东西**

一个正上高三的女学生，生得袅袅娜娜、亭亭玉立、肤如凝脂、明眸皓齿，真是惹人爱怜。她跟妈妈来了，我把她自己领进了咨询室。

她的绘画测验很正常，只是"雨中人"的那个人双手紧紧地抱着伞柄，一副害怕伞会飞走的焦灼，我问她："雨很平稳地下啊，又未见你画风，那么这样的一幅淅淅沥沥的场景中，为什么这么惊险呢？是生活中有什么刺激吗？"她用一双俊俏的眼睛看着我，小声地说："妈妈没有告诉你吗？""我想听你自己说。"她的脸倏地红如苹果，低下头："根本说不出口。""看着我的眼睛，告诉我，在你的生活中，发生了什么？"她抬起头看着我，我用眼睛传达给她力量，她慢慢地说："那天，下晚自习，我自己走的。走到四马路交叉路口，就看到一个男人，他穿的衣服看上去很昂贵，脖子上戴着硕大的金项链，他躲在车门边，却让我看……让我看……"她说不下去了，我当即问她当时的感觉是什么，她说很紧张，感觉都喘不过气来了，她感觉自己特倒霉，看到了这样不该看到的一幕，从此往后，要是学习上一遇到挫折，她的脑子就会浮想联翩，而且最后发展到看见男老师就会感觉不自在。她说的时候，我握着她的手心，她的手心里湿乎乎的，脑门也沁出了硕大的汗珠，我问她："说出来后，感觉轻松点没？"她摇了摇头，然后又点了点头，我知道她此时并没有确切的感受，她只是难堪，她只是觉得倒霉，这样的理念如同绳索一样把她捆住了，由此她产生了窒息感，思维变狭窄了。

然后我就开始调节她的认识，我让她知道，真正倒霉的不是她，而是那个有病的人。一个人如果经常以为自己是倒霉的，那么幸运之神是不会光顾她的，我引导她看《走近青春期》的相关案例，案例中的人和她有着共同的际遇，却因为自己不去求助，也没有妈妈到位的关怀和体贴，所以就错失良机，导致了最后悲剧的发生。而自己呢，相比之下，是什么？她有些害羞地笑了，说："我还是有些幸运的。"我再引导她看《减法》中相关知识点的描写及书中的点评，她就有些释然了。

我把她的妈妈让进咨询室，让母女两个深情的拥抱，啊！亲情就是世上最好的疗愈药物啊，看着这母女相拥的温馨时刻，真想让时间停下脚步。

上午接到了婆母打来的电话，问我今天是不是很忙，她说过年后还没有回老家来看看，本家那个得脑病的叔叔，她也应该去看望一下，我欣然地答应着。我的一堆衣服还没有洗完呢，婆母就来了。我拎着礼物和婆母一起到叔叔家去。

村里的人大多养狗，怕婆母被狗咬伤，我就用手牵着婆母的手走在街上，婆母就如小孩子一样很舒心地让我牵着她的手。同村人看见了，热情地跟我打招呼，小声说看人家，都看不出是婆婆跟儿媳还是闺女跟自己的娘。手里攥着婆母的手时，我在想自己有多少这样的机会牵着娘的手在街上走啊！娘身体壮实的时候，她不用；娘身体不壮实的时候，就无法牵了，因为娘是病来如山倒，根本就不给我机会牵。

回到家里，婆母要《草原之夜》的歌曲，我从网上搜出下载然后打印出来。她又拿出自己为安丘"夕阳红拉呱站"编写的拍手歌，让我给她修改。婆母好时尚啊！所写拍手歌中掺进了节约理念和"光盘行动"，我给她修好了，她很赞同我的修改，然后她又让我给她打印五份。我用电脑输入时，她一边眼睛不眨地看着，我用打印机给她打印时，她一个劲地说神奇。打印好了，稿子交到她手里，她一个劲地说好，因为我使用的是特大号的字，她跟她的伙伴大多是老花眼，一准看得清楚。

一切都弄好了，我跟婆母就坐在阳台上喝绿茶，其时是下午两点多钟，清晰的阳光把我们镀成了银色，婆母看着蔷薇架上那些尚存的绿叶，问我这些叶子是不是才长出来的，因为那种绿有春天新绿的感觉。我说这蔷薇的叶子是经过了冬天严寒的，它们就是这样的坚强。婆母一边赞叹它们的神奇，一边说："人啊！也要有这样的精神，这才见跟别人的不同之处。"我知道婆母不会说"岁寒，然后知松柏之后凋也"这样的话，但她表达的就是这样的意思。婆母跟我说她想学电脑，因为她听人说现在不懂电脑就不是一个真正的人，我赶紧答应下来。"电脑买来后，你就教我啊！"她一个劲地嘱咐。此时的婆母，在我的眼前多么像一个虔诚的小学生啊！

婆母走的时候一个劲地说误我的时间了，她知道我有好多事情要做。我笑着跟她说什么事情也比不上她的事情重要啊，因为她现在就是我们家的太上老君，婆母灿烂地笑了。婆母坐上公交车走了，我看着她颤颤巍巍地走上车，感受着一个八十三岁的老人的精神力量，内心满被阳光罩着了。"国民之魂，文以铸之"，思想的享受才是最高级的享受啊！

2013 周一 感悟周培功做事的境界
03·04

育在盆子里的佛手瓜在土里悄悄地萌动，表皮的土已经被它胀裂了，微湿的土层出现了道道裂痕，中间则堆成了一座小小的山丘，看着这一切的时候，我多想拨开土看一看，看看这里面到底是出现了怎样的奇迹。但我知道，无论自己的这种想法多么强烈，也要抑制住不要做这样的傻事，因为一旦拨开土层，让刚刚萌动的瓜芽暴露在天底下，无论是风还是阳光，都会给它极大的损害。

近几日看《康熙大帝》，我被其中一个细节打动了：周培功在平息吴三桂建立绝世奇功后，可谓是"木秀于林，风必摧之"，结果周培功被贬到盛京达十一年之久，可叹这个南方人在北方所受的煎熬。他晓得自己的委屈，但他能平衡自己的心态，不怨不屈不愠不怒，花十年的工夫为康熙画了大清国的地图。真人做事的境界啊！"人不知而不愠"，君子的修为啊！相反，因为自己的功劳，恃功而骄、而怒、而怨、而凶、而恼呢，不仅十年的时间会一事无成，而且生活的质量也会极低，因为心底所存的那种怒气会把一个人的心力耗费殆尽。在周培功把图献给康熙皇帝后，颇有悔意的皇帝免去一次早朝，为他守灵一夜。

把不能改变的因素变成自己能接受的因素，无论背负着什么都能承受下来，然后无怨无悔地去做有意义、有价值的事情，这才是君子的所为啊！这才是做人的大境界啊！

2013 周二 03·05 人的痛苦多是因为拥有所带来的失

今天阳光明媚。上午的时候，有个熟人电话咨询，他家的一棵幸福树死了。这棵幸福树已在他家生活了七八年，他为此很沮丧。我问他幸福树因何而死，他说很可能是春节家里的人多，浇水浇勤了，树的根烂了。他自己趁周日又去买了一棵新的。我问他新的感觉如何，他说新的更茂盛，给人的感觉更好。我说那不就得了，看看这茂盛的树，再看看窗外的阳光，心情不就好了吗？人的生死还由不得自己，何况一棵树呢，一棵树，能在你家生活七八年，已是不错的造化了，今日既然已经有了新的"有"，那就多关注这新的生命，鲜活的记忆就可以重新续接。

2013 周三 03·06 一年家庭教育工作的指导语

今天恩师给我写了一封短信："新的学期开始，一个新的轮回又开始了，今年和以后你的家庭教育心理辅导的事，我建议以培养学生或孩子情商为重。中国几千年文化重视的是智力，这是中国文化的致命弱点，决定人生的第一因素是情商而非智商，要努力向孩子学生尤其家长进行这一宣讲，怎样使孩子书念得好不必讲，中国文化的影响已足够了，家长学校的关注压力已足够。讲这点建议，你斟酌参考。祝新的一年顺利！"

看看我摊在桌子上满满的给学生和家长做课的材料，都是谨遵师教啊！这封信，就视为我今年做专业的指导语吧。

爱自己也即是爱别人

一位妈妈来咨询。这位妈妈站到我的面前，我就发现她衣着凌乱形容枯槁，眼睛空洞无神，皮肤没有光泽，头发凌乱不堪。让她倾诉时，她说自己的孩子学习没有心思，出现了青春期典型的叛逆行为——逃学、打架，甚至离家出走。对老师的教育置若罔闻，对家长的苦口婆心冷眼相对。再了解知道，这个家庭半年前遇到了重大刺激，孩子的爸爸因为车祸而命丧黄泉。爸爸没了，家里主要的经济收入也没有了，妈妈绝望了，从此就慵懒无比，家里的卫生从来不管，甚至无心做饭，连自己的头发都懒得梳理，多数时间就是躺在床上，吃饭的时候多数是儿子从外面带点回来。妈妈很少与儿子一同吃饭，更不敢看儿子的眼睛——她因为自己的痛苦而有意逃避，内心里却极奢望儿子成才，因为儿子成了她唯一的希望。可是祸不单行，几个月之后儿子开始逃学，开始离家出走，开始拒绝回答妈妈的问题，并且对任何人的教育都是叛逆的应对方式，任别人说破个大天，我就是死猪不怕开水烫的模样。我让妈妈尽情表达自己的感受后，让妈妈易位思考：假如她是儿子，遭受失去爸爸的浩劫，又面对这样的妈妈，心中会做何感想？妈妈怔住了，她呆呆地想了近十分钟，开始泪流满面，说："那就是看不到任何希望，什么也看不到了，活着还有什么意义？"是啊，面对打击妈妈都垮了，孩子的依靠又在哪里？他毕竟还是一个孩子啊！妈妈明白了：她只有勇敢地面对痛苦，从痛苦中站起来，把自己的生活打点好，先让孩子有一个温暖而有序的家，才能再谈对孩子的教育。要做到这一点，那就要先从小事做起，先从搞好自己的个人卫生开始，再搞好家里的卫生，然后再做可口的饭菜。看着离去的步伐坚定的妈妈，我知道世上的妈妈多是勇敢的，明白之后的她就懂得如何去承受。

今天是个特殊的节日，不知因为什么，这几天自己的情绪就不是很好。晚上躺在床上自我排查的时候，心想可能是因为八年前的这段时间，恰恰是母亲病重卧床的时候。

因是周末，好朋友叶子从临朐来访了，于是跟叶子去诸城找相处不错的艳子，我们三个从学习家庭教育以来，一直就是"幸福教育三人行"的践行者。三个知心朋友聚在一起，半年多未见心中积攒了太多的情感，毕竟是女人，不想说着吃着喝着的时候，竟然醉了。我跟叶子都醉了，女人喝酒，不醉便罢，一醉就是不可收拾。

醉酒的晚上，梦中就见双亲了，他们用一双哀怨的眼神看着我，我因为不能支配自己的身体，远远地看着他们，想靠近他们可身体竟然一点也动不了，只能用流泪的眼睛看着我的父亲、母亲，泪眼迷蒙中，他们如雾一样散去了。当我从梦中醒来的时候，才发现自己的枕边湿了一片，梦中的自己，究竟哭了多长时间啊！黑暗中泪水仍如小溪一样缓缓地流下，想到小时候父母对自己的严格要求，而现在双亲不在了自己竟然喝酒，醉得一塌糊涂，要是小时候犯下这样的错误，双亲一定会痛责自己。可现在，谁来责问自己啊！当一个人错到需要责问时，但没有人责问，这也是一种莫大的悲哀啊！此时多么希望有一个人，能狠狠地骂自己，或是痛打一顿也好，但这个世界上，已没有这样的人对自己行使这样的权利了，心里空空的，脑子钝钝的，周围一片黑暗啊！我如何让自己的心明亮起来呢？

2013 周
03·09 六

对婚姻的感悟

今天导师问我："你是如何经营你的婚姻的？面对彼此的差异你是如何处理的？"我回答："我是一个女人。我知道男人最在乎的是他的尊严，男人的尊严就是他的天。作为妻子，不能去戳他的天。再者，是爱老公的亲人，特别是他的双亲。因为夫妻有爱情做保障，而对他的家人却是不得不尽的责任和义务，而恰恰是这些，处理好了就是婚姻幸福的绝好土壤，处理不好是破坏婚姻的元凶。我感觉就婚姻关系而言，既然两个人相爱牵手走进婚姻的殿堂，那么对婚姻质量影响最大的不是双方的爱情而是双方的人际关系。人结婚不是两个人结婚，而是两个家庭、两个家庭的传统结婚。我觉得女人，一是尊重老公，二是要勤快，三是要有自我牺牲精神。女人千万不要以自我为中心。"老师的回答："嗯，很好，非常好的婚姻感悟。"

2013 周
03·10 日　　**找好各自的位**

春日融融的感觉是越来越强了，早晨一片晨光熹微中，整个院子就被浅浅的金色笼罩了，那些隐在金色里的蔷薇跟藤萝的精气神，是不是也和我一样看着春光在笑呢？屋顶有几条蹿出来的枝条，已有一米多长，前几天就想把它固定在篱笆上的，但因为春风的料峭，就只站在院子里痴痴地想。今天无论如何，都应做这件赏心悦目的事了。

拿一团深红色的毛线上了屋顶，把毛线裁成一段段的，把那些张扬到别处的蔷薇花枝绑到篱笆墙上，让它们找到自己合适的位置。此时的蔷薇枝上，叶片已经张开了，我知道的，这每一枝的顶上，都藏有一簇蔷薇花苞，只是春色尚早，它还隐在暗处。看着这些理顺好的蔷薇，阳光融融中，整理花事就是诗性的感觉吧，我的脑子里又想起了我的讲座，人在社会现实生活中，总得找到属于自己的那个位，而人能凭借心力定住这个位，最大的心理能量当归功于自信、自尊，所以家长课力倡家长注意孩子自尊心的培养，我也找到了家庭教育的"位"。

　　时令虽是初春，但天气仍然寒冷，我穿上厚厚的羽绒服出门去，天上竟然飘起了硕大的雪花，那雪花在空中迟迟不肯落下，其时空中并没有风，雪花在空中盘旋，那一定是雪花的轻盈使然。

　　走在街上呢，就看见一个熟悉的身影，她的步履有些蹒跚。我的感情一时复杂起来。因为今天的事情不是很急，我就跟在她的后面。走了一段时间，她可能是感觉有点不对头，回过头来看，我笑眯眯地看着她，她定定地看了我几分钟，然后竟然惊喜地叫出我的名字，激动而又亲切，我把她有些娇小的身躯揽在怀里，轻轻地告诉她："姨，见到你真好！几年不见了，老天还把你照顾得这样好。"然后她就热情地邀请我去她家玩，并且告诉我她家住的小区。

　　告别了阿姨，心情久久平静不下来。姨是我父亲年轻时的红颜知己，关于她的许多事情，还是母亲年轻时告诉我的，说父亲最初参加工作后的几年大多与这位姨在一起工作，他们之间的感情极好。父亲是玉树临风的男人，对人对事又热情又有主见，我相信年轻时的父亲一定是极有魅力的。而这位姨也是儒雅贤淑的女性。那个时候工作条件艰苦，他们的工作是吃住都在单位，这也是相濡以沫的感情吧。母亲还说，我爷爷去世时穿的送老鞋，还是这位姨买的。母亲还不止一次说我父亲在外边一个人不容易，有这位姨照顾着，她很放心，并不止一次感叹，要是她与父亲晚些结婚，没准父亲就会和这位姨结婚，他们的婚姻会更和谐，因为他们有着共同的事业，达到了更深的交往层次。我到现在还记得母亲说起这些的时候，是全然从父亲的角度去考虑，没有小女人的那种嫉妒。但父母之间并非没有感情，他们夫妻的相处之道一直是我们姊妹学习的榜样。人的交往是多个层面的，人情感的层面也是多个方面的，我私下里想，那种锱铢必较、急赤白脸的算计式婚姻，温馨感就会丧失在这种计较里，人的幸福不是得到的多而是计较的少，特别是牵涉家庭里的纠纷时，应是至理名言。就母亲而言，是爱父亲胜过了爱自己，才有了最大化的想成全吧，我为这种爱而感动。

看着已年迈的姨离去的背影，想到已长眠于地下 16 年的父亲，我想无论我多么忙碌，今年这个春天我定会找个机会去看望一下这位老人。

2013 周二
03·12　蔷薇有爱

晨起的时候，感觉有雾，虽然气温仍有些低，但还是披上棉袄来到西屋顶。蔷薇那在冬天里都绿意不减的枝条，越发地绿起来，感觉是有绿的色泽在流淌。枝上鼓出的红芽如同一步一步的点缀——啊！蔷薇开始用眼睛看世界了。我用手摸摸，冰凉冰凉的，但内在也有火热的心肠吧，不然怎么有生命力的绽放呢？看着看着，就为那些仍不肯褪去的老叶感到困惑，为什么还停留在这里呢？我顺手把一根枝条轻轻地拿了下来，这才发现这老叶都是长在上面的，而就在它们的底下，如同被羽翼遮藏一样有一根尖尖的红芽早已隐藏在那里，拿去老叶梗的地方露出的是绿得发白的颜色，这如一片小瓦一样形状的白色啊，让我的心陡然生出感动，原来这些老叶是在保护这新出的芽啊！这新芽是如此娇嫩，它经不起春寒料峭的，而这些皮糙肉厚的老叶片，却可以傲视冬与春的寒风。抬眼看去，这样的叶片有几多啊！仔细看去，才发现枝上有好多"把"一样的叶梗。这上面的叶子早已随寒风而去，只留它们卧在这里，为新出的芽挡最后的寒冷。蔷薇，我的花啊！原来你是以这样的一种保护机制赢得了新叶的早早绽出啊！

2013 周三
03·13　藤萝在我家

人与树的邂逅当也如人跟人的邂逅一样，那也是一种缘分。一直就企盼那种"月下藤花满枝"的境界，身居闹市能与藤萝相伴，自己感觉是一种福分。我在院子的一角移栽上藤萝，在西屋顶搭建藤萝架，把它的成长空间发展在空中也是我的智慧，当然喽，这也离不了老公的心灵手巧。他设计的藤萝架铁体成框架、篱笆绕两面，这样架上盘藤萝，底下攀蔷薇，绿意盎然在家啊！

如今四年的时光悄然而逝，藤萝终于盘满了花架，这样我们在屋顶就拥有了绿色的客厅。看着藤萝跟蔷薇的时候，我时常就想，不知这个世界上还有哪处也有这般的风景？花开是一时，拥有是四季，人的记忆可以无限延长啊！我无论在哪个季节看它们，心里都是绿色的。

2013 周 **《葬花吟》的共鸣**
03·14 四

藤萝架下，极易心旌神摇。抚摸着它已显嶙峋的干，共鸣感就出来了。嘴里轻轻地吟着越剧《红楼梦》中林黛玉葬花的唱词，感觉是心神一体"我一生与诗书做了闺中伴，与笔墨做了骨肉亲……"这段唱词我无论什么时候吟唱出来，都有一种摄走魂魄的感觉，"诗书"给人的感觉多好啊！"一生心血结成字，不教玉堂金马登高第，只望它高山流水遇知音"，人的性情相投，不只与人，古代的林逋"梅妻鹤子"流传千古，那种"疏影横斜水清浅，暗香浮动月黄昏"的高标，几人能抵啊！我与我家院子里藤萝跟蔷薇的这种情分，也是入诗入画啊！

2013 周 **芬芳自己与怡悦他人**
03·15 五

爱自己是爱别人的前提，更是爱这个世界的前提。同样的道理，爱自己的家庭也是爱别人家庭的前提。一个称职的家庭教育工作者，首先是有能力把自己的家庭经营好。

记得在2008年底去济南参加心理咨询师二级考试论文答辩时，三名教授端坐在台上，我是入场考试的第一个。答辩的第一项是陈述自己的成长经历，我当时说道："自己当初是因为在生活中遇到了迈不过去的坎才学习心理学的，学习的过程充分体验了心理学的魅力。好东西是需要分享的，我想让更多的人享受心理学的魅力。如果说我一开始的学习是怡悦自己，那么今后我努力的方向则是芬芳他人……"端坐在中间的女教授笑着说："好了！可以了！"我很奇怪地睁大了眼睛，有点丈二和尚："这样就可以了？这样就好了？"我当时的感觉好复杂，有点忐忑不安，有点意犹未尽，又有点如释重负地走出了教室。

2013
03·16 周六 他的内心纯正了

今天是那个用花瓣枕头进行正念疗法的人再做咨询的日子，等他来到我面前的时候，我首先关注他最近的情绪，结果他说很好，不再有自杀的冲动，而且睡眠质量很好。当我问他自己如何纠正从小到大的一些事件时，他说感觉自小到大好像对他而言，所有的事都是好的，并且一再提及父亲对他的影响，我恍然记起他父亲去世的时间跟他朋友离世的时间接近，一核实果然是这样的。我引导他思考，假如没有朋友的支撑，父亲去世后自己会不会出现现在的这些症状。他点了点头，我跟他说他的生命中注定是有这么一劫的，他很接受，他也明白自己的父亲去世后，朋友成了他精神的力量，而朋友离世后，他再也找不到那种皈依感。他说自己也想明白了许多，他想到朋友就是这样的寿限，自己注定会失去这个朋友。我跟他聊，朋友的离世对他也是一种极好的教育，当人知道失去的遗憾时，会更加珍惜拥有的快乐。事情都是双刃剑，比如自己的太重情义导致为朋友投入这么多，自己的重情重义使自己陷得如此深，这是一面；而自己陷得如此深又成为了自己遭受这么多情感折磨的原因，因为有体验所以有珍重。假如他是一个无情无义的冷漠人，断然不会出现这样的症状。可现在出现这样的症状对他而言又是好事，因为有多大的痛就有多大的爱。

我放一段舒缓的音乐给他听，让他留意听的过程中自己的大脑中呈现什么样的画面。听完后他告诉我，他看到在广阔的草原上，一个小伙子在弹着琴，琴声悠扬，而一个姑娘坐在一边，安然地听着小伙子的琴声。再放一段稍微激昂的音乐，结果他听后告诉我，他看到在河边，杨柳依依水流淙淙，一个姑娘坐在杨柳下看着流动的河水，忘神地思索。我笑着告诉他，他再不用做心理治疗，他内心温馨美好，纯正的意念起来了。

2013 周 03·17 日　闺女的感动

昨天跟闺女一样亲的一个女学生打电话说要来家里玩，我知道她喜欢吃什么，于是就把豌豆泡在盆里，给她蒸最爱吃的豌豆黄。

周末的幸福之处就在于时间是任由自己支配的，把泡好的豌豆用电饭煲煮着，闻着豆类特有的清香，就在阳台上忙活开了。我匠心独具地发明了如何把豌豆煮得透烂，又如何在电饭煲里把豌豆弄碎，趁热时就开始包，这样利用豌豆的热气就可以把面饧到极其柔软的程度，蒸出来的豌豆黄软得如同通亮的液体一样。闺女来了，拿来了我特别喜欢吃的荠菜，她是特地去野外拔的。看着闺女的笑脸，再看看我们相互给对方吃的东西，就知道只有照顾到对方感受的东西，才是发挥了物质最大化的作用，荠菜是，豌豆黄也是。闺女是，我也是。

2013 周 03·18 一　他知道婚前做咨询

一个二十五岁的小伙子要结婚了，前来做心理调节。我得知他在初中二年级的时候，因为咽炎，咽东西会发出一种声音，课堂上总是抑制不住地弄出声音来，他感觉很难堪。教某学科的一位女教师，只要他在课堂上出动静，就一直盯着他看，他感觉老师的眼光犀利得像要杀人的样子。结果只要这老师一上课，他就很害怕、很自卑，从此之后就不敢再看异性。到现在跟女朋友要谈婚论嫁了，也没有正眼看她的勇气。这还真是个问题。我跟这个大男孩分析他在初中的这个时期，是人异性交往意识启动的时期，而此时也是自我意识觉醒的时期，这二者是统一的。而恰恰这个时候发生这样的情形，很可能是自我意识在萌发的过程中受到阻碍，使他产生了那么一点点的异性交往恐惧，好在只是影响到自己跟别人的沟通，而没有影响到自己的社会功能。因为有的人，就是因为这个受阻，而使得社会功能全然丧失，只能躲在房间里不敢见人，这是很可惜的。我肯定了他的勇气和悟性，告诉他，他能明白这个问题需要调节，不管别人说什么，自己把自己带到咨询室，所以对自己应存一份感激。心理咨询需要自己去悟，一旦悟到了，如同《桃花源记》中所说的"豁然开朗"，就行了。

我让他给自己的父母打分，他给妈妈打一百分，给爸爸打七十分，他觉得爸爸不太男人。这个男孩子对父亲的接纳程度不是很高，也会影响到自己性别角色的接纳。他需要在内心里去完成对爸爸的接纳，与爸爸有了很好的连接，他内在的力量就起来了。

2013 03·19 周二 情绪好了

也许是做了一个治疗抑郁的案例吧，自己感觉今天的情绪极差，以至于诸事都不想做，对什么也没有感觉，严重到饭也不想做了，午觉也不想睡了，好像身体内的一切都找不到合适的位置——这就是茫然啊！感觉自己很少这样的，于是一天的时间，我就任它如溪水一样慢慢流去，而抓不住其间的任何东西。

下午五点多的时候，一个相处很好的球友来打球，他跟老公战得好酣啊，我却在一边看得哈欠连天。球友的老公看到了说我怎么就跟吸了大烟似的，我说自己今天没有精神，他建议打打球就好了，我调整精神上场跟他交手，近十局下来，我已是大汗淋漓。打球后洗了澡，感觉一身轻松，情绪也好多了，晚上写文章又找到了那种行云流水的感觉。

看来，当人的情绪不高时，莫任由自己的性子让不好的情绪泛滥，而要找点事做，最好是出力流汗的那种，让身体的液体流动起来，情绪就会通过流动把身体内负面的东西带走。

2013 周三 03·20 太多的应该就会成不应该

同事跟我诉说，她的女儿现在极不听她的话，而且时有顶撞，她很伤心，又没有办法，她哭着诉说的全是女儿应该如何，女儿就应该好好地听她的话，女儿就应该好好地学习，女儿就应该体谅她的不容易，女儿就应该照顾她的感觉……等她说完了，我问她在家里是不是跟女儿也这样交流，给女儿规定这么多的应该呢？她说是。我跟她交流，她的这些应该都是从自己的愿望出发的，也就是在妈妈的心中，已经为女儿定制了一个模具，女儿应全照模具那样做，哪怕有一点点的不一致，都会引发她的痛苦，而一个生命与另一个生命，怎么会有完全相同的轨迹呢？哪怕是母女、哪怕是父子，也会有绝然不同的生活，想想在女儿的心中，妈妈是不是也有着太多的应该呢？她自己忽然有点明白物极必反的道理，太多的应该其实就是太多的不应该，凡事过头跟不及是一样的道理，我再跟她分析，整天说女儿应该如何应该如何，分明是对女儿有抱怨，而且觉得自己的付出有点委屈，她细想了想，感觉很对。最后我们达成协议，多跟女儿说"有个女儿真好，妈妈感觉真舒服！"然后看看女儿有什么样的变化。

2013 周四 03·21 儿子为什么不愿意吃面条

今天跟准儿媳说到人的饮食喜好，她说我的儿子从来不吃面条。我听了很奇怪，我想到自己跟老公结婚后最初的几年一直与公婆住在一起，婆母每天的早饭都是面条。当时家里养了几只鸭子，鸭子的产蛋率很高，一年当中每天早晨都是鸭蛋汤浇在面条上，绿的葱叶、黄的蛋羹、白的面条倒是爽口，每天早晨都是这样，我们这样一直吃了近两年，都腻到骨子里了。当时儿子还小以母乳为主，并不曾吃多少面食。自从离开公婆单住后，家里就不再吃面条。儿子并没有过那种天天面条的生活啊，他怎么会不吃面条呢？排查自己的性格，也不是那种整天在儿子面前叨叨的妈妈。可我还是想明白了，这就是家庭潜移默化的影响啊！虽然说的不多，但说到面条时肯定是面露厌色，而且跟人交流时也绝不避讳自己的观点，儿子小的时候大概用自己的身体就懂了这些，所以，他也成了骨子里的不接受。这只是一个饭食的喜好，那么理念性的东西呢！啊！原生家庭的影响力量，到底有多大啊！

2013 03·22 周五　疼痛是一种困扰

看到心理学家的观点：疼痛是一种困扰，我立时就想到自己的脚痛。

我的右脚，脚心的痛感始于去年，自从脚痛开始后，就做了好几种检查，结果没看出有什么病变。后来又找大哥针灸。可是一个疗程后，再也没有时间去治疗了，就一任脚这么疼着。我想我的困扰是什么呢？

真有困扰啊！儿子的房款大多是我筹集的，欠款近二十万元，这些欠款大多是我跟老公双方亲戚的，每每想起这些欠款来，心里就不得安宁，如同小虫子在心里噬咬似的。只要没事的时候，这钱就会压到我的胸口来。现在想来，莫非这种困扰导致了我的脚疼？那只要把这个因素解决了，是不是这种疼痛也就烟消云散了呢？

既然一下子还不上欠款，那就先缓解一下自己的压力，对身心也是有好处的。我想这疼痛不仅是一种困扰，也是一种提醒吧，提醒自己关注的是压力，把关注点转移到做事上，也是一种自我治疗。

2013 03·23 周六　玉兰花开

时令已过春分，天气仍是乍暖还寒，柳树已成一树的鹅黄，但春风如霍霍的小刀，仍有些疾厉，让人切实感到冬天的意犹未尽。除却柳树的装点，天地间仍是灰，树枝的灰伴着水泥的灰，生机并没有多少。春分已过，可春尚不是很分明啊！

忽然就发现不甘寂寞的白玉兰，已从花蕾的顶尖冒出了星星点点的白，那种光鲜与洁白如丝如缕，牵扯不断，让人的视觉成一痴痴的线，追随不止。与灰色花萼包裹相映衬的，是灿然的耀眼的白，成为早春校园里最靓丽的装点。

从冬之朔风中走来，一直就惊诧于玉兰花的勇敢，严冬时节，滴水成冰，大自然中的一切都在屏神静气，低敛凝止，做一种最低调的能量保持。可玉兰花却在冷凝中绣出一树稀疏有致的花苞，尖桃形的、指肚般大的花苞挺立于枝端，让人在整个漫长的冬季中生出不尽的遐想，遐想着那浓浓包裹里的灿然。冬装还未褪尽，里面的包裹已是急不可耐，在冷风中探出头来，说不清是羞涩还是试探，就那么犹抱琵琶半遮面似的，露出一角隐隐的笑，如天边的一丝云翳，晶亮而不逼仄，灿然又不哗宠，端庄地在风中涌动，准备着以一种爆裂来擦亮人的眼眸。

终是禁不住诱惑，想做一种零距离的触摸，和朋友携手行走于玉兰树下时，顺手攀弯一枝低垂的枝条，小心翼翼地抚摸尚是灰色的花苞，就被一种柔软的质地激活了思维：原来，玉兰花的花苞，被硬似贝壳的萼片包裹，萼片的表面竟然生长着细细的绒毛，那般纤细，那般均匀，又那般柔软。这样细细的、柔软的、灰色的绒毛在哪里见过？那本是动物的皮质啊，那本是动物御寒的绝招啊……我忽然想到了南极的企鹅，那生存于冰天雪地当中，堪称奇迹的企鹅，把天寒地冻里的生存当成天堂一样的生活，世人眼里的苦极冷极，世人眼里的不堪忍受，企鹅却可以在冰蹈玉履中优哉游哉似高贵的绅士闲庭漫步，一副宠辱不惊的优雅恣态——这仰仗于什么？企鹅身上有着更加细腻、更加均匀、更加纤细的绒毛啊，那细的、软的、柔的成为皮质一样的绒毛，不只企鹅身上才有吧？玉兰花在进化和适应的过程中经历了什么？要想爆出一份惊喜，多少次的大劫、几多几多的苦守，让它着上这层柔软的铠甲？因着这柔软的呵护，去和冷风摩擦，去和霜雪相持，去和冬阳相近，就让花的蓓蕾在寒风冷凝中悄然完成漫长而又艰辛的积累，等到吹面尚寒的春风一来，就把一份艰辛中的积累绽放开来，似一妙手素牵，牵来一个五彩斑斓的春天。

我慢慢地松开手，枝条缓缓地弹到原来的位置。冷风中，我在思忖：谁是我冷到极致时周到而细心的呵护，哪些是我最为艰难时刻的操守，让我的坚守也似这玉兰花一样在内敛中完成一份大美的积累？

长女的抑郁

有一个长期被抑郁折磨的女性，她是家里的长女，虽然事业上取得了极大的成就，但她却无论如何也高兴不起来，没事的时候，她经常自己开着车到野外乱转，有时自己下车找个僻静的地方，一哭就是大半天。她感觉活着毫无意思。排查她的生活，其他各项因素都很正常，就是她从骨子里不接受自己的母亲。母亲年事已高，身体还好，但她看不惯母亲的生活方式，觉得母亲打理生活的能力太差，什么事也做不到她的心里去。但她又是极孝顺的，给母亲买好多贵重的衣服，自己都不舍得买给自己。她说她母亲也觉得委屈，因为母女相见不是指责就是抱怨，所以母女之间从来没有交流，有的只是生活的照顾。

人的抑郁，很大程度上与不接受父母有关，人都是父母带到这个世界上来的，不接受父母，其实就是不接受自己的另一种表现。对于这位事业有为，自己也是妈妈的人来说，我认为她此时最需要的，就是接受自己的妈妈，从内心来接受，停止对母亲的抱怨与指责，她的心里，就会慢慢地拥有阳光。

乾与坤难以融合

叔公为他的两个儿子取了两个好名字，一个叫"乾"，另一个则叫"坤"，按说乾坤本为一体，可是这两个儿子现在已经长到五十多岁了，兄弟俩却井水不犯河水，不仅如此，他们两个与父亲的关系也是冷漠到极点，坤还好点，对于父亲还能尽到赡养的义务，但乾则不同了，说起父亲来都是目眦尽裂地嚷："有我没他！有他没我！"好像整个人都是被气冲起来的。亲子关系到如此程度的原因，是因为叔公有一笔退休金没有按照老大的意见分配，家庭里的钱财之争，是家庭里无休无止的战争。人的关注点若是只盯着家里的房产或是财产，那就会封锁向外的进取心。家里的东西再多，那也是个定数，你争与不争，它都在那里，断然不会跑到别人家里去。而从这个世界上的获得则不一定了。

2013 周二
03·26 书中奖了

晚上，坊子一个同学来了，大家一起吃饭。正吃着呢，教育局的领导打电话来报喜，说是我的书获奖了！在同学的面前不好表露太多，可是回到家里的时候，自己抱着那两本书就哭了，我的眼泪洒在书上，心想自己的书终是"高山流水遇知音"了。

2013 周三
03·27 他用花钱找感觉

一个初二的男孩子，人长得很帅气，智力发育也正常，学习却没有心思，整天给班里的同学送礼物，不管人家喜不喜欢，他就是送。很明显，他是用这样的方式取悦别人啊。询问得知，孩子的妈妈在他刚生下不到半岁的时候，就跟一个男人私奔了，可怜的父子相依为命。这孩子现在已经到了青春期，他从小是听亲人骂自己的妈妈长大的，他的心里充满了对妈妈的仇恨，但又抑制不住想念妈妈，处在青春期的他讲究穿戴，热衷于给同学送礼物，学习成绩极差。我引导他接受自己的妈妈、感激自己的妈妈，因为无论妈妈做了什么，她是自己的妈妈这一点是不会变的，就以妈妈把他带到这个世界上来这点，就足以成为他感激妈妈的理由。他也要接受自己当下的一切，既然已经到了能照顾自己的年龄，就要自己站起来，而不是摇尾乞怜地求得别人的认可。我跟他谈，世界上那些伟大的人有很多都是很小的时候父亲或是母亲就逝去了，这样的人生命力极强，因为他懂得破釜沉舟的道理，他们也早早懂得一切要靠自己，人的潜能是无限的，只要瞧得起自己，自信满满，再加上坚实的行动，那么自己就是自己的救世主。

2013 03·28 周四　芽和根谁先长

　　盆栽的佛手瓜发芽了，土被挣开道道裂痕，探头探脑地露出一个淡黄色的小芽，我顺着土缝瞧去，发现这芽的旁边竟然有一条条白色的根，光亮如丝。芽往空中长，根往底层伸啊，植物要想在世界上立足，芽与根一样都不能割舍。芽与根是同时生长的。这芽，可是人的身体？这根，可是人的心灵？二者不能分割，二者形神兼备，二者相互依存，二者相互给予对方营养，做自己该做的，成自己能成的，这才是生命的本质吧！

2013 03·29 周五　想开了也就接受了

　　今天因为职称的事情颇受打击，全校都以为我是最有希望的一个，但最后还是因为年度考核的优秀太少被出局了。一场职称大战，如同一场没有硝烟的战争，对于公平而言，只有得到的那一个。而对于没有得到的全部人来说，自然感觉都是不公与欺诈。"吾知，吾不言"不仅是一种修养，更多的也是一种无奈。唉，有什么办法呢？既然主宰不了这些，那就主宰自己吧。人嘛，有追求，自然就会有失望；活着，自然就会有烦恼。人生最怕的是什么都想计较，却又什么都抓不牢。失去的风景，挥之不去的得失，全都住在缘分的尽头。何必太执着，该来的自然来，会走的留不住。放开执念，随缘是最好的生活。对于职称，那就顺其自然吧。

2013 周六 众人拾薪火焰高
03·30

　　今天跟三嫂一家一起回家吃饭，因为侄儿领结婚证了。回家后，沉浸在亲人相聚的喜庆中。酒还没有喝完，三嫂一行人回家的主题抛出来了，是为侄儿购房的首付款借钱而来，在上海买房子，钱可不是个小数目。议论的时候，大哥、二哥的眼已经湿了。大哥把我们几个带到卧室，表明了自己的态度，他说："老三早早地走了，他的孩子也成了我们的孩子。我们除了对自己的孩子尽心之外，这个孩子的事情我们是抛不开的。我想好了，我们几个无论如何也得凑足二十万，大家看看能出多少，不够的我担着。"众人拾薪火焰高，不到半个小时，大家都报了自己的钱数，二十万集资顺利凑足。我老公在一边笑着说："马家军就是厉害！这鸿门宴摆得也好。"

　　饭后，二哥就一直拉着我的手不放下，他脸色红得如同关公，关节粗大的手指如同粗壮的竹子一样。二哥说："唉，岁月不饶人啊，算算自己也快六十岁了，身上风一阵雨一阵的。有时候莫名其妙地，身上就跟过电似的，嗖嗖的。干活明显不如从前了。想想我们父亲原来包窑时，就是六十一岁，他在办公室时出门就撒尿，为这个我不知道说过他多少次，觉得他丢人。现在想想，是他体力不行了。我现在真理解了。"说着，二哥潸然泪下。我摸着二哥的脸，哄孩子似的说："那以后咱干活，就悠着点啊，别太累。"二嫂在一边笑眯眯地看着，只是笑，并不搭话。

2013 周日 他下定决心旧事重拾
03·31

　　要好的一个朋友一年中承受着失父之痛，他情绪落寞失去了做事的兴致，手头上一直想出版的一本书，也束之高阁。今天他来打球，又一次跟我聊起了他的心事，他那本念念不忘的书。我劝他：悲哀的情绪给人的是无力感和无助感，一个人如果不加控制，任由这种情绪泛滥，时间久了人的斗志会丧失掉的。还有一点就是，人做事找到感觉了，那么情绪也会跟着好起来。既然前期对书投注那么多，写书的时候有一种沉浸的感觉，现在父亲已走了一年多了，为什么不把这种感觉找回来呢？意念上有这种想法，身体就会配合，否则任由自己懒散下去，感觉找不到就真的失去做事的境界了，何况年龄在增长，岁月不饶人啊！当然，开始很难。既然我们如此意气相投，那么开始的时候，我可以帮你一把，帮你把书的内容梳理一遍，然后跟你找共同的修书的感觉。朋友很是接受，他下定决心旧事重拾。

4月

2013 周
04·01 一 由院门没锁想到的

　　早上开门时才发现大门开了一条很大的缝隙，我立时想到昨晚家里黄狗的反常状态——昨天晚上熄灯后，黄狗就开始狂吠，声音是不同寻常地聒噪，招惹得邻居家的狗也一个劲地叫个不停，仿佛村里发生着灭顶之灾。老公气不过，开灯隔着窗子大声地责怪黄狗，我也心烦得不行，黄狗停止了狂吠。结果熄灯后黄狗还是一个劲地叫个不停，当时我恼怒啊，恨不能拿条竹竿捅死它。

　　现在我才知道，黄狗的反常是告诉我们，院门没有锁啊！我庆幸昨晚没有对黄狗痛下狠手，也想起了自己看到的家庭教育的一个故事：妈妈对自己喜欢的一个花瓶爱不释手，放在厨房的最高处，这个花瓶，她是非玫瑰不插。有一天她刚躺下，就听到客厅"哗啦"一声，她心想坏了，赶紧跑出来看，果不其然，正上小学的儿子站在凳子上，眼神惊恐得如同受惊的小兔子。妈妈的心也碎成地上的碎片，她气极败坏地捉过吓得六神无主的儿子，打！打！打！儿子边哭边说："妈妈，对不起！你心疼得受不了，就使劲打我吧，我不疼！"妈妈停下了手，看着儿子的脸上全是泪水，待她回过头去，才发现茶几上放着一束娇艳欲滴的玫瑰花，花边一张粉红色的小纸条，纸条上的字是"祝妈妈母亲节快乐"！

　　写到这里，我的心情就不能平静，人的行为是连接内心跟外界的方式，很多的时候，孩子的行为也许并不是真心所为，而成人所说的话表达的也许并非他们的真心，因为辞不达意的时候是常有的。为此，我们要做的就是，慢一点处理，慢一点去发泄。要知道，所有的歇斯底里，引发的后果都不乐观，不是伤害自己就是伤害别人。

2013 04·02 周二 她为什么看玉兰花像花圈

我以为早春的花树中，要数玉兰最是名贵，早春的花一般开得很小，但玉兰花硕大的花朵、厚实的花瓣、沁人心脾的香气都有一种先声夺人的气魄。但是我的女同学小A却觉得瘆人——像花圈里的花。假如因为玉兰花开一片白，可白也有美的感觉啊！比如雪的晶莹、鸽子的纯洁、白云的柔软，为什么会联想到花圈？聊天得知小A的老公几年前得了糖尿病，老公的病就成了小A生活的关注点，她对人去世的消息特别忌讳，每次听说有人去世就几宿睡不着觉。小A看玉兰花就想到花圈，由此想见她对死亡恐惧到什么样的程度。生活中"事来则应、事去则空"真是一种大智慧啊，情绪困扰绝对会破坏掉人对美的欣赏啊！

2013 04·03 周三 青云山上

今天去青云山上坟。前来祭祀的人真多，公祠里烟雾缭绕。看着公公笑眯眯的照片，心里想着公公的好，想着公公的德行。公公是教师，对公公最感动的事情是他的一个学生告诉我的，这学生说公公年轻时教着他们这一群调皮的孩子，当时天冷取暖设备不行，早上孩子到了教室冻得拿不出手来无法写字，公公就让每一个孩子把冰凉的小手伸到他的心口窝里暖暖再写。这是一种怎样的胸怀啊！这种品德的教育是无声有效的。

2013 周 04·04 四　吃北京烤鸭

　　清明跟婆母小聚，商量吃老公从北京带来的烤鸭。一家人高兴地吃着美食，我把塑料包里的荷叶饼打开，婆母说："这饼做的，比我们安丘的景芝三叶饼差多了。"我们两个就拿饼包上烤鸭吃着，老公还在表演他刀片鸭的功夫，把片好的鸭子端到桌子上来，看着我跟婆母吃烤鸭的饕餮状，笑话我们是小庄里的人家，把荷叶饼端着蒸去了，我们这才知道饼是生的，吃的时候需要蒸熟。婆母小声嘀咕："怪不得不如我们安丘的饼好吃呢，原来是生的。"

2013 周 04·05 五　全聚德的味就是不一样

　　儿子回来了，给他奶奶捎来了活的大虾做的虾酱。儿子的话还没有说多少，婆母就拉着他去了卧室，看她最近创作的成语，并且汇报说她都往哪些杂志上投稿。儿子笑了，夸奖奶奶说："真厉害啊，奶奶是'老骥伏枥，志在千里'啊！等你挣了稿费请我们吃大餐吧。"婆母说："现在我请你吃大餐。你爸爸捎来了北京烤鸭，现在就让妈妈拿出来给你吃。"我把烤鸭拿出来，老公又开始片鸭。这次婆母也长经验了，自己去厨房蒸荷叶饼去了，我笑着跟儿子说昨天吃鸭的过程，儿子看着我笑着说："妈呀，你这不是陷害我奶奶吗？""经一次事长一次见识嘛，看看现在，奶奶就知道拿饼去蒸了。"老公公笑眯眯地听，儿子可不饶人，看着爸爸说："妈妈的意思是让你以后多买啊！"儿子吃得满嘴流油，边吃边说："好香！好香！这全聚德的味就是不一样。"

2013 周六
04·06

货就是"祸"啊

儿子跟奶奶商量，他要去小姑那里看看。小姑开网店，店里堆着太多的货物，他看看如何给小姑投一份合适的保险。儿子确实大了，他所牵念的不仅是我们一家人。我说："你跟奶奶还真是想到一起去了，奶奶很担心你小姑的货呢。她总跟我念叨，说你小姑开这家网店，进了那么多的货存在屋里，还说'货害''祸害'啊！一旦有什么闪失，就完了，小心火啊、灾啊的什么。你要是能为小姑入一份保险，就给你奶奶去了一桩心事。""我就是想啊，她的货堆在那里，家里已是仓库。入家庭财产保险，好像不太符合，我去看看合计下再说吧。"

2013 周日
04·07

父母就是人的根

做了多年的家庭教育，知道了家庭教育的根源性的问题在哪里。人，是父母把自己带到这个世界上来的，因此对于人来说，父母就是根源。最复杂的也是最简单的，最亲密的也是最易出问题的。人，往往关注了外在的东西，却忽略了本源性的东西，比如，父母易关心孩子的学习成绩，父母易关心孩子都结交了哪些朋友，父母易关心孩子都读了几本课外书，至于孩子和父母的沟通质量，却少有关心。殊不知，父母与孩子的沟通质量，会影响到孩子的行为、情绪，更会影响到孩子个性的发展及人生观和价值观，说白了，更会影响到孩子是不是循着父母的期望往前走。

2013 周 04·08 一   藤萝是先开花还是先长叶

　　清明已过，屋顶上藤萝的花苞已如小拇指一样，伏在枝上静静地等待芬芳的绽开。球友三哥来打乒乓球了，我说："三哥，你说藤萝是先开花，还是先长叶?"他扶扶了眼镜一本正经地说："当然是先长叶了，没有叶，哪来的花?""可我确定这是花。"他一甩手："没有叶子吸收养料，花是开不了的。"三哥摸着粗壮的藤说："这些藤生长的时候有股向上的力量支撑着它们，会借助彼此的力量，抱在一起互相促进，所以说藤缠树。但到了架子上一旦目标达到，就各自又寻找新的方向和目标了。"三哥永远是一个哲学家，他说出的话有那么一股禅的意味。

　　晚上通过网上查询才知道藤萝是先开花，先花后叶是因为花的成长是在前一年的夏季和秋季进行的，花各部分原基形成后花芽转入休眠，第二年春季即可开花，因为花芽生长所需要的气温比叶芽生长所需要的气温低，早春的温度已经满足了花芽生长的需要，于是花芽逐渐膨大开放。但此时的气温对于叶芽来说，还不能满足生长的需要，所以仍然潜伏着，等气温逐渐升高满足其生长时，叶芽就能萌发，于是就出现了先开花后长叶的现象。看来三哥并不曾输啊，是前生的叶子造就了今生的藤萝花开啊！那还是叶先长啊！

　　给予者永远要早啊！这才是颠扑不破的真理！

2013 周 04·09 二   人生先得后失

　　架子上的蔷薇，越发绿了起来，已成一片翁郁的绿色。藤萝的花苞也开始见长，顶端茸茸的感觉越发明显了起来。我数了数，好多呢。

　　藤萝架下悟到花开是一种偶然，而花落是一种必然，这就如人生啊，总是先得后失，或者说得到是偶然，而失去是必然。

2013 04·10 周三　被人骂也有价值

同学去衡水参加生命教育课了，我因为单位的事离不开，所以就成孤雁了。等同学回来后分享课程的环节，几个同学都有一样的感慨，就是自己坐在场地中央的椅子上，参加课程的同学给自己屈辱、给自己最难堪的骂，锻炼自己的那种承受能力。人能经得这样的辱骂，生活中心态就会平和很多。我听着的时候禁不住哑然失笑，这样的课，我在 1998 年就领受了吧。1998 年的时候，父亲病重卧床不起，我在单位无缘无故地被两个同事骂，骂得我当场方向莫辨，结果导致内分泌失调。也是这样的打击才让悟到心理调节的重要性，从而与心理学结缘。没想到骂也可以进入生命教育的环节中来，感谢当年的一骂，让我及早接受生命教育的内涵。

2013 04·11 周四　"婆母喜欢吃"

三嫂回家对侄儿顺利买房子表达谢意。三嫂的老公是昌乐人，他知道昌乐有个地方的糖火烧很好吃，他就带我们到了昌乐的一个火烧铺中。一篓一篓的糖火烧，如同一面面胀起来的小鼓，撑撑地排在那里，黄澄澄的皮、规则的花纹，一下子就让我想起来小时候过年吃的糖火烧。我喜不自禁地拿起一个来看，撒娇般地说："啊！我也要买上十个，给我婆母吃，婆母最喜欢吃糖火烧了。"三嫂的老公笑着说："好的，装上十个，钱我来付。"看着袋子里的糖火烧，我心想自己吃着还为婆母占着，竟然一点也不惭愧。

2013 周 妹妹来了
04·12 五

小雨润如酥，淅淅沥沥地从天上飘落下来，这样的天气，哪里也是舒服，哪里也是惬意。在一种放松到极致的感觉中，妹妹打电话说要过来，她的忙碌我是知道的，就是趁下雨的这点空来啊。

说来就来了，一家三口，落座于沙发中。我们一同吃着熟透的杏，软乎乎的杏放到嘴里，不用嚼就与肠胃粘在了一起，如同亲情的话一样，哪句也是贴心贴肺。妹妹问我："姐，最近的钱够花吗？假如不够，我带来了两万，先当作你的生活费。姐姐啊，可别难为自己。给儿子买房子那是半辈子的操持，慢慢来，钱不够的话，我可以随时给你拿来。你就把我当成你的开户银行好了。"我这才知道妹妹此行的目的，怕她的姐姐经济拮据影响了生活。听着这些，心就湿成了外面的天。

2013 周 花香可以隐喻为理想
04·13 六

栽下藤萝的那天起，梦想就和藤萝相接。我知道藤萝开花不是一朝一夕，那需要积累，看着藤萝架的时候，我就坚信珠光宝气的时候即将来到。藤萝的花香啊，一直隐喻为我的理想，花香飘多远，理想有多长。没事在院子里的时候，总和藤萝比成长。有时抱着藤萝的嶙峋的干，感觉好有底气，它从世界中吸取能量，我在成长中沉淀灵性的力量。藤萝啊，你长，我也长。

2013 周 爸爸和儿子都处在青春期
04·14 日

午饭后，去屋顶上数藤萝花苞，数的同时思考着今晚的咨询。

咨询者是一名初三学生的爸爸，和自己的儿子发生了冲突，孩子拒绝上学，爸爸万般无奈就来求救了。

咨询首先涉及青春期孩子的面子，对此爸爸并没有认识。家庭中出现冲突，就是一个成长的契机，因为家庭的冲突牵涉的或是亲密关系的序位或是权利的纷争。在这样一个时期，家长跟孩子都有些调整，这些调整会更有利于孩子的成长。这位爸爸年轻时一表人才，在部队就要提干了，却被自己的媳妇告发作风问题被遣送还乡，于是他觉得自己的人生都不如意，都窝窝囊囊，整天借酒浇愁，把自己全部的希望都寄托在儿子身上。问他自己生活的价值感，他哭着说："我的人生太不值了，太失败了，一心指望孩子。现在孩子这样，我都绝望了，一无所有了。"

我让他调整生活的满意度。当一个人觉得自己生活满意了，幸福了，他能逢凶化吉，遇事就有解决的能量。我问："对自己的生活有些不接受的吗？有什么，你到现在，仍不服输，觉得不应该这样，觉得老天爷不公，是吗？"他不做回答，很为难的样子，泪水却怎么也控制不住。他现在股骨头坏死，走起路来已成瘸子了，他感到自己的生活全是灰色。过了一会儿，他拍着自己的腿说他有时候喝醉了酒就躺在街上，咒骂自己的母亲为什么生下自己这个不成器的东西。唉，这爸爸啊，自己也处在青春期啊，他又怎么能引领自己儿子的成长呢？

这位爸爸走后，我在思考心身疾病和心灵的关系：腿有毛病，是人走不出去或是不想走出去，他的心里有个结。人的股骨头、关节有毛病，是人做事缺少弹性，他的观念、行为作风太生硬，不够温情，他在生活中太硬，太强硬，不服软。看这位爸爸如此沮丧，这些结论又怎么能告诉他呢？不希望他的生活雪上加霜。

2013 周
04·15 — 家长的生活满意度会影响到孩子什么

昨天的案例引发了我的深度思考：家长对生活的满意度太低，家长对自己的掌控能力不强，却对孩子的要求非常苛刻。综观现代人的生活，心理压力过大，住房紧张，贫富相差悬殊，于是很多人就充满了抱怨，有着程度不同的焦虑，家庭中负面的能量太多，亲子关系怎么能不出问题？孩子怎么能不出问题？当孩子小的时候，他不言不语，但他把一切都积累着。到了青春期呢？岂不就火山爆发？真可谓"不在沉默中灭亡，就在沉默中爆发"啊！

2013 周二 04·16 人生也是春华秋实

思来想去就给学生的生命教育课命名为"春华秋实"，春华才有秋实，有春花的灿烂才有秋实的芬芳。站在藤萝架下，看看这些在阳光下恣肆成长的植物，这是一副多么欣喜的状态啊！而一旦成长受阻，或是枝条窝在一个凹处，或是突遇横来的祸端，成长就会扭曲，负了这春光也浪费了生命的能量。从春到秋，中间有一个成长旺盛的季节夏，人生呢，从青春期到老年期，也要经历积累能量充足的中年啊！中年的生活质量很大程度上要取决于青春期的勃发。春是希望，光华灿烂，秋是收获，硕果累累，植物如此，人也是如此。

2013 周三 04·17 给生命足够的空间

今天在大姑姐的诊所前看到一棵藤萝，它已经在这里成长十多年了，树冠只有一把撑开的大伞那样大，拇指形的花蕾密密层层地扎在那里，施展不开的感觉，长出的藤条没处去，就萎了。而我们家的藤萝才四年的时间就把整个架顶覆盖满了，那架顶比这里要大十几倍呢！都说环境造就人，环境同样也造就树啊。所以，既然要成长，就要给予足够的空间。

2013 周四 04·18 她为什么如此反常

青灯下我在整理白天做生命教育课的材料，想起了课堂上那个坐在前排的女孩子，找她的反思，没有，看来是没有交。上课的时候，她的身体不安地扭动着，眼神飘忽不定，头如同一只鹅吃了有毒的食物一样甩来甩去，脸红得如同熟透了的桃子。因为她坐在最前面，后面的同学就受她的影响，甚至有几个男生还"哧哧"地笑起来，明显地就出现了那种猥亵的神态，于是这课的质量就大打折扣了。我想到听课的一位女老师课后跟我交流，她说看到这些PPT上的青春期生理现象的画面，感觉好美，觉得做一个人真是自豪，可这女生怎么会出现如此反常的举动呢？嗯，是个问题。

2013 周五 04·19 同样是爱为何反应不同

要调查学生听生命教育课的感受，就托班主任找四个孩子到我办公室来。当四个学生来到我面前时，我一看就有昨天那个举止反常的女孩。我跟这四个孩子解释，昨天的课因为开头的视频看不清楚，感觉课没有相应的效果，现在我们重新补一下课，三个孩子点头表示同意，可那个女孩子还是扭着头，眼神飘忽，时不时地就笑起来。我放完《人如何来到这个世界》视频后问学生："有什么感觉？"那个女孩子就把头扭向了后边，另一个女孩子也不安起来，两个男孩子神态坦然不回答。我再问："有什么感觉？"一个男孩说："感觉有那么多的……那么多的……最后只有一个胜出，就感觉自己很优秀。"我说："我点评两点：第一，想想自己，一个从2.5亿中走出的唯一的一个，携带着生命中最好的基因，成了自己，那我们还有什么好挑剔自己的？就从这点上来说，每个人都是最好的自己！不管我们长成什么样子，也不管我们拥有着怎样的智商，那就是在你家族的条件下，最优秀的一个你，是世界上最伟大的一件作品！第二，看看当我们的生命旅程还没有开始的时候，就经历了怎样的千难万险，就经历了什么样残酷的竞争和拼杀？这样的苦难，跟我们人生中的任何困难，能相提并论吗？所以，生命之初，伟大的父母双亲，已经把最坚强的心理免疫力根植在了我们的身体中，凭借这个，我们可以在我们的人生中披荆斩棘、勇往直前，我们扛得住，我们更能承受得起！"孩子被我说动心了，我们的课跟着往下走。当我把课的内容讲了一遍后，问学生："你从这样的课中学到了什么？"一个男孩说："学到了爱！""爱是神圣的，每个人都是带着爱来到这个世界，每个人都是来到这个世界找爱的，爱是人类最伟大的情感，一个懂爱的人，一定会成就他的辉煌人生，也一定会有他的幸福生活！"课讲到这里，我做了很好的升华。

我把表现特殊的女孩单独留下，问她："看到这些图片，有什么感觉？"她脸红得如同熟透的西红柿，身体扭个不停。我笑着看着她的眼睛，再次问她："告诉我好吗？看到这些有什么感觉？"她用眼睛斜了我一眼，小声说："我觉得恶心！"我的心一紧，怎么会产生这样的感觉？这所讲的哪一项都是关联生命的诞生啊！她很局促，她很不安，我把她的手握在自己的手里，感觉如同握了一块冰，好凉！我说："你的手怎么这么凉啊？来，让我的手给你暖暖！"我抬起头看着她的眼睛，轻声问："能告诉我你的家庭情况吗？"她的脸色立马就变了，眼睛开始往上看，慢慢地，眼睛里就蓄满了泪水，那泪水在脸上流着，流到下巴那里，就凝成了一颗颗硕大的泪滴，一滴一滴地落下来，我轻轻地揉着她的手，轻声问："能告诉我发生什么事情了吗？"她柔弱的身体开始抽搐起来，娇小的身子一耸一耸的，抽噎着说："妈妈去世了！"我很惊讶，问她是什么时候的事情，她说："在我上五年级的时候。妈妈因为生红斑狼疮。"她断断续续地哭着，眼睛不看我，沉浸在自己的悲伤里。我把她揽到怀里，说："呀，你太不幸了！那你现在怎么生活啊？""爸爸又给我找了一个后妈。""后妈是一个人来的吗？""我还有个姐姐，上大学一年级。后妈带来一个哥哥。""后妈带来的哥哥多大了？""二十多岁了。"我想这样的家庭好复杂，后妈带来的哥哥对她是个不小的威胁啊，父母有生计要忙，小孩子的时间总是比大人要多啊。我又问她："家里，是你们四个人一起生活吗？""不是，爸爸跟后妈在老家生活，我跟哥哥在城里的楼房里住。"情况越来越复杂，我又问："哥哥干什么呢？上学呢，还是打工？""也不上学，也不打工，他学习不行，整天在楼里打电脑游戏。""那你吃饭怎么办啊？""我后妈给哥哥钱，他出去买来我们俩吃。"——问到这里，我已是不敢再问许多，女孩子的眼泪没有停，就一直那么流着、流着。我抱着她，感觉到小小的身躯在发抖。此时我才感到自己的无能，我感到自己找不出什么话来安慰她，我说："那在这样的情况下，是不是很盼望快快长大，快快有能力啊。"她几乎哭出了声，说："不！我整天盼望回到小时候。回到小时候，就可以跟妈妈在一起。""那这样想，能实现吗？"她不说话，我继续说，"孩子，你知道吗，世界上的妈妈有两种情况，一种是有形的，一种是无形的，无形的妈妈，能力更大，她可以无处不在，她可以时时刻刻看着我们。你的妈妈就是无形的，她虽然离开了这个世界，但她并没有离开你，她时时刻刻在看着你呢，她就如烟如尘一样，她希望看到她的孩子幸福，她希望看到她的孩子有出息，她更希望看到她的孩子快乐。你能健康快乐地成长，妈妈会很放心的。"此时，我感觉这女孩用力地抱紧了我，她信赖地把脸贴在我的胸脯上，一动不动，如同温驯的小猫。——时间就定格在这里。

不知过了多长时间，我们才醒过来，她还有课要上，我给她倒上温水，让她洗了脸，我用毛巾给她擦干了，她就回去上课了。我想到心理学告诉我的：在一个场景下有过度反应的人，那一定是有问题的，这样的人更应关注，而不是排斥。

2013 周 04·20 六 人间四月雪

清明已过了半月，天还是乍暖还寒，一阵南风就温暖如煦，一阵北风又冷似腊月。早起的时候，隔着窗户往外一看，咦，南屋顶上怎么白雪皑皑啊？莫非在梦中？揉揉眼睛再看看，还真是雪啊！急忙穿上衣服到院子看时，才知道昨天晚上，就悄悄地下了一场在这个季节似乎是不太应该下的雪啊！

急忙看看我种下的佛手瓜，再看看我种下的丝瓜，好像是安全无恙的样子。再踩着梯子上厚厚的一层雪来到西屋顶，看看我日夜牵挂、魂牵梦萦的藤萝——我钟情的花苞啊，是不是已被雪打坏了呢？我很担心，心如屋顶上粥一样的雪水混合物，半明半暗的。抬起头看看藤萝架，一小团一小团的雪聚集在那里，给灰色的架子做了最好的装点。要在冬天，我一准会被这样的景迷住，雪卧枝头心也美啊！但现在，却没有心情来欣赏，只是匆忙来找那些已经绽出的精灵。

看到了！还好，浅绿色的花穗，表面是一层薄薄的水珠，似乎是很温暖很舒心的样子，也没有冬天那种逼仄的冷，全是熨帖的感觉。我笑了，看来这也是一种和谐啊，不知这春天的雪，带着春天的温度来到藤萝的花苞上时，花苞感受到的可是脸颊一样的温情，抑或是手心里的温柔？我小心翼翼地站在花架下，看着少见的景色，看看那些白雪，晶莹的、柔软的，贴心暖肺的感觉。在这个季节里，它们就这样悄无声息地恬然来到我的视野里，让我懂得，同样的东西在不同的季节，也有着不同的质地。我抬手晃了晃架子，雪立时一团一团地坠落下来，有很多立时就到了我的帽子里，有的甚至到了我的脖子里，我低下头，抖落它们，笑吟吟地看着这些，心想：什么也是一种际遇啊！这四月雪来到世间，没有破坏，那我也应没有担心的，该来的它，来了。也许一阵阳光后，它又走了，但留下的是记忆，是美好的感觉。

我站在屋顶上，看我的蔷薇，长的芽已有巴掌那样长，叶子已密得能遮下满地的阴影。因为是春天，所以不能称之为满地的阴凉的。一小堆一小堆的雪卧在浓绿的叶子里，就把那些嫩嫩的叶子压成了一个一个的窝。翠绿中点缀着洁白，真让人疑心是蔷薇已经开出了洁白的花朵，花朵硕大到足以把枝条压弯。

我从梯子上下来，站在院子里，听着屋顶上雪水不断地滴答着，眼前是春的生机与冬的肃穆交织在一起，但心底里涌动的是希望的热潮。看看蔷薇，再看看藤萝，我想也许因为这春天的雪的洗礼，它们会开得更艳，花香更加芬芳，因为较之往年的它们，毕竟是多了一次难得的历练，而所有的历练，都会丰富一个人的心田。

2013 周
04·21 日　栽下唐菖蒲

早上睁开眼，这次看到的是南屋顶上淡红色的瓦，确定天晴了，时光更迭中的变化啊，总是丰富得让人应接不暇。昨天白雪皑皑，今天阳光明媚，真是一天一个新世界啊。

我拿出了那天同事送给我一些兰花种——唐菖蒲。今天阳光正好，地皮也是湿的，就把它种到地里吧。把一颗一颗的花种种到地里了，好像是种下了一个一个的希望。世界上浪漫的事很多，种花是最浪漫的一种吧。

2013 周
04·22 一　人有三度出生

做生命教育课想到了萨提亚关于人有三度出生的理念：人的第一度出生是精子和卵子的结合，第二度出生是人的出生，第三度出生则是人成为自己的决策者。而我以为的所谓的第三次出生，就是人要完成的思想的蜕变的一个过程。人的前两次出生，是没有意识不能进行自我选择的，可以说是偶然中的一种邂逅，是因别人而主宰的一种命运的结合，但第三次则不同了。我个人以为，人的前两次出生是有形的，是物质的形式，是客观的。而第三次出生则是无形的，人进行学习，不断地积累和成长，变得能欣赏自己，自己掌控自己，努力使自己成为奇迹。而一个能成为奇迹的人，一定是接受自己程度最高的人，他懂得自己更懂得别人。而那些喜欢指责、喜欢抱怨的人，遇事时总爱委屈地说："你为什么会这样？你为什么总是这样对待我？"这样的人往往不能够正确地进行角色定位。为人父母给人的价值感是最强的，经营好了能拥有最大的满足感。能成为合格父母的，必须是高质量完成第三次出生的人。

2013 周二 04·23 藤萝开花了

藤萝终于开花了！长穗形的花苞，表面鱼鳞一样的排列已经松动，彼此不再紧密地挨在一起，而是有了间隙。开放的藤萝小花苞又长出了一根短茎，这根茎挑起的是花朵了，花朵总要在高处开放啊！花萼包裹到整个的三分之二处，余下的三分之一处，露出了紫色的花瓣。我站在高处数着，啊！最大的一穗已经挓挲开了八个这样的小花苞，再仔细找去，又发现一穗，也挓挲开了六个。啊！我的藤萝！

五点多的时候，把院子外的花浇了水，倒掉了垃圾，就开始和老公一起打球。当我们两个大汗淋漓决到二比二平的时候，我说："你要输了，怎么办呢？"他笑着并不答话。我说："你要是输了，就陪我一起到屋顶看藤萝吧！"结果他故意输掉，就和我一起到屋顶看藤萝。仅仅多半天，竟然有好多藤萝的花穗都开了，紫色绽放，老公看看扭成绳子样的藤条，用手拽了拽，说："真好看，也真有劲儿！"力量与美从来就相伴相随。

2013 周三 04·24 花苞跟花蕾的不同

看藤萝时想到，花苞跟花蕾是不同的，花苞里可以包含无数的花蕾啊，而现在的藤萝张开的，则可以命名为花蕾了。张开的花蕾已经接近二十个，这次第开放的藤萝，花期应很长吧？看看院外杨树新绽的叶片并不是绿，是种什么颜色呢？仔细地琢磨了一下，应是奶油色吧？但好像比奶油色要深，问老公，他说："这就是嫩绿色啊！表面有一层油的感觉。"生命开始时总有自己的特色，叶子是，花也是。

2013 周四
04·25

一花藏有一爱字

藤萝花日见长大，多数已经开了花苞，紫色的花朵调皮地闪在那里，如同一只只调皮的眼睛。我从花架下仔细看去，就同数星星一样带着新奇，也感受着惊喜。月下藤萝是最梦幻的，今天恰是月亮最圆的时候。圆圆的月亮挂在天上，透过藤萝疏斜的枝条，在屋顶上洒下的也是"疏影横斜"啊！这藤萝架下也是"暗香浮动"啊！藤萝的花穗已很长了，叶片仍没有绽出，盘曲的藤条、垂下的花穗、缕缕的清香，我坐在藤萝架下，心想我家的藤萝花里有什么呢？大概是一花藏有一爱字吧！这爱字藏在这样的花舱里，要酿出什么诗行来呢？

2013 周五
04·26

蔷薇绽出花苞

早上才六点呢，南屋的瓦片上如同铺了一层薄纱，我知道那是阳光的脚。等穿上衣服来到院子时，银色的阳光已经镀到西墙上，亮得耀眼。蔷薇花枝上有一两只麻雀，看见我并不惊扰，在枝上荡秋千，两三根花枝晃动起来，谁说只有水有涟漪？花枝不是照样可以产生涟漪吗？这样的涟漪，绿色的波纹是可以一直连到心里去的。

麻雀飞走了，我仔细看枝上的绿叶，咦，枝尖有什么？怎么感觉与往日不同？我睁大眼睛细细看去，啊，这才发现是蔷薇的花苞出来了！小小的花苞，形状已有大米粒那般大，就如同一只宝葫芦正放在那里，顶尖噘着，真像一个噘起的嘴巴，在呷摸什么呢？

站在蔷薇花架下浮想联翩：母亲的"母"字，按照《易经》的解释，是"地势坤，君子以厚德载物"，包容的品性体现着谦卑、柔顺，正是这样，才可以包容孩子成长中出现的一切，这就是承载啊！看这个"母"字本身，不就是承载吗？看看这蔷薇的花苞，多像一个"母"字的包容啊！

这腹中藏的可是不尽的缤纷和馨香啊！母腹能产生美啊！

2013 周
04·27 六　　蜕去也是一种保护

早上看到屋顶上稀稀落落地洒落了一些绿色的小东西，一看就知道这是包裹着藤萝花的那些鳞片，淡淡的绿色，薄薄的质地，如绿豆的皮一样大，如蜻蜓的翅一样透明，完成了它们的使命，它们就无怨无悔地落下来了，留那光鲜耀眼的花在枝上。再看看架上，花穗张开了，一串一串的，悬垂在那里，底部的花已经打开，淡淡的紫色中，有一股清新的香气。我蹲下来，把这些小东西捡在手中，那轻盈的感觉是微风都能把它们轻轻地带走。春来了，在花要开的时候，它们完成了保驾护航的任务，悄悄地陨落了。它们的蜕去也是保护。

所以啊，适时的裹紧是保护，适时的蜕去也是保护啊！但凡要生长，但凡要挣开原来的壳子，就必须要蜕变啊！

2013 周
04·28 日　　藤萝花开

第一次发现，藤萝花开的样子，每一朵看上去，像极了蝴蝶兰，只是形状小而已。而且第一次发现，藤萝花开竟然有好多层，现在是刚开了第一层，张开了两个花瓣，花心里还有四片花瓣呢。因为看得太近，不小心弄坏了一朵，这一朵飘然落到地上，把它捡起来，嗅一嗅，啊！好香！紫罗兰花粉的香气。我就如痴迷的孩子，站在藤萝花下数啊数啊，结果数到花架上共有一百一十八串花，好吉祥的数字！藤萝好懂事啊，开花也会开出吉祥数字宽我的心。

2013 周一 04·29 同学聚会在我家

今天十八位女同学在家里聚会，我们一起擀饼，煮骨头，有三位男同学作为特邀嘉宾出席，加上自己的老公，家里今天有二十二位人士吃饭，我忙得一天脚不沾地。饭后同学都走了，我竟然感到意犹未尽，好像还有很多的话没有说，好像还有很多的事情没有做，好像还有很多的东西没有吃，我自己拿着一瓶啤酒，端着一盘骨头，卷着一张饼，去到西屋顶上自己吃了起来，因为我感到肚子好饿。我看着藤萝花，一穗的花已经开了一半，这里香气浓郁，我自己看着，吃着，感觉什么都入味，感觉到眼前的一切都是诗。

2013 周二 04·30 什么是幸福

什么是幸福啊？幸福就是看着藤萝秀穗、长大、开花，看着花串串伸长，看着花朵开放。

什么是幸福啊？幸福就是有能力做自己喜欢的事情，乐此自然不疲啊，身心俱在驰荡的感觉，"让自己身上的每一个细胞都笑起来"。

什么是幸福啊？幸福就是坐在藤萝下，嗑着瓜子，瓜子皮可以随处扔下，随处都是。幸福就是坐在藤萝架下，吃着红红的樱桃，酝酿着清新的诗行。

什么是幸福啊？幸福就是在劳作之后，可以点开降央卓玛的歌，边听边唱，这份深沉，这份沉淀，这份沧桑，这份香甜，这份草原的深情厚谊啊，往往就让自己忘了身在何方。

什么样的风景最好看啊？那自然是搬到家里的风景，家里的风景，就可以随处嗅，随处看，还可以把自己的心事写给它。不管什么时候，它都会静静地听，它都会随你的思绪一起，甚至你都可以觉得，那开放的花本是你的心已打开，那扑鼻的香气总是如影随形、似幻又真，氤氲着你诗性的心房。

5月

2013 **周**
05·01 **三**　给儿子定亲去

　　今天我们一家到淄博去给儿子定亲。一家人在一起的感觉真好啊！儿子开车，未来的儿媳坐在副驾驶座上，我和老公就悠哉悠哉地坐在后排看风景。从安丘出发，看到沿途绿树已经成荫，春的感觉就在这排排绿树中。看树冠、看树干，感觉树下的土层是厚实而又厚重的。到了淄博地界，蓝色的天空变作灰蒙蒙，我以为是阴天了，可儿子的回答让我有些吃惊："这都是空气中的浮尘所致。在淄博，你就难看到蓝天、白云。所以，淄博人说看到蓝天、白云是一种奢侈。"真是地域不同两重天，看看淄博地界的房子，都没有后窗，那就不用说后门了。我们住的平房，每间房子都有一个硕大的后窗，堂屋还要开上前后通风的后门，室内光线充足是一个方面，夏天的时候打开后门、后窗，北风徐徐而来，就有一种"羲皇上人"的感觉。可亲家宽敞的大房子，一堵后墙严严实实的，阻断了从后墙看出去的视线。我悄悄地把这些困惑跟老公说，老公故作神秘地说："你不是知道吗，这里出了一个非常有名的文人蒲松龄，他不是写鬼写妖高人一等嘛，所以这里就有很多狐媚，这些狐媚晚上看人总会从后窗看啊，这里的人怕招惹这些神啊鬼啊，就不留后窗了。"我心里兀自笑着老公自作聪明的解释，这样的解释还真是一个传奇。

梧桐与藤萝

这几天，梧桐花开得正盛，远望去一团一团的，弥漫在视线极处的天空，如同腾起了紫的烟云。与梧桐同时，藤萝也开了，串串悬垂在架下，淡淡的紫色，馥郁的香气，就让人在架下不想离开。一阵风吹来，花串摇动，真是梦境一样的朦胧啊！

两种花，在同一时间开放，同样的紫色，为什么文人墨客总喜欢写藤萝花，而梧桐花入笔的极少呢？我在心底里比较了一下，藤萝花真是有情调啊，顾盼就能生情，摇曳就能生姿。而梧桐花呢？悬挂在高处，只看见一团紫色的雾，可望而不可即，只是一种切实的存在。树干呢，给人一种邋遢的感觉。这如同什么呢？我笑着想这好像是老婆与情人的区别，梧桐是老婆，只管开，朴实得要命，只管生活不要情调。而藤萝呢，开就开出自己的情调，开出自己的氛围，把一种美丽的动感送到你的眼前，让你禁不住去想、去摸、去嗅。

让二者的美质兼而有之吧，做一个既朴实又有情调的老婆，古人早就说了要"上得厅堂，下得厨房"，这是女人要修炼的功夫。

下雨时的担心

下雨了，院子里洒下了一地的"黄金"，这些细小而规则的蔷薇叶子，在花架上本已变黄，在雨的冲刷下，就在夜深人静的时候，悄无声息地落下来，我开门看去，是一地的黄金。有一些被雨水冲在一起，把泄水道堵塞了，我小心地把它们拨开，雨水撒着欢往院外流去。其时，雨水仍顺着蔷薇的枝条往下滴，吧嗒吧嗒的，地上的积水就鼓起了一个个的金鱼眼泡。我牵挂着架上的藤萝，看着绿得不透风的蔷薇，心里是七零八落，绿叶喜雨，但花却并不喜欢啊！夜来雨声，虽没有风，但花落也同样知多少吧。

打着伞，来到屋顶，雨水铺了一地，藤萝紫色的花如同精灵一样卧在水里。我抬头看看，这些花悬垂在那里，是粉色的柔和，而花心是那种名贵的紫了，这种紫有撮起来的感觉，就如一只蜜蜂隐翅伏在那里，我至此才明白藤萝花的层次是因为什么而出了。花瓣上，点点的雨滴晶莹透亮，如同珍珠，又如调皮的眼神。看看这些花串全部打开时，大约有半米长吧，因为是一个平面的展开，不能称之为瀑布，仰看是花的天空，俯看是花的海洋。雨纷纷洒落，却中断不了花的香，只是这花香，被雨浸了，如同酿的酒一样，更醇了。

2013 周六 05·04 先感动自己，再感动别人

儿子的新房装修好了，和老公一起去潍坊验收。北海路两边五颜六色的花开在繁茂的绿树间，春意融融啊！我听着车里的音乐，跟着车里的音响一起唱着《美丽的草原我的家》，惹得每一个经过我们身旁的汽车司机都探出头来看，每看一次，我都报之以微笑，也许他们以为，这辆车里在开演唱会呢。

我在车里把自己感动了，所以也就感动了听我演唱的人吧，连飞驰在路上的人也会引颈观望。人就是这样，要想感动别人，那就先感动自己。

2013 周日 05·05 家有蔷薇为哪般

人间四月天啊！每当闲来无事的时候，就看蔷薇的笑脸了。这笑脸啊，那是羞涩的笑，嘴巴都是抿着的，多有内涵多有底蕴啊。我时时站在阳光下，与这些花对视，我用手拽拽最长的那一枝，于是整个花枝就颤起来。我用心语跟它们交流，看这些熠熠生辉的花骨朵，每一朵都含苞待放，每一朵都是一个快乐的笑容，抑或是一个满足的眼眸，我的眼前，岂

止是百媚生啊，那是千媚、万媚生啊！我用指尖传递我的感觉，我想，整个花树是一定有感觉的，它所有美好的感觉一定会凝于花朵，传递给我最美的容颜。我的蔷薇啊！我的花神啊！

为什么在院里栽种蔷薇花啊？因为我的儿子出生的月份就是四月，儿子是妈妈心中的蓝天！四月是春天的盛月啊，蔷薇花前，蔷薇绿叶拂动中，我仿佛看到了儿子帅气的脸，从小到大不同时候的脸就闪在我的眼前，在蔷薇花中时隐时现。

正在出神呢，手机响了，收到了一条信息。我脑海里是蔷薇的绿意光闪，所以就没有看，给老公收拾饭去了，给他拿来一罐青岛啤酒，准备好他要吃的菜，待坐下来时，才看到原来是儿子发的信息："亲爱的妈妈大人，又看蔷薇花了吧，蔷薇花下想我了吧，在此小子我祝愿您身体健康、工作顺利。您未来的儿媳妇给您买了一件衣服，因工作原因未送去，待他日亲自送到府上。也祝爸爸一切都好！"我把老公端啤酒的手按下，看着他的眼睛声情并茂地读了儿子的信息，结果呢？这家伙一仰脖，把一罐啤酒整个流到肚里去了，自顾自地享受。我给儿子编信息："儿子和准媳妇啊！妈妈收下你们浓浓的祝福！你们的优秀是爸爸妈妈生活的动力！你们更是爸爸妈妈的自豪！妈妈爱你们！"信息编完了，幸福的感觉仍然像啤酒泡一样升腾不止。于是我把手机先放一边，自己拿一只高脚杯，也倒上满满的一杯啤酒，看着啤酒的泡成串地冒到表面，心底美好的感觉也一层层地打开，我迷离着眼神，什么菜也没有吃，就喝干了一罐啤酒。

2013 周一 05·06 金黄的蔷薇叶片

早上起来，映入眼帘的是院子里满地金黄色的蔷薇叶片，蔷薇多情啊，春天就让我欣赏了叶子的黄金色彩。西屋顶篱笆墙上的蔷薇已经成了一垛绿色的环绕，绿得有些不透风了，枝端的花骨朵已经成簇成团，我如同将军检阅自己的部队一样，威风凛凛地站在它的面前，看这绿意深厚，看这花蕾张扬在早晨的阳光里。看够了蔷薇，再看藤萝，把每一串花都嗅过，和每串花都打招呼。我看着的时候，是一直含笑的，心想我们家的花好可爱，它们就知道把花期延长，用长长的花期来熏我的眼，来润我的心，我笑盈盈地看够了，就下楼梯来做家务了。

2013 周二
05·07 蔷薇有感觉

　　早上到屋顶看时，迟开的那些藤萝又胀开了，而那些早开的，已经落了满地，鲜艳的色泽已经褪去，如同揉皱的纸一样，这才是不忍看啊。再看看架上，还有如拇指、豆一样大的藤萝花串。目光移到蔷薇上，叶子的表面覆盖了一层花骨朵，精致的花托竭尽全力，所以整个花骨朵是垂直在枝上的，中间的最大，边上如众星捧月一样簇拥，那包裹有致的花萼不仅仅是包住了花瓣，而且伸到足够长，最后在顶上形成了鸟的尖尖嘴一样，看去一个个的花骨朵就如同一个个的小宝葫芦，实在是精致和完美得无法描述。我贵族一样倒背着双手站在它们的面前，背诵誓词"世界会因为你们的存在而更加美好"，这是对蔷薇最大的肯定，我相信蔷薇有感觉。

2013 周三
05·08 唐菖蒲发芽了

　　早上去到屋顶看时，蔷薇的花骨朵给人一种人头攒动的感觉，逐个看过去，被花萼包裹的间隙已经露出了月光的白色，如同希望的曙光已从东方冉冉升起。中间最大的一个，已经露出鲜艳的红色——鼓胀得要绽开的花蕾啊，你究竟会给我带来多少的惊喜呢？我问候了藤萝后，下了屋顶，去到院外，这才发现早春种下的唐菖蒲已从地里钻了出来。我站在那里，静静地看着这些从地里出来的小精灵——露出的叶尖也就刚刚能看到，粉白的绿色，尖尖的头角，如同从地里扎出了一把把的匕首，有几个还带着那种褐色的皮，还有的，只是把地皮拱得裂了小小的缝隙，头脑还没有探出来。

2013 周 婚姻需要情调
05·09 四

做了一个中年人婚姻的案例——一对中年夫妇，忙于生意，整天没有时间独处，丈夫总是对妻子充满了抱怨，抱怨妻子太懒，太懒，总是睡不够的觉，当着客人的面，也对妻子毫不留情，做妻子的很是委屈，她问自己的老公有没有心理问题。我跟她说，是她丈夫的一些需求没有满足，生活呈一种单一状态，没了调节，也没有情调，如同弹簧一样，总是绷着，怎么能不失去弹性呢？妻子表示很理解。我又问她，家庭的温馨体现在哪里。她说自己从来就没有考虑过丈夫的什么需求，每天自己被店里的生意和家里的两个孩子搞得筋疲力尽，每天晚上头碰在枕头上，就呼呼入睡了。我跟她说："古时候的文人雅士啊，为那些青楼女子写下了无数的诗词文章，而为他们老婆写的文章，却如凤毛麟角。是老婆付出的不多吗？是老婆关心的不够吗？当然不是了，是那些青楼女子太有情调。这个，与人的道德品质没有关系，而与什么有关系呢？"眼前这位中年女性的脸当即红了。我给她讲了自己对藤萝跟梧桐的描述，她羞涩地说好有道理。

2013 周 藤萝扁豆长出来了
05·10 五

早上六点四十醒来，看看南屋顶上，阳光已在红瓦上铺了一层亮色，穿上衣服来到院子里，黄狗摇着尾巴在迎接我，蔷薇的绿意在招惹我，我攀梯上到屋顶，这才有新的发现：藤萝悄悄地秀出了扁豆！每穗花凋零的花朵里，在雄蕊的一边，伸出了一条绿中带着蓝的小扁豆，它是那么娇小，它是那么柔弱，形状像极了刚刚从指头上剪下的指甲，弯弯的，细细的，呈弧状悬垂在那里，几乎是每朵花都有这样的一条，就这样，紫色的花朵就被绿中带蓝的小吉祥物取代，凋零的失意被新生的愉悦取代——这就是造物主神奇的安排啊！我不仅惊叹，而且折服。

　　今天我看蔷薇的花骨朵，每一枝中间的那个已经裂开，是蔷薇的花魁要开了，饱胀得鼓鼓的，顶端已经露出了玫瑰一样的红色。所有的花骨朵，都熠熠生辉起来，光闪闪的感觉。所有的枝条，所有的叶子，似乎是用尽了最大的力气，把所有的花骨朵托举在最上面，令人一瞩即是。我站在它们的面前，思索着：一团花骨朵中，数来数去，每一簇最多的有三十多个骨朵，少的也有二十个，这些花骨朵中，最大的那个花魁总是位居中间，不仅最大，而且开花最早，那一定是争先的一个。花魁缘何形成呢？它所居的位置一定是跟花枝直线传递的，传递到它这里的能量，一定是最先到达。其他的呢，都是旁逸。而所有的旁逸，在开放的时候一定是衬托，而不是主流。

　　晚上一个高中女孩咨询，我为她的纠结感到心酸。她跟男朋友分手后很痛苦，不知道自己究竟错在哪里。她诉说当初男朋友追求她，说他什么事情也可以为自己做。女孩为了考验男朋友让男朋友给她下跪，男朋友碍于面子不肯，她不依不饶。男友没办法找个没人的地方给她下跪。平时的交往中，她什么事情都让男友做，包括打水、包括打饭，甚至自己分派的打扫卫生的任务也让男友代劳。一次因为争执，当着同学的面她当场扇了男友一个耳光。这哪是恋爱关系啊，这分明是主仆啊！男友提出跟她分手，她竟然痛苦得不能自己，又反过来处处讨好男友，把男友对待她的方式反弹回去，给男友打水，给男友买零食，给男友打扫卫生，男友很厌烦，干脆跟她分手。她于是更加痛不欲生。我问她的家庭情况，她说："妈妈告诉我了，世界上的男人都犯贱，不能对他们好。"我一听这就是根源，我说："孩子，仔细琢磨下这句话对吗？男人和女人，如同太阳和月亮一样，你能说太阳很贱吗？社会要生存、要发展、要进步，男人起的作用大还是女人起的作用大？不一样，但谁也代替不了谁，阴阳结合、对立统一，这个道理，你是高中生，应该明白吧？"她睁着眼睛看了我一段时间，说："我好像明白点了。"此时我看着她的眼睛，跟她说："傻丫头呀，我跟你说句很残酷的话，你现在的心智水平，不懂得爱，也不会爱，你根本就搞不明白什么是爱。世界上的爱，哪有对错之分呢？世界上的爱，怎么会是征服呢？怎么会是占有呢？爱是付出，爱是担当，爱更是一种责任啊！爱就是发现这个世界上有一个人是真心对你好，而你也会真心对他好，真爱是不会计较得失的。"看女孩陷入了沉思，我也就跟她不客气了，"你不过用这个男生，来证明你那点可怜的自尊。你把别人的自尊踩在脚底下，你自己怎么会感觉舒服呢？人际关系是相互的，要别人不舒服自己也一定不舒服。你明明可以用很好的方式来证明自己的价值，你明明可以做适合自己做的事，你不去做，而偏偏要在自己现在还不懂的事情上证明。你本来可以很好地成长，很好地学习，不是吗？""你说到这里，我好像懂点了，我是不是可以先等等，等到自己懂了，再来做这件事情？""你自己悟到了，那我们就到此吧。""那我会不会失去他？""哈哈，傻丫头，你已经失去他了。要是还想拥有他，就要用自己的行动证明自己的实力。""那我以前犯的错误，要用一种什么样的方式去弥补？""你要明白，只要是真爱，便无对错之分的。假如纠缠在对与错的旋涡里不能自拔，那就不是真爱。事情既然已经过去了，就无从改变，但我们可以改变过去给我们的影响。你不用去求证你的错或是他的错，做最好的自己就是纠正错误最好的方式。"

送女孩出去的时候，我指着她看满院子的蔷薇花，看每簇花的花魁，我半拥着她说："傻丫头啊，做女人就做花魁啊！有能力担当，有能力很好地生活，有能力让自己开出最灿烂的花，吸引别人的目光。你有这么好的条件，等到最合适的季节开花的时候，那一定是花魁啊！"她笑了，笑得好坦然。

送她到街口的时候，她很热情地和我拥抱，然后跟我说："我现在要做好我自己，等我有能力了，我来拯救别人。"

"先别谈拯救，这个词太重了。人啊，最好的方式是用自己的改变来带动别人的改变，你变了，别人才会变，亲子关系是这样，朋友关系是这样，爱情关系更是这样。"

"我来改变别人，改变我的妈妈，她这样的看法，会害了我的。"

"你还是先用时间和力量来使自己成长，等有足够的能力了，再来跟妈妈沟通。"

"那好，我就先改变自己。"

路灯下，她的肤色好多了，笑得自然而又得体，多么可爱的女孩子啊！我把她拥在怀里，她用头抵着我的头，用力地吸气，我知道她在用心感受，我相信她一定会用心成长。

2013 周 母亲节奇遇
05·12 日

今年的春天特别旱，据说地里的小麦大多已旱死。但到了5月12号母亲节这天，一大早，就下起了小雨，小雨慢慢地变成了大雨，雨水哗哗地从空中往下倒，我在院子里看够了雨后，和老公一起到婆婆那里吃中午饭。

因为是在雨中，所以也无法停车买礼物，只好径直去到婆婆住的楼上。祝贺婆婆母亲节快乐后，就跟婆婆商量中午吃什么，婆婆说："你来了，我们就包水饺吧，好在我们都喜欢吃。"这么多年了，我跟婆婆包水饺早就成了黄金搭档，每次都是婆婆准备馅、我和面，然后我擀皮、婆婆包。老公呢，在他自己的母亲面前永远是个孩子，每次总是坐在沙发上悠闲地看电视，婆婆还要一边包水饺一边关照老公吃什么水果、瓜子，最惬意，我和婆婆就一边包水饺、一边唠家常。这次因为过节来得早些，馅和面都备好了，看看时间还早，我跟婆婆商量后，就打把雨伞去超市给婆婆买礼物。

从教师公寓出来，雨比来时小了许多。看看路边的法国梧桐，叶子被雨水冲洗得格外绿，那种绿似乎有穿透力，让人感觉到生命的欢喜和盎然。我撑着伞走在马路边的人行道上，边走边想：婆婆有好几个女儿，花花绿绿的衣服总是塞满了衣柜，各式各样的食品也总是塞满了冰箱，这次就让婆婆也浪漫一把吧，于是我在超市买了一大束红红的康乃馨抱在怀里，又买了几个大大的甜瓜。看看这里的苹果质量太差，就结账出了这家超市。

从超市出来时，雨竟然下得很大了，哗哗的雨声充斥在耳际，街道变成了河流，汽车成了行驶在河道中的船。我打起杏黄色的伞，走进了雨幕中。水流太大了，足足可以淹过我的脚踝，我不得不在路沿石上行走。我的胸前摇曳着鲜艳的花朵，杏黄色的雨伞遮过头顶，那几个甜瓜在怀里又不安分，自己感觉是在路上进行杂技表演。此时路上行人全无，只有车辆如爬行一样慢慢地移动在水流中。

来到一家水果店，各种新鲜水果任我挑挑拣拣，货架上摆着的苹果好大好新鲜啊，哪个苹果都是一张粉嘟嘟的笑脸。问过价，嚯，竟然是八元一斤。但想到这种水果色、形、味俱佳，正切合母亲节的感觉，于是挑选结账。结账的时候，胖乎乎的男店员问我拿着这么鲜艳的花做什么，我说是母亲节送给婆婆的礼物，没想到他竟然激动了起来，问我这花多少钱，又看看窗外滂沱的大雨和我湿了的裤脚，似乎是沉思了一下，又到货架上挑选出几个又大又红的苹果连同我称好的一起装进我的手提袋中，信誓旦旦地说不收我钱，所有的苹果都是赠送，算是我给婆婆买花的奖励。我抬头看着素不相识的男店员，知道他做出这种选择的诚意，于是笑纳了，并且真诚地谢过他。从来没有得到过如此奖励的我笑了，他也笑了，笑靥如花的感觉真好！

提着沉甸甸的苹果出来，感觉手里的苹果好重好重，它的分量早已从我的手上传到了我的心上，沉重得有些放不下。其时，雨势更大了，街上的水恣意着流向东边，我不再担心雨水湿身，小小的雨伞终究是挡不住倾泻而来的大雨的，于是我的鞋子、我的裤脚全湿了。

我把花抱在胸前，就走在雨幕里，水流进我的心里，泪滴进扯天扯地的雨水中，我感怀天下母亲养育的恩情，更感动天下儿女的共同情怀。花瓣上洒满水珠，哪一颗是雨滴、哪一颗是我的泪珠呢？想到长眠于地下多年的母亲，我想这泪滴是不是也渗进了母亲安睡着的土壤？想到与母亲享有的喃喃私语，如今早已把这份喃喃私语移到婆婆身上，相濡以沫的这份亲情也如水了。

2013 周
05·13 一　　蔷薇花开了

晨光熹微中，阳光掺杂着太多的尘埃，在蔷薇的枝叶间升腾。睡眼惺忪中，眼前的一切，到底是一片梦境，还是一片湖泊啊？绿色的湖面上，一团一团的花骨朵沐浴在阳光中，我想它们的腰肢一定是特别舒展，我想它们的笑容一定是特别会意。最初开放的几朵，深深的粉红色中，如同绿色的湖水中闪动着光艳的眼眸。

我再回身看藤萝，迟开的那些花穗已经打开，如同紫色的米粒一样稀疏有致地排放在那里，隐在叶子中，有些缥缈，有些蒙昧。有几枝叶子已经展得很大，摇曳在那里，如小手掌一样摆动。因有绿叶间杂，所以花不再如初开时醒目。我想这些懂事的藤萝啊，应时开放点燃一个紫色的梦想，迟开的却是赴一场花的盛会——因为它们会与蔷薇争一场鲜妍明媚。

2013 周 05·14 二　家里拥有了妩媚的笑

蔷薇花越来越艳丽了，看上去，那些散落在绿叶丛中的花，每一朵都是一张妩媚的笑脸。有两只大马蜂，"嗡嗡"地在花间飞飞停停。我仔细观察着好几天没有顾上看的藤萝，大的叶片已经长全了身子，羽状的叶子生在如同发丝一样细的叶梗上，就呈现出一种飘逸和灵动的美感。藤萝架的边缘已经伸出了十多条细小的藤蔓，它们昂着头，触须般地伸展着，在为自己找一片适宜发展的空间。藤萝的美感并不仅在其花的灿烂和辉煌，更在于叶的多姿和多情，整个夏天，藤萝的叶子都会摇曳在花架下，花美看一时，叶美看三季呢。

2013 周 05·15 三　叶衬花美

蔷薇花开如星星散满整个花枝。目光捕捉住一朵盛开的看上去，就发现蔷薇花朵虽小，但内容丰富，小巧中透着精致，我忽然想到"玲珑"一词，蔷薇最切合这个词了——花朵大如杏子，花瓣在花萼的包围中层层绽放，密得并不曾留点点的缝隙。当花瓣打开时，花萼就开始倒长，萼尖顺着花梗做一个臣服的形状，看上去像极了一个飞翔的翅膀，为花朵的打开留出足够的空间。每一片花瓣就如一枚精致的贝壳，因弧形的可爱使得整个花看去展现不同的层次。这样诱人的感觉，是芳唇微启呢，还是醉眼迷离？

再回头看看藤萝，很多的叶片从架的间隙垂下，风动处，摇曳不停。藤萝的美感，叶子增色不少，每一片叶子，羽状本身就是一种美，再加上极细小的叶梗，叶子是呈现一种柔性的美。我摸了摸，叶子薄如纸。这如发丝一样的梗上生出一对对宽大的叶片，在微风细雨中、在冉冉朝阳下，自然会风情万种。生命在于运动，植物的美感也在于动啊。

2013
05·16 周四 晨思

早上的天空灰蒙蒙的，天上不时地落下几滴雨点。看看蔷薇架下，昨晚吃饭的痕迹还留存在这里，我就坐在这痕迹边，开始择芸豆。坐在蔷薇架下做活，无论做的什么，内心都是怡悦和宁静的，把长长的芸豆丝掐下来，把择好的放盆里，感到生活是这样满足。喜欢坐在这里喝茶，淡绿色的茶水，玲珑的茶具，喝着的时候，就喝出了一份心情。人活着，不就是活一种心情吗？

晚上，就在这蔷薇架下喝酒。两瓶啤酒，两个小菜，跟老公坐在那里，小饮小酌，有一句没一句地说着什么，不在于说的内容而在于说的感觉。憧憧的灯影里，人的脸隐在暗处，看不分明。想着我导师的告诫：当真与善融合到一个人身上的时候，是最大的能量。平时闲来无事的时候，也爱琢磨真与善的问题，真会决定人做事的价值，因为人只要活着，他总会做事的，只要真，那他所做的事，就容易跟世人形成共鸣，会趋向于一种共鸣共振的磁场，那么就会获得更多的支持，会得到更多的同感，同声相应自然也会得到更多的成功体验。如此这般，心就是活的，心中常有活水来，生活就会出现生机，人的生活会越来越好。再说善，对于善，思考到深的层次，发现善会促使人产生做事的动机，因为心头留存一份善念，善念一起，他就会去行动——而动机一旦引发了行动，有了执行力，人也就活了，善举即此。要想付出自然会先拥有，否则拿何付出？因此善良的人会不断地丰富自己、发展自己，人生就会绚丽多彩。

思考到这些的时候，酒也喝完了，茶水也饮到无色了，雨点仍然洒落着。

2013 周 05·17 五　葡萄发芽了

　　今春种下的两棵葡萄，整整一个半月的时间，它们就在一种灰色中度过着一天又一天。我隔三岔五地给它们浇水，每次浇水后就会蹲在它们的面前，看发芽的迹象，我在心底里坚信它们是会活过来的，一准儿！就在今天浇完水的时候，我发现根部鼓出一个小小的东西，绿色的表面又是白色，那种感觉好像是从底下冒出了一个水泡，浑圆而又鼓胀。因为天色已晚，用力也看不分明，于是我去到屋里拿来了放大镜，从镜中看去时，才发现真的是芽，一层层地裹紧，如一粒绿色的珍珠。

　　看着这两棵葡萄，就在心底里感慨起来，因为等待的时间太长，看邻居家的葡萄渐渐地生出了宽大的叶子，渐渐地，葡萄的枝丫间已经秀出了青蛙卵一样的葡萄胎，心中就对自己栽的葡萄生出了怀疑，甚至很多次，就想拔它出来看看，看看根有没有动弹——但最后还是忍住了，不要在冬天砍倒一棵树的启示啊！如今终于等来了！心中未曾有庆祝活的欣喜，却有感慨生的艰难不易——同样的季节来到，未受挫折的植物，可以顺利地按照主人的期许生长，带来生的欣喜和活的希望，而这些经历大劫的植物呢？当初同学给我买来这两棵葡萄时，根已经快干了，卖方一再嘱咐，要在水里浸泡一天后再栽。移栽的痛苦啊！我相信生命的坚韧，只要有一线生机，就会坚强地活下去。这是一份信念，更是一份坚持。

2013 周 05·18 六　花鸟皆成景

　　自己在屋顶上看呢，不是看花，而是看鸟。不知么时候，蔷薇的枝叶间，多了一个鸟窝，虽然时常听到枝叶间"叽叽喳喳"的声音不绝于耳，但却从来没有细心地看过。今天早上，在北屋顶上采摘了一桶的蔷薇花后，有些累了，就坐在屋顶上看风景。开始，看到一只鸟衔着一只虫子，在北屋顶上左顾右盼，待确定安全时，就毫不犹豫地一头扎到了蔷薇花里，不见了。然后就听到花丛里传出"叽叽喳喳"的声音，想必是其乐融融。看着看着，就想到了"花香鸟语"，这是美好的氛围，这氛围缔造的前提条件是花香吧？是花香先营造了美好的氛围，于是鸟就做了正确的选择，把巢安在了这繁花绿叶当中，繁衍后代营造生活，幸福快乐地忙前忙后，也扰乱了我看花的眼眸。

2013 周日 05·19 天女散花的感觉

雨后空气就如清洗过一样，早上来到院子，顿觉神清气爽。去到屋顶，看那蔷薇花，真有天女散花的感觉，绿色为底粉色为点缀，整个绿的湖泊中散满粉色的花。而藤萝呢，则凋零一地，紫色的精灵卧在那里，带着长长的脚，如同一只只死去的蜜蜂，翅膀已经折了，再也飞不动了，它们静静地伏在那里，等待另一种际遇的开始。抬头看到藤萝的上面，一根根新生的藤芽昂头挺立，新的美感呈现了。

2013 周一 05·20 美哉

下午放学回到家，去到西屋顶上，坐在藤萝架下，看那厚厚的一堵篱笆墙，蔷薇枝条探出了半米多，伸探在这边的空间里，如同一只只手臂托起蔷薇花，心里美得不行，坐在那里嗑瓜子，真好！要是再谈个学问什么的，岂不更是美哉？

2013 周二 05·21 畅想小院的未来

早上才六点半多，院子里的阳光就澄亮起来，看看垂下来的蔷薇，就成了一幅绿叶红花的锦绣，大的花朵粉得朴实，小的花朵红得可爱，而那些还没有开的花蕾自然是憧憬了。老公干脆就把学习的桌子安在锦绣的面前，我边打扫卫生边说："对着一堵繁花似锦学习业务，这是什么样高级的享受啊？"打扫完卫生，又去看葡萄的长势，粉白的芽已经绿了，叶片也正在展开，形状已有带皮的花生那样大，我看着，心想，暑假来到时，我约同事来家里搭葡萄架。三年后，当葡萄长起来时，我家小院的外边是葡萄，院里是蔷薇，而西屋的架上呢，则是藤萝。到那时，会是什么景象呢？

2013 周 05·22 三　心花随蔷薇绽放

蔷薇花团锦簇、繁花似锦的场面出来了，花朵成团开放，堆砌在枝头，尽展芳姿。春天的缤纷莫过于"红的像火、粉的像霞、白的像雪"。这五彩缤纷的感觉是多种花开放的效果，比如桃花，比如杏花，比如梨花。而我家的蔷薇只有一株却能开出不同颜色的花，红的如石榴花、粉的如桃花、白的如梨花，看着她们的时候，总是感叹我家蔷薇的本领超群。不同的花形状不一，粉色的花最大，红色的花次之，而白色的花最小，当这些大小不一、颜色不一的花朵挨挨挤挤地凑在一起的时候，五颜六色异彩纷呈。每一朵精致的小花，黄色的花蕊更是一笔绝妙的点缀，<u>丝丝窝窝</u>的感觉是情也长、思也长。

跟同事说起我家的花时，同事笑了，说："人家白居易是'人间四月芳菲尽，山寺桃花始盛开'，对你来说呢，是'人间四月芳菲尽，你家繁花始盛开'啊！"是啊，每年盛开四月的繁花，除了给我不尽的愉悦之外，还给我带来无穷无尽的希望。这希望随着花香绽放，也一定会随着花香飘远，香远益清，从而产生不尽的影响吧？

2013 周 05·23 四　智慧就是圆融的感觉

早上起床，看着堆砌在枝头的繁花，开得最盛的地方竟然能把绿叶遮挡。定睛看去，花有雪的那种软的感觉，似乎也能融化。这种软与柔的结合，就是整合后的圆融吧？思忖世上之花，盛开时全是圆形，如藤萝，每一朵花开时也是圆的，圆融本是智慧的层面啊！

2013 周五 05·24 如花一样地接受自己

早上来到屋顶，看到篱笆墙上的蔷薇花，感觉是一垛的花在开放。去年秋天，把这里的蔷薇枝条全都剪整齐了，所以它们伸出的枝条都一样长，而每一枝的顶端都挑着一嘟噜的花，把每枝花都压低了，显得整个篱笆墙上的蔷薇不仅密而且很厚。我坐在它们的面前，感叹着它的巧妙绝伦：胜景在自家的感觉，那种精神的满足与远涉看风景是截然不同的感觉啊！东墙上的蔷薇距离太远，入不了视线。而这里的蔷薇花，却可以与自己零距离接触，不仅颜色尽收眼底，而且那种粉妆玉砌的感觉真的是可触可摸。看着这些花的时候，想到花接受自己的程度多高啊！每一朵花都会把自己的心扉彻底地呈现在世人的面前，从不隐瞒，从不遮挡，总是开得那么一览无余。

2013 周六 05·25 花间小·憩

今天看花，忽然就想到杜甫的诗"黄四娘家花满蹊，千朵万朵压枝低"，我想杜甫写的一定是蔷薇，因为只有蔷薇花才能产生"千朵万朵压枝低"的景观啊！今天同事苗苗来家里玩，上到屋顶就惊呼着："看这花啊！那不是一朵一朵，而是一嘟噜一嘟噜的，不！是一堆一堆的。"的确，一堆一堆的花，把枝都压得垂下了。我们在西屋顶上，择菜、说话。苗苗的老公最有创意，说下次他整个烧烤，我们就在屋顶上吃烧烤、喝啤酒。于是我撒娇道："嗯？俺要吃烧烤。"于是，四个人就哈哈大笑，苗苗的老公就说他下周准备烧烤的东西，然后我们下周就可以在这里进行烧烤了。心已至，向往之。

晚间，那个不懂爱的女孩子又来咨询，这次她给人的感觉理顺多了，学习已开始有心，她自己谈到不能因为这件事影响到自己整个的人生。我在感叹她成长中正向力量的同时，给她看萨提亚家庭治疗中关于智慧宝盒的东西，人的智慧宝盒里装的是"人的价值感、希望、对自我的接纳、赋予自己力量、担负责任和抉择的能力"。她对自我接纳不太理解，我说："自我接纳就是接受自己这个人啊。比如，一个女孩子嫌自己长得矮，就是不接纳自己。比如，一个男孩子认为爸爸挣不来钱，没有能力也是不接纳自己。"这个女孩子悟性很高，就明白了。她也很明白价值感的重要性。最后，我让她确定能静下来的时间，她说半个月。临走时，我送她到路口，天有点冷，可能要下雨了。临走时，她告诉我，我送她的书，因为她在高中学习时间不多，而妈妈却一直在看她，她妈妈说等她有时间，她也会来找我的。谢过我后，她就踽踽而归。

2013 周 花缘何会怒放呢
05·26 日

早上，小雨淅沥，看着要被雨淋的满院子的花，就心疼得不行，风雨声中，不知道花落多少啊！风雨过后，花会留多少呢？看着看着，就想到了一个词"鲜花怒放"，为什么说是怒放呢？好像花开还有情绪，那这种怒，就是不顾一切、发泄到底喽！那是不是也急着赶时间啊！由此我想到形容的鲜花怒放，那就是毫无保留地彻底开放。现在，我眼前的蔷薇花，就是怒放了。

雨中，蔷薇的花朵沉甸甸的，都把枝头压弯了，垂头的蔷薇花枝，花朵不再向上向前，而是向下。好在，它们开的时日不是很多，所以在雨中，也没有纷纷凋零，而只是色彩变淡了。再看看藤萝，雨中更显绿意浓翠，同样的风中，蔷薇的叶子静默着，只是被雨水淋湿的花朵不时地上下摇摆。但藤萝就不同了，叶片在风中抖动着，翻来覆去的，没有静下的时候，风情啊！

2013 周一
05·27　　落英缤纷

　　花瓣落了一地。想到雨中，花瓣就那么一片一片地被雨打湿，粉色的花瓣沾湿在地上，如同给湿地穿上了一件粉色的花衣，这花衣好艳丽啊！灰色的底子，彩色的点缀，这种凄美的感觉，使人在灰色的心情下，心事也重了。一天未停的雨，让人的心也湿了。雨天中的人是落寞的，最适宜的就是睡觉了，其次是读书。

2013 周二
05·28　　心怀阳光

　　准备青春期心理健康课，用粉色的纸剪一个大大的心，我把每个同学自己整理出来的十大优点工工整整地抄在红心里，抄录着的时候，感觉是在同一个个生命进行对话。抄完后发现少了一个，去跟班主任对数时，小李老师说："可能是班里那个脑瘫的学生落下了。"逐个对时，发现是少了一个"王大朋"。于是班休的时间，我让小李老师喊来了那个孩子。当孩子来到我面前时，我的心一惊：上课时学生都坐着，我并没有看到这个学生走路的样子，而现在，他推门走进来，一条腿似乎短了一大截，当他要往前走时，身体却需要先后仰一大块，然后才迈步前走。但孩子到了我的面前，面上一直含笑。我告诉事情的缘由，他笑着说："那天我要交时，被同桌给撕了。"我拿过自己的笔记本，让他开始写自己的优点，他用笔工工整整地写着"身材较高、乐观开朗、反应快、乐于与人沟通、独立"之后，就看着我笑，说："想不起来了，就这些吧。"我用手按着他写字的手，看着他的脸，他一点也不避，一直就那么笑着看我，十分坦然而自信。我问他："孩子，你是不是生过病？"他口齿有些不清，说自己生下来就这样，脑瘫！然后我问他："家里还有别的兄弟姐妹吗？"他说："有个妹妹，上四年级了。""跟妹妹相处得好吗？"他笑了，脸上分明是出现了幸福的感觉，说："很好，妹妹对我可亲了。"再问，原来孩子清楚地知道爸爸妈妈生下妹妹来是为了照顾他的生活。我在想，这孩子的父母，在孩子身上分明是倾注了两份爱啊！看这样一个身体有碍但精神却这样健康的孩子，做父母的付出了多少啊！我引导他："在班里与同学的关系怎样？"他于是心知肚明地写下"愿意与同学交往"。我看着他写的字，再引导他，他于是心领神会地写下"写字非常清楚"，此时他笑了，我问他："喜欢笑是不是个优点呢？"他于是在纸上写下"喜欢笑。"我问他："对自己有信心吗？"他笑得更坦然了，于是写下"对自己有信心"。我和他一起从头数过来，发现还少一条，我知道这样的孩子，发展好了都是天才，但他们得有一技之长用来谋生。我问他爱好什么，他说电脑，于是他写下："喜爱电脑。"写完了，他放下笔看着我笑，我说："在我的本子上写下你的名字好吗？"他在十大优点的一边，写下了他的名字。跟我告别后，他起身离开了办公室，同进门时一样一仰一探地走去。多么帅的小伙子，大概长到快一米八了，白白的皮肤、高挑的个子，他为自己找的第一条优点就是"身材较高"，多么健全的自我意识啊！于是我找出了一张大红的纸，我要在一张跟别人不同的纸上给他写上他的优点，同时我也要把他的优点当着全班的同学来读，那时一定掌声雷动！这样的生命，本应接受欢呼的。

2013 周 05·29 三　植物也有感觉

　　天依旧阴沉沉的，去看雨中的葡萄时，竟然发现了一个问题：院子里的那棵葡萄生长得不好，芽不是顺着长，而是又侧生了小芽。因为担心葡萄不会发芽，会误了这片小地，所以就在院子里的葡萄旁边移栽了两棵丝瓜，丝瓜摇曳着绿色的叶片吐出长长的触须，显然是长得正欢。我看着的时候，想到了生态位的成长原理，也就是说每一个成长的物种都有自己的势力范围，也就是一山不能容二虎的，也许是丝瓜特殊的气味妨碍了葡萄的成长？因为它们的苗并没有连在一起。于是蹲下来，狠狠心，把丝瓜连根拔起，一边拔，一边在心里说："对不起！"

2013 05·30 周四　雨也有情

连续三天的雨，天阴沉沉的，今天天终于晴了，晴好的天气，空气如同过滤了一样清新，蔷薇和藤萝的叶子更绿了，绿得盈满你的眼。但蔷薇的颜色是戏剧化的惨淡，花瓣如同老去一样，没有了光鲜。地上的花瓣开始堆积，中午下班时，地上就堆积了厚厚的一层。粉的花瓣落到地上后，竟然变成了紫色。花瓣精美得如同一枚枚贝壳，镶上白色的花边，细小处是深深的紫，仿佛包裹着一生一世的心事。看看空中，花瓣纷纷飘零成雨成雪的感觉。又一季蔷薇开过了。

下午的时候，就见了一个写不出自己半点优点的孩子的妈妈，我跟她交流了半个小时，我说，不管千难万险，都不能放弃。孩子的状态不如意时，家长心中的着急与纠结也是痛苦万分，但在孩子面前，家长必须收拾起自己的痛苦去包容孩子等待孩子的成长，在最关键的时候，家长的信任就是孩子成长的一份力量。

2013 05·31 周五　花瓣的妙用

今天的天阴沉沉的，我看着枝上失色的蔷薇，就怕它们会再一次在风雨中飘摇，于是就废寝忘食地采摘——西屋顶上的、东屋顶上的、北屋顶上的、南屋顶上的。绿色的水桶里放上一束一束的花，虽有些枯萎，但颜色还是缤纷的，而且芬芳依旧。采摘过后，就在西屋顶上用银色的小剪刀剪花朵。剪下来的花朵堆在屋顶，就是一幅漂亮的画。一边静静地剪花朵，一边想着自己的心事，每年都要做的花瓣枕头，极美的花瓣枕头！再绣上字"枕花香入眠，与美好结缘"，真的是与美好每年都结缘。

6月

2013 周六
06·01
正念疗法最好的工具

儿童节的日子，我所做的也是儿童一样的游戏——把采摘好的蔷薇花晒在屋顶，仅仅半天的工夫，就基本干了。收拾起来，装在绿色的塑料桶里拎下来，然后再摊在阳台的大面板上，感觉是在做着世界上最浪漫的事。蔷薇的花朵风干成干花后，就是那种鲜艳的紫。世间的色彩也可以沉淀，粉红经沉淀就成了紫色，而且是那种浅色的紫。把这些精灵收拾起来，如同收拾起诸多的灵魂，此时的我小心翼翼充满了神圣感。因为我在做正念疗法最好的工具——花瓣枕头。去年枕头里的花香已淡了，要装进今年新晒干的花，保留最浓郁的花香。

2013 周日
06·02
调整了一则高考焦虑

一个高三的孩子面临高考，却因为焦虑总想逃避，自己感觉没有勇气进入考场。通过询问得知，去年十月份的一次英语模拟考试，三十分的英语听力题这孩子只得了三分！英语老师公布分数时，故意拖长腔调，声音怪怪的，当时教室里就有同学嗤笑他。过后，就有几名男同学，不断在他的耳边，故意学着英语老师的腔调说那个三分，搞得他整天神经兮兮的，耳边总是不断响起老师公布分数的那个声音、同学学老师的那种腔调，挥之不去，如同魔鬼缠身。他学习无精打采，人际交往也很紧张，现在要面临高考了，自己实在是害怕考试时会在耳边响那个让自己愁肠百结的声音，于是极力想逃避，不想参加考试了。心中苦闷无法调节，被爸爸妈妈劝来做咨询。

我在音乐声中让他平静下来后，分析他的性格特质，他自己很快就明白：自己有自我封闭的倾向，自己也有些自卑，而且自己与爸爸妈妈缺少很好的连接。然后我来引导他分析自己为什么对老师和同学的嘲笑那么敏感，这都是因为什么。他明白了，是因为自己太要面子，觉得是伤了自己的自尊。我进一步引导：什么是面子？什么是真正的面子？假如为了这个，失去了高考的机会，那还有面子吗？他一下子出现幡然醒悟的样子。我让他自己看视频《鹰的蜕变》，他如雕塑一样看完后，我让他思索。他沉默了一会儿说："不丢掉一些旧的东西，不下决心丢弃一些阻碍自己成长的东西，那么人很难成长，而人不成长，也就相当于鹰飞不起来。"我在表扬他高度的悟性之后，给他做了一个蒙眼的体验。由体验他得出结论：也许在不知不觉中，生活已悄然发生了变化，而我们还在头脑里保持着原有的一切，以至于调用自己所有的资源来应对，搞得身心疲惫，但结果呢？情况也许不是我们自己想的那个样子。他笑着说："感觉轻松了，放下了很多的东西。"

最后，我又运用积极的心理暗示，让他想象自己如何轻松地进入考场，如何轻松地答题，并合理地用这个来替代那种未知的恐惧和焦虑，他答应着。最后，我对他表示了信心，相信他一定会轻松地进入考场。

2013 周一
06·03 绿叶田田

近来，一曲《荷塘月色》把人的心唱得起了褶皱，抚不平的褶皱中，对于月光、荷塘、荷花……还有层层经历的往事，尽在唱曲中释放。"曲曲折折的荷塘上面，弥望的是田田的叶子，叶子出水很高，像亭亭的舞女的裙"，我家也有绿叶田田，我家也有月光融于绿叶的那种美感。一年的时间，我有近两个季节的时间可以与这田田的绿叶对视、互相交谈，不是荷塘胜似荷塘。

当家里种的佛手瓜长大后，会恣意地在屋顶的架子上攀爬，爬满架子后的绿叶，能够把它底下的所有覆盖起来，把我的视野遮挡成一往情深的绿。我无论站在哪个角度看去，都感觉绿意盈眼、绿意润心。叶子是世上最为自律的角色吧，无论怎么疯长，都会自觉地排成一排、站成一队，而且排好的叶子方向绝对一致，宽大的一面朝上，窄的一面向下。阳光下，这里绿意滔滔，泛着油光绿意的叶子，每天都在想些什么呢？

我终于还是忍不住心头的悸动，俯下身来，摸摸这铺成绿的湖泊一样的叶子。宽大的叶子摸在手里的感觉，粗粗的、糙糙的，当手在叶子上前行的时候，都有点走不动的感觉。心想怪不得佛手瓜从来不招虫子呢，想那虫子嫩嫩的皮肤，在这样粗糙的叶子上爬行的时候，一定会体无完肤、遍体鳞伤的。植物都有保护自己的绝招，佛手瓜的生命力如此旺盛，自有它自己的妙招，我不是生物学家，不敢妄自推断，但它叶子的粗糙，绝对是一项重要的自我保护措施。

佛手瓜的叶子接受阳光的恩赐，彰显它生命的魅力。佛手瓜的叶子在雨中的油绿，则是它生命的韵味。当雨丝渐渐地拉长，当雨丝能够垂成线的时候，再看此时的佛手瓜叶子，才真正会感受到生命的一种律动。雨线也是长脚的，长脚的雨线落在绿叶上，宽大的叶子如同众多五指并拢的手掌，掌心向上五指向下，中间凹进去的叶片把叶子四围的水收拢来，慢慢地聚成一汪，一汪的水包在掌心里，如荷叶里的水珠滚动一样。滚着滚着，聚得太多了，此时的水不再是"水归器内，各显方圆"，而开始流动，流动的水从叶的凹槽处，顺着五指并拢处往外流，然后从中指那个尖尖的指尖处滴下。此时哗然的生命的律动开始：一股一股的水流，从众多的五指尖流成线，如同珍珠串串一样的，千万条线从排得整整齐齐的叶片中间流下，就给满架的叶子挂上了整齐的珠帘。我看着的时候，心也会荡漾起来，面前是珍珠穿成的珠帘，后面是洗得纤尘不染的绿叶，那种绿得透明，却又非透明的感觉，当整个的绿成为珠帘的背景时，心也终于被染成了看不透的绿色。

我家没有荷塘，我家却有荷塘一样的绿叶田田。

　　雨中思

　　下雨的时候，就喜欢坐在阳台上，隔窗望去，一切都在雨幕中接受雨的洗礼。雨从天幕垂落下来，落到蔷薇枝上的，就会暂停一停，在层层叠叠的叶子上稍作休整，再顺着叶子滚下来。而落到佛手瓜上的，就幸运多了，佛手瓜叶子如佛手，像一个个手掌在风中摇曳，片片叶子整齐地排列着，就成了一片叶子的海。所有的叶子一定是叶柄朝北，叶尖朝南。中间有些凹进去的叶子四边翘起，如同一个个张开胸怀接雨的容器，当雨水落到叶子里的时候，就如同分别很久的老朋友一样，在热烈地交谈着。四周翘起的边就是一个热情的支撑。交流完了，就会顺着尖尖的叶尖流出去，成一条线垂下来、垂下来。垂下来的线再打到下面层层叠叠的叶子上，叶子有感觉了，于是就乐得东摇西歪，不能矜持了，雨中欢就是这样的一种感觉。大雨，是上天为这些叶子特地准备的一场盛宴，在这场盛宴中，在天地洋溢着的琼浆中，它们醉得不能自已，而我则是看得醉眼迷离。

　　窗外天黑黑的，虽是白天却似又重新回到了晚上，雨点稀稀落落的，我知道，这是一场更大的雨的前奏，是将要开始一场新的表演的一个序幕。当帷幕拉开后，更为精彩的表演就开始了。

　　雷声隆隆，一切都在酝酿。天地漆黑，大雨就要来了。

　　我没有在等待，我的思绪在飞。喜欢雨中的感觉，因为雨中一切的色泽更加新鲜，叶子在雨中的那种绿，是醉人的一种绿，绿得让你不得不去看它，不仅要看而且要专注，清亮的眼神看到的是油亮，这可是眼神与眼神的对接？也许是因为雨中不见阳光，这种绿就更有了穿透力，那种幽幽的光可以穿透很远，直抵人的心房。就喜欢这样在雨中思索，哗哗的雨中，思绪可以和雨声、雨势融合，就那么静静地看着，看着雨在空中洒落，看着雨去润它麾下的一切，心中已是百媚千娇。

　　小时候喜欢雨，是因为下雨的时候，可以闲下来，不用再到地里去干活。"留山戴帽，短工睡觉"，这是娘常笑眯眯挂在嘴边的一句话。留山隔我们有几十里路，只要看不到留山了，那么云也就积到了一定的层次。下雨了，于大人而言可以不事农桑，于我们而言就可以在雨中和小伙伴快乐地玩耍，这个时候无论玩到怎么样的程度，玩多长的时间，父母是置之不理的，因为他们在雨天的时候，通常是在炕上呼呼大睡。及至稍大点的时候喜欢雨，是因下雨的时候，时间就是属于自己的，可以闲下来坐在窗边，手里拿着一本书，眼睛看书又不看书，常常是看着外边扯天扯地垂落的雨，把书上的字和天上落下来的雨滴混淆在一起。现在喜欢雨呢，现在已经不用为父母的不满唠叨生烦，现在的生活尽可以由着自己来安排，现在喜欢雨的什么呢？喜欢雨的温润？喜欢雨的情调？喜欢雨给自然中成长的一切带来生机和活力？喜欢的东西，有时并不一定要说出个所以然来的。

雨天中，思绪会飘得很远，渺远得找不到了方向，于是就想这些飞走的思绪也会随着雨滴又落下来吧，落到我的眼前，落到我的院子里，落到我喜欢的植物的叶子上，让我看得见，让我再度和它们邂逅在时空里，做一个凝笑的宛转。

雨又大了，天仍是黑漆漆的。我在雨声中清洗着自己。对我来说，这也是一场洗礼，洗礼后，我通体如雪。

2013 周 所有生命的呈现都是最好的选择
06·05 三

早上看佛手瓜，它是一叶的根部出一根触须，触须先于叶子长大，然后会牢牢地抓住附属物，本来是直的触须只要抓住附属物，就会立即变弯，变成弹簧一样把附属物绕住，于是它就这样一步一步地往上攀登，抓得比手还要牢固。看着它的时候，就想，攀藤植物这样成长，多浪费啊，要每一叶就出触须，这样要耗费多少生命的能量啊。但当看到树木时，心中又释然了，因为长成庞大的树干，不是更费能量吗，但大树就是这么积累起来的，存在就是合理的，每种植物都有自己特殊的存在方式，而每种生命的呈现一定是它们条件下最好的选择。

每种植物，都有支撑自己的方式。人呢？每个人都有自己的立足点啊！

2013 周四 接受自己
06·06

晚上，做了一个咨询：一个初二的女生，因为担心自己身体过胖，于是就用绝食的方法减肥，已经减到不到一百斤了，还在减，她一米六五的个子，成骨感美人了。让她找自己的优点，半天也没有找出一个。于是，我引导她回忆：什么时间对自己的外表特别关注起来？自己的爸爸妈妈用的是哪些沟通方式？她感受是指责式用得最多。当调查到父母的关系时，她以为爸爸妈妈的夫妻关系疏远。让她诉说一个理想状态中的自己是个什么样子，她开始描述，但到真正的美丽的标准时，她又模糊起来。给她放了心理实验的视频《伤痕实验》，这个实验是心理学家请高明的化妆师给人化妆，化妆后人的脸鲜血淋漓惨不忍睹，让他们照镜子记住自己脸的形状后，化妆师说是补妆把人脸擦干净了，但化妆的人并不知道。让这些"化妆"的人到街上去，结果他们都感受到了别人不可思议的目光，自己尴尬万分，有的甚至跟人起了冲突，其实他们的脸与平时无异，所不同的是，他们看待自己的方式变了。我让这女孩子深刻思考这几句话："别人是以你看待你自己的方式看待你。""有什么样的内心世界，就有什么样的外界眼光。""只有你自己，才能决定别人看你的眼光。"她被触动了，表示回家后先好好吃饭。

2013 周五 感慨妈妈的爱心
06·07

今天的个案是一位妈妈，她女儿在五岁左右的时候，突发疾病，一只眼睛失明，妈妈想通过咨询给她的女儿做心理调节，当时我一方面感慨这位妈妈为了孩子的尽心和到位，同时也说明白，她的女儿不一定来。当时妈妈还不相信，结果五点左右，妈妈打电话来，说我当初的预言还真是准，说她无论如何跟女儿说，女儿就是不来，妈妈很无奈。我在电话中告诉她，这样的孩子太敏感，你这样的妈妈为此也付出的是双倍的爱，她不来，不要紧的，接受孩子的这样一种状态，也是妈妈成长的任务，只要有缘，就会在生命的过程中相遇，也许我会想办法，把这样的课送到孩子所在的学校。妈妈一个劲儿地感谢，一个劲儿地表示遗憾，我在宽她心的同时，也在感慨世上妈妈的艰难和不易。

2013 周 特殊的日子
06·08 六

今天是公公的忌日。平时总是念着公公对我的好。公公年轻时，是一个心高气盛、极有才气的人，因为说实话被打成右派，毁了一辈子的仕途。我早上起来就给儿子打电话，我告诉他，一会儿给爸爸打个电话，因为今天是爷爷的忌日，问问爸爸的心情，再问问奶奶的身体。儿子很懂事地应承。

爷爷、奶奶是我儿子亲情的源头。在儿子上大学后，我收拾他睡过的床，有一张照片从枕头下面抖落出来——那是儿子两岁左右的时候，爷爷抱着他，照片上的儿子穿着一件绿格格的褂子，幸福地倒在爷爷的怀里，爷爷幸福地笑着，仿佛他怀里抱着的，就是整个世界。当时我捧着这张照片，心中隐隐觉得，儿子时常会看这张照片。处在青春期不愿意跟爸爸妈妈交流的儿子，从这张照片上得到多少慰藉呢？在他孤独寂寞的时候，在夜深人静的时候，他跟自己的爷爷有过多少心灵对话？爷爷去世后，儿子跟我聊天时，不止一次地感叹："唉，妈妈，要是爷爷现在还活着，那是多么幸福的一件事情啊！"每次听到儿子这样说，我都会让儿子体会还有奶奶的幸福。爷爷、奶奶是儿子成长多么好的资源啊！我深深地感激着他们！

2013 周 有个家真好
06·09 日

傍晚看到满院子的落花——地上铺了厚厚的一层，踩上去软得如同地毯。这些枯黄的花大多是整朵落下来的，而且带着长长的花梗。我捡起几朵放在鼻子下闻着，没有闻到往年的那种芬芳——想必是前几天的一场大雨，把花的香气浇没了，抑或是花香都散到了空中。藤萝的面积又扩大了不少，它们弯来弯去，浅绿色如同电线那样粗的藤，叶子如同藏起来的耳朵一样，只露出一个尖形。植物的变化真是日新月异，它们的成长从不间断。

睡在床上的感觉真是舒服啊！我心想，人啊，多亏有个家，有个家真好！

2013 周一 06·10 包粽子的感觉

躺在床上，舒服的不仅仅是自己的身，还有自己的心。在心里给自己一个不错的暗示：明天四点起来，就可以包好粽子回娘家喽！回娘家是很好的放松方式。起床后马不停蹄地包粽子，一直包到九点半，三个半钟头包好了十四斤米的粽子。在锅里煮了两个小时，就用铝锅端着放到车上，回了家！在妹妹家，一家人有说有笑地吃饭，妹妹的公公也在，老人家八十岁了，越来越有仙风道骨的范儿。一桌子的菜可谓丰盛，可当我的粽子亮相后，他们竟然都开始吃粽子，而且边吃边表扬，说好吃得不得了。弟媳妇还说："姐，包粽子吧，我负责卖，你负责包，保准赚钱。"我说："我用的料都是最好的，要是卖的话，肯定赔钱。"他们一致同意。

2013 周二 06·11 藤萝叶子的美感

早上起来的时候，就听到外面"滴答滴答"的声音，下雨了！披上睡衣到院子里时，地上湿漉漉的，但因为雨小，只是湿了地皮，却没有水流。看上去，蔷薇还有不少红色的花开放着，这是蔷薇最晚的花，小小的花朵簇拥在枝的角落里，看上去，并不分明。叶子在小雨中，支棱起来听事的感觉，醒目得很。再看架上的藤萝，在雨丝中静默着，老公出来看时，说："咦，藤萝的叶子也有不动的时候啊！"是啊，只要有一丝丝的风，藤萝的叶子就会甩来甩去的，围绕着叶梗，旋转个不停，而今天，却纹丝不动，好像处子一样安闲自在。微雨中，是不用伞的，有伞反而会破坏看雨的兴致，我攀到屋顶，看看那些浅绿色的藤条在雨中是一种什么样的感觉，有一根从架子上斜下来了，我小心地把它捋到架子上去。这些在不断扩大领地的藤条，从来都是弯曲着生成的，大概自然界中的一切，包括人的成长就不会直的，这藤萝弯来弯去中，就把一片空间窝进自己的领地。"它每晚会长长多少呢？"我目测着长度，虽然说不太准，但一巴掌长是准有的，于是就想到了一个主意，今晚弄条红绳当作标记，明早起来查看，就有数了，想到明天就是端午节，那不更显得有意义多了。

今天也包粽子，是专为婆家的人包的，虽是雨中，心情却格外好。因为端午节到了，为自己做食品，心情焉能不好？

2013 周三 06·12 端午节粽香缕缕

今天是端午节也是我的生日，今天的独有食品就是粽子了，也不知道是哪个绝顶聪明的先人发明了这种食品，把红的红、白的白包进绿的绿中时，就感受到传统文化的魅力。我在蒸粽子的时候，会在算子的上面压上一块大石头，让石头底下的粽子虽然受热在膨胀，但却胀不动，于是粽叶里的米就产生了胶一样的黏性，吃到口里时，是黏而不是软，如同橡皮筋一样有弹性。当我搬起那块石头时，老公就在一边笑得不行，说："你呀，光烧热这块石头，就得一捆木头，要叫娘看到了，一准笑你是个败家娘们儿。"我藏住心头的笑意，并不答话，只顾忙自己的。而当蒸出来的粽子放到盆里时，我脸上的汗水就那么"吧嗒吧嗒"地往下滴。我看着自己的劳动成果，那些挨在一起的粽子，挺着厚实的胸脯，撅着尖尖的屁股，就像一只只小企鹅。这样肥实的企鹅，咬上一口，什么样的口感啊！

吃到我包的粽子的人，都说我包的粽子好吃，我就说："我们家的粽子里有一味别人家的粽子没有的调料啊！"他们不解，我就说："不骗你们的，是蔷薇花啊！在花架下包的时候，不时就有蔷薇的花朵落到水里呢，有时就落到米里，我虽然都会小心翼翼地拣出来，但花的香却是留在了粽子里。"于是这些吃粽子的人，一边呈饕餮之势，一边笑我是世上最浓的花痴，有世上最浪漫的情怀。

2013 周 06·13 四　悠悠的感觉

　　蔷薇花开的时光已经过去了，我在屋顶上，极尽自己的目力搜索，看到在最远的北屋的房顶上，还有一团正在开放的蔷薇花，粉扑扑的色泽，娇俏的容颜，如同隐在远处的一抹胭脂，又像是隐在帘子后面的一个笑容。繁盛的景观过后，最美的就是留存于记忆中的一切，画家、摄影家倒可以把这种美留下来，成为永久的艺术品。而我一支笨拙的笔，会不会留它们的芳香在纸端呢？

　　枝头的粉色褪去，绿意泼洒起来，浓浓的绿意中，筛下半院子的阴影，我时常在这阴影中忙碌，或是择菜，或是洗衣，或是扫那些落下来的琐琐屑屑，总之是安静下来的时候不多。光影中，黄狗总是不离我左右，看它的时候，它也会用黑黑的眼眸与我对视，然后再慵懒地趴在地上，想那别人永远也搞不懂的心事。洗出来的花花绿绿的衣服或是床单晒在院子里，就特有过日子的那种美感。再有情调一点，就会把衣服挂到西屋顶上，于是衣服就会在那里变成旗子，"呼呼啦啦"地飘来飘去，与架上的藤萝一起舞动个不停。这时候，我会拿个马扎，坐在藤萝架下，看天空、看绿叶、看屋顶、看红瓦，有时就会看到白云从绿叶间飘走，这才是真正的悠悠的感觉。

2013 周 06·14 五　我就是一朵蔷薇花

　　前几日用锃亮的不锈钢剪刀把开得正盛的花朵剪下来，连晒了几天花朵就干透了。抓一把凑在鼻子底下嗅嗅，一股清香丝丝缕缕地飘出来，芬芳无比。我这样把花香留住，如同留住美好的记忆。

做好装花的枕头，拿出老公绣十字绣的彩线，在淡黄色的枕头底面开始绣字"与美好结缘，枕花香入眠"，每一个字一种红色，"与"是粉色，因为第一眼看到就是它啊。而那个"美"呢，我则绣成了石榴花一样的火红色，因为"美"不胜收啊！"缘"字，我绣成了绛色，因为所有的缘分都需要沉淀，更需要积累，凡是浅的缘分，那一准儿是经不了风雨享不了彩虹的。

把枕套绣好，然后把花瓣装得鼓鼓的，抱枕头在怀里，轻盈的感觉，把头埋在枕头里，整个人的感觉是与花一起，此时脑海里涌起的，是花的海洋。结缘美好，是不是一种境界？入眠枕花，是不是最高级的浪漫？沉思中，我感觉自己也变成了一朵蔷薇花。

2013 周
06·15 六　妈妈，这个人是心理医生

晚上，有对母子来做咨询。因为担心儿子智力有问题，但又不敢去医院检查，怕给孩子造成阴影。母亲的妹妹和妹妹的小孩也一起请来了。我把学生上心理健康课时的材料拿出来给两个孩子看，他们很有兴致。我很温柔地问："我们也来画一个好不好？"两个孩子就要来纸和笔，开始画。我观察着那个要做咨询的孩子，感觉他的悟性还是很高的，当修改时，告诉我说，他感觉舒服了。当画像完成后，我示意孩子的妈妈留下，另外的三个人到外屋玩会儿。这孩子要出去时趴在妈妈的耳边嘀咕了一声。三个人出去后，这位妈妈告诉我，儿子趴在妈妈的耳边说的是："妈妈，这个人是心理医生。"我问这位妈妈："那你还怀疑自己的儿子智力有问题吗？"妈妈不好意思地笑了。我跟她分析，孩子其实是注意力不能适时地维持，这往往与他对自己所做的事情没有感觉有关，于是继续分析孩子的自信程度、沟通能力及心灵的创伤，我了解孩子的爷爷奶奶看护他极紧，从小几乎是寸步不离，而且对孙子的要求是有求必应，怎么会有心灵创伤呢？妈妈的眼泪下来了，跟我说，她的儿子，从小学开始，就在班里受同

学的欺负，有一次，胳膊被一个小女孩啃得到处是疤。这是怎么回事呢？我说："你看，孩子的情况吻合了吧？孩子受欺负，说明孩子的自信心不足啊，不是说'吃柿子单拣软的捏'，一个自信的孩子，气势就会把同伴吓住，谁还敢欺负啊。但一个不自信的孩子就不行了，不敢动，也不敢言，就容易被欺负了。"

过于周到的照顾，往往使孩子形成唯唯诺诺的卑怯性格。

2013 周 06·16 日　任何的失败也比不上教育孩子的失败

今天是父亲节，我们校长跟我聊起了家庭教育。他说奥巴马在今年的父亲节发表演讲，其中最经典的一句是"如果我们的家庭失败，那么我们的成绩将黯淡无光"，是啊，任何的失败也比不上教育孩子的失败。

2013 周 06·17 一　娘的"葵花宝典"

今天在家倒腾书橱时，又一次把娘的"葵花宝典"抱在怀里久久不肯放下。娘去世已有七个年头了，对于娘平时生活的点点滴滴，对于娘生前的喜好，那是无论经历多么长的时间，也不会淡去的记忆。

作为娘的长女，拥有着对娘的遗物至高无上的处理权。在娘生命的弥留之际，对娘的贵重物品征求娘的处理意见。娘生平喜欢的物件，娘喜欢的衣服，娘平时使用的一些小器皿，我都征得娘的同意，会跟着她一起走，陪伴娘到永远。唯独对于娘走到哪里都随身带着的"葵花宝典"，厚厚的一大摞，我在娘同意后留了下来。在我以后颠簸的生活里，六年的时间学习心理咨询学习家庭教育，异地而居的时间很长，且辗转不定，这"葵花宝典"却一直陪伴在我的身边。

娘年轻时识字不多，在她忙于生计的大部分时光中，她是无暇顾及文字的，她所有的时间和精力都耗在了一家人的衣食住行上，那样的年月，七个孩子的衣食需要倾注什么样的心血，真的是难以衡量。何况我的父母是过了半辈子的分居生活，父亲工作的单位总是离家很远，远到他无法去对自己的家庭尽应尽的那份责任，所有的一切生计，所有的一切操持，都是娘用自己柔弱的身躯承担着。我刚刚记事的年月里，印象最深的是娘房间里整夜整夜亮着的灯光和灯光下娘纳鞋底做棉衣的身影。在她年老后，特别是在她照顾父亲近两年的时间，父亲远逝，我们姊妹都已自立，连最小的五弟的孩子也开始上学后，娘就彻底从生存的层面解放出来，她的生活变得安逸清闲，不再为衣食操劳，不再因家务缠身，于是娘开始过自己的生活，娘骨子里对文化的那种渴求日益强烈起来。我们姊妹七个与娘难得的团聚日，娘多不会与我们费许多的时间去做美食改善生活，而是拿着本子和铅笔，像个小学生似的恭敬而又虔诚地跟我们学习写字。其时我的娘已是七十岁的高龄，她戴着老花镜，全然白了的头发与有些颤巍的动作，总给我说不清楚的复杂感觉。娘的那副老花镜是父亲用过的，有一次几个小侄子在一起顽皮打闹，把一条眼镜腿弄折了，娘就用一根粗粗的线绳捆扎，一条细细的眼镜腿架着眼镜，一条粗线挂在耳朵上。娘就经常戴着这样的老花镜跟我们学习文化，阴差阳错，这样的眼镜戴着是出奇地牢固，永远不会从鼻梁滑落下来。在上海工作的大侄女每次看到这场景，都会抑制不住笑意地说："奶奶真酷，戴着眼镜学习文化，好像戴着探照灯，很明亮的感觉吧？"娘菊花一样的笑靥就绽开在眼镜的后边。

几年下来，娘竟然积累了厚厚的一大本。最初使用的那个本子是父亲退休发的，褐红色的封面上，一棵嶙峋的松树张扬着占去了大半个封面。封面的上方，烫金的草体字"离退休纪念·周谷城题"，即使在黑夜里也会熠熠生辉。这在 20 世纪 80 年代初定价为"3.5 元"的本子是很高档的。记得当初这个本子拿回家时，自幼霸道的习气驱使我一下子把本子抢在了手中，本以为仗着父母掌上明珠的身份就可以拥有对这个本子的使用权，没想到父亲却笑眯眯地说："把这个本子给你娘吧，你娘也喜欢这东西。"当时我还想娘要本子干啥？她又不做读书笔记。没想到娘后来让本子派上了大用场。包装精美的本子因为娘的积累价值越来越重要，我们从远方回到家，跟娘唠家常时总忘不了翻翻这厚重的本子，同时也忘不了给它补上最新的内容。我时常对皮打皮闹的侄儿说："不要动你奶奶的本子，那可是我们一家人的'葵花宝典'。"于是，侄辈的孩子对这本子也肃然起敬起来，因为他们太过于崇拜武功秘籍《葵花宝典》了。这本子在我们家也就真占据了"葵花宝典"一样的地位，不仅珍贵，而且神秘。

常常感动于娘对于文字的痴迷，常常感怀于娘骨子里对文化的那种渴求，所以在儿子还上小学的那个阶段，我总是辅导完了儿子的作业，再对娘传授文化。当我和儿子趴在一张桌子上温习功课的时候，娘就常常在一边拿着儿子的语文课本翻来覆去地看。儿子背诵课文的时候，娘总是入迷地翻动着儿子的书，背到哪里翻到哪里，她在逐字逐句地对照学习。现在，常常怀想那样的晚上，橘红色的灯光下，一老一小两个学生聆听着我的辅导，四只眼睛一样炯炯有神，一样求知若渴。儿子学业有成了，娘也成了学问不浅的文化人，在她交往的那个圈子里颇有威望，是老头老太太们心中的偶像，俨然成为我们村子里老太太的"学科带头人"。娘的小院子，总是收拾得清清爽爽，高大的梧桐树下，开得正艳的月季花前，一张永远也撤不掉的小方桌，上面不仅摆放着茶具，也放着识字课本和娘的"葵花宝典"，当然了，还有那副永远也不会退休的老花镜。

这样几年下来，娘的识字能力已经超过小学文化水平。我常常跟儿子戏谑，在校学习的学生要是有姥姥这样的学习劲头，保准个个会学成博士。娘的进步与日俱增，在识字这一关过去后，她就开始形成自己的文化风格了——她开始传抄她自己命名的"佛"。这些"佛"都是农村的老太太们口口相传的土著文化，这些顺口溜形式的"佛"，多是为子女祈福保平安的祈祷语，内容丰富，面面俱到，包含着真挚的祈求子女健康、平安、幸福的朴素愿望。也有一些劝慰老人生活要豁达宽心的箴言，成段成行，且韵脚工整。于是，慢慢地，娘学文化的形式在变化中调整，在调整中进步。娘不再缠着我们学习字、词，而是由她口诵，我们给她做忠实的记录。当我们没有时间的时候，她就自己工工整整地记下来。这个本子，可是我们家所有成员的书法比拼大全，从我的哥哥到我，到我的妹妹、弟弟，再到我的侄女、侄子，都有墨宝在上面呈现。当翻着本子的时候，弟弟总是说："文化人就是不一样，看姐姐写的字如印刷出来的一样，怪不得娘总把好吃的留给你呢。"而我，则是每每看到娘工整得如小学生的笔迹时，心底里的感怀常常涌动着，不能自抑。每每看到娘幼稚的笔画时，总是想我一定好好地做学问、写文章，娘对文化的痴迷常常成为我在电脑上行云流水打字的动力。

集腋成裘、聚沙成塔真是至情至理，娘的本子越钉越厚，四五个大笔记本钉在一起，厚度眼看超过了《现代汉语词典》——妹妹运动会发的奖品本子成了娘的至宝，我在学校发的笔记本也成了娘的至爱，还有儿子日记本余下的页码，也被娘小心翼翼揭下来钉在她本子的后面。随着娘功课的深入，"葵花宝典"的内容也日益丰富起来——除了那些为家为子女祈福的"佛"外，宽心谣、张生与崔莺莺的唱段、小学课本的唐诗，还有娘自己童年时候背过的一些段子，像"小老鼠上灯台"之类，娘都戴着老花镜做最详尽的记录，连《朱子家训》也上了娘的"葵花宝典"。那年我带娘去上海、杭州旅行时，晚上在大侄女家，老公鼾声已经山响，儿子也四仰八叉地睡得正香，娘则在灯光下津津有味。我凑近一看，娘又在看她的"葵花宝典"。几千里地，行李就已是极大的累赘，娘的行囊中却有这"葵花宝典"的位置，我不免唏嘘。我打着哈欠说："娘啊，你可真是拳不离手，曲不离口啊！"没想到我的话还没有说完，娘却拿着铅笔说："你刚才说什么？慢点，我记下来。"于是在上海大都市的灯光中，我七十五岁的老娘白发映窗，工工整整地在"人有双手和大脑，会劳动、会创造。机器干活快又好，机器还要人来造"的下面写上"拳不离手，曲不离口"。

后来，娘病了，失去生活自理的能力。为了照顾的方便，娘需要与儿子的家合并，于是娘离了自己的院子，与儿子合住。从大哥家开始，到二哥家、到四哥家、到五弟家，其时我的三哥已经长眠于地下。在不同的家庭、不同的房间、不同的床上，娘的枕边总有两样东西——我带她去上海时拍下的照片，一个不薄的小影集；娘的"葵花宝典"。在娘被病痛折磨的时光里，在她被病痛折磨得夜不能眠的漫漫长夜里，这是娘最好的镇痛剂。"书犹药也"的功用在此得到了最好的证明。

看着生命已不可能挽留的娘，总是抑制不住泪水成河。娘清醒的时候，总是用瘦骨嶙峋的手摸着我的眼皮，说："傻闺女，不要哭了，哭肿了眼皮，多难看！没用的，娘该走的时候，什么也拦不住的。哭肿了眼，娘会心疼的。"看着娘的病体，知道该走的谁也留不住，想想远去的父亲，想想英年早逝的三哥，什么能与生命相抗衡？但看着娘的那双热望的眼睛，却怎么也止不住眼中的泪水。拿什么告慰娘啊，用什么安慰娘啊，我知道，娘要的，不是泪水。于是，在娘清醒的时候，我看着娘的眼睛，我跟她说，娘你放心，我一定要好好努力，等我有能力的时候，我一定把你的这些至爱整理成一本书，我定要让更多的人知道你。

娘也许是在一种美好的企盼中闭上了她那双有神的眼睛吧，我想。在娘远逝后的日子里，我不再懈怠，我知道当生命还有能力的时候，应掌控自己做什么样的拼争。我不再年轻的胸腔里涌动着一种渴望——我不能负了娘的那双企盼的眼睛，我更要实现对娘的承诺。但一个前提是，我要有足够的能力。

从今年的寒暑假开始，在我停下对自己作品的刻意雕琢后，我将开始整理娘的"葵花宝典"。热泪滚滚中，娘的那双眼睛清晰可辨——它们已经成为我心头的灯火。

2013 06·18 周二　什么叫长大

下了近一天的雨，雨有时大，有时小，水积到地上，就使地面变成了明镜。雨下得正欢呢，三哥带着他的儿子来打球。三哥跟我说他开车到很窄的一条胡同里，有一个精神不太正常的人，嘿嘿地笑着，拦住了他的车，然后隔着车窗玻璃跟他扮鬼脸，跟他打招呼，跟他装兔子耳朵。路太窄了，他不敢开，后面堵了一溜的车，后边的司机不耐烦了，不住地按喇叭。幸亏旁边一人，见状把那个拦车的人小心地拉到路边，他才逃也似的把车开走了。我说："记得有人说过，什么叫长大？当心里能装下别人的痛苦时，这个人就真正地长大了。什么叫心理健康？能懂得别人的需要就是健康。你看这个傻子，哪懂得别人的需要啊！"三哥看看我笑着说："那你是懂得的，你不仅懂得人的需要，还懂得植物的需要。天热得令人躁动不安时，你却安之若素，你想到天越热，植物的生长会越快，你因植物的需要而欣然，不感到燥热。你的心理健康指数，应是最高的了吧？"我害羞地笑了，自己承认，确实在天热的时候很安然，因为我想到这样的温度正是院子里的植物生长最欢的时候，我往往因为它们的快乐生长而欣喜，自己也就感觉不到那么热了。不过还有一层意思，我时常想到自己是个有福气的人，因为院子里的植物把热都吸走了，我蒙它们的荫而不热，这也是成全啊！

2013 周三 06·19 谈到马国友

今天一个文友来访。我提上水和茶具，跟他到西屋顶上喝茶。自从这个别样的客厅落成后，有共同喜好的人来访，我们就经常坐在藤萝下喝茶谈经论道。我们谈到安丘诗人马国友，感受他的诗"苍天有泪，岂能无眼"的孤愤之情，更为他的早逝而可惜。说着说着，文友拿出他的一份合同，是成都宇文化公司与他签订的，公司答应为他出书，但要他自费五万七千元，他手头的钱不够，还差六千。我当时很为难，想想自己今年是经济最难的时候，但我太知道出本书的艰难了，可手头上确实没钱，我打电话向同事借了三千元钱。

文友离去后，我想想安丘诗人马国友，我就是再难也比马国友强多了，我有固定的工作，我有大量余暇做自己喜欢的事情，我还有这么多支持我的人，我多么幸运啊！

2013 周四 06·20 精神贵族

早晨做好稀饭后，就在蔷薇架下择韭菜，阳光被蔷薇的枝条切割成了一条条光亮的丝带，从厨房的门口里飘出来的缕缕热气，把这一小片天地笼罩成了山岚雾气的感觉——这个时候，我感觉自己是精神的贵族。把韭菜择好后，我到屋顶看藤萝，有一根藤萝的触须伸到北边奔拉下来，我用一根绿色的毛线把它捆好，看看这一片属于自己的天地，神也清气也爽。

晚上三个女同事到藤萝架下喝茶。我们坐在绿色环绕中，顶上叶子飒飒，邻居的灯光朦朦胧胧，因为叶子的阻挡，就把光线艺术地处理成了线形。时间是农历五月十三，月光应是姣好，可因为天有点阴，月亮穿行在云层里，如同美人的脸，说不出的娇羞。我们一直玩到九点半，才意犹未尽地散去。送她们出去的时候，我想起了丰子恺的名画，想到天上的那一钩残月，而今天晚上天上挂的，是一轮圆月。时隐时现的圆月，感觉更好啊！

2013 周 06·21 五 第一次接触这些东西,感觉真好

晚上，成功地做了个咨询。一个学习成绩很优秀的男孩子，三四天不上学了，母子来咨询时，妈妈多的是对孩子的担心。当在坐院子里的蔷薇花下聊天时，妈妈开始说儿子不上学到网吧里，两天两夜不回家，儿子就很拗地阻止妈妈，当妈妈说到疼点时，他干脆用手捂住了自己的脸。我笑着，并不多说话。等妈妈说得差不多了，我带母子到治疗室。

交谈时发现孩子的安全感有点问题，我让他回忆自己小时的事情，特别是三岁左右的时候，他立时就说："有，是三岁，而且记得很清晰。那天，我回到家，天已经黑了，奶奶去了二大爷家。我摸黑去找，后来天完全黑了，我怕极了。当我跌跌撞撞地走到二大爷家时，神志有些不清。我进屋去，看到桌子上有一杯水，端起来就喝，结果，水还没有喝完，人就昏倒在地，于是就住进了医院。当我醒来后，才知道那杯水是滚烫的，我把自己嘴里、食道里、肚子里的皮全烫坏了。""那么，受伤后，感受到家庭的温暖了吗？""感受到了。躺在床上，跟爸爸要自己喜欢的小汽车，爸爸跑了好远的路给我买来了，感觉特幸福。"我问他："你觉得这件事情，到现在，在你的心里，还在起作用吗？"孩子很肯定地点点头，说："起作用，我试出来了。"但具体怎么起作用他又说不清楚了。我跟他分析人有时会产生一些逃避行为，比如不去面对挫折，到网吧里去就是一种逃避行为，而这种逃避就是小孩子的行为模式，现在知道这个了，就要自己做调整。我给他分析"伤害""安全感""沟通""退行""疗愈""惠及他人"，他都很有感触，他的领悟能力确实高。结束时他很轻松地说："第一次接触这些东西，感觉真好！"

2013 周六
06·22 人生也需要轻轻地一拨

早上给丝瓜浇水时，发现丝瓜的长势是疯了，有两根已经攀缘到屋顶，还有一根长歪了，我用竹竿把它拨到它该走的方向——因为这里有极大的发展空间。拨弄的时候，就想到了人生，就想到了咨询，是呀，人的行走，有时也需要别人那么轻轻地一拨，这一拨，就是一种调整，因为任何事物在世间的运行，都不是直线型的，人的成长也不例外。有一份外力的时候，方向可能就变了，生活的轨迹也会随之发生改变的。这种改变，有自己明晰的选择，也有别人的智慧，所以，前趋的空间一定是大的，其间理性的成分也是多的——这就是咨询的功德。曾记得有人说过"恶尽为功，善满为德"，我对此理解为，功为付出，德为圆满，也就是说修行，第一步，当然是自己的改变。人前半生走的是"不要怕"，前半生多会为将来担心啊！后半生修的是"不要悔"，因为经历太多，易生出"早知道"的心理啊。否认多了，心也就苦了，用一颗苦的心，怎么能尝出生活的甜呢？

2013 周日
06·23 丝瓜的长势

丝瓜的长势真好，都爬到架子顶上衍生了一小片绿色，枝丫间，生出了花的蓓蕾，雄花如同鼓起一小堆的泡泡，而雌花如一条小小的绿色的虫子弯在那里，尖上凸成一圈，让人忍俊不禁的是，它与雄花隔着那么一小段距离，创造受粉的艰难啊！

院子里的看点

今天看丝瓜，就有足够的看点，因为它已经有三根爬到架顶了，昂起的头与架面大致成四十五度的角，很给力的感觉。茎上的叶片表面光滑，而朝里的一面则是极为粗糙的。我把手掌展开，就放在一片叶子的表面，发现两者的形状竟然像到了极点——叶子的五个角，中间最长，如同我的中指，四个分列两边。回到院子再看佛手瓜时，叶子也如手掌。我在想啊，难道对于植物来说，叶子就是它们的手吗？嗯，还是有一定道理的，它们需要用手来抓。而根，当然就像人的脚了。人的手代表的是人的执行力，而植物的手呢？是与大自然的连接吧，与阳光亲吻与风儿嬉戏也与雨水承欢。对了，人也只有行动起来，才能与外界连接嘛。想到这里的时候，我笑了，我像不像个思想家呀？

目光的力量

一对母子来咨询，因为儿子达不到妈妈的期望，所以亲子关系就很僵。在进行了成长点的梳理后，孩子明白了当下的自己应如何做，他自己做了很好的承诺时，我问他："可不可以看着妈妈的眼睛承诺？"孩子拒绝了，他把自己的头别过去。我把他的手放到妈妈的手心里，一开始他想挣脱，但妈妈用力握住了。他挣不开，于是只好就僵持在那里。我放一段音乐给他听，让他的情绪平静下来。他在音乐中慢慢地抬起了头，开始看着妈妈。当我让他看着妈妈的眼睛许诺时，母子俩的眼里都是泪水。

亲子之间目光的沟通很重要啊！亲子之间目光的交流有时会胜过千言万语。可是很多时候爸爸妈妈不会看着孩子的眼睛说话，而是自顾自地沉浸在自己的感觉中说个不停。

今天去找新安教委的主任办事，就有缘去拜访我家藤萝的"娘家"，它的"娘家"是新安教委，离我们家近三十里路。我想，看风景嘛，还是轻松一些好，于是就决定骑自行车去。

我家的西屋跟东屋都是平顶。2009年我心血来潮想在西屋顶上搭一个花架，在院子里植上藤萝，藤萝攀到西屋顶上的架子上，就可以春天赏花夏天看叶秋天看藤萝，就有很多的时间可以坐在藤萝架下赏花、喝茶，想心事、写文章。跟老公商量时，他竟然用异样的眼光看着我，仿佛我是天外来客。在屋顶上搭建花架是一个不小的工程，这事我是捯饬不了的，没有老公的支持一切是零，可他不想做我不会来硬的。过后的那么一天，我看他心情还好，于是商量跟他到一个地方去玩，他欣然同意了。当他开着车出去时，坐在副驾驶位上的我说话还是有点分量的，我左指挥右指挥就把他指挥到了新安教委，我知道这里的藤萝架已成一片风景，尽管花开如海的时节已过，但夏天绿色张扬的藤萝同样魅力不减。果然，来到这里后，看看藤萝这一片绿色的海洋，再看藤萝下停着的小轿车，一边饮茶的小桌，老公的眼光有点直了，他自言自语："咦？这么好啊！"人的心都是相通的，特别是爱人之间，只是当那个共振点没有达到时，用点小小的手段智取而不要强攻，往往就能达到自己想要的结果。回家后不用我说了，老公想办法弄钢管跑电焊地设计了，而且还架上了木质的梯子。嘿嘿！老公用了一个月的时间把藤萝架设计成了完好的艺术品，好朋友帮忙从新安教委移栽，藤萝就来我家扎根生长了。

现在，当我兴致盎然地骑车赶到新安教委时，迫不及待地去看亲人一样的藤萝，绿意仍在，生机仍在，只是缺少修剪显得乱蓬蓬的，只因新安教委已经搬离，这藤萝就失去了旧日容颜，如同打入冷宫的美人。回到家里已经五点十五了，我成了一个饕餮的猛兽——一口气吃了一盘子荔枝，又一口气吃了两个拳头大的西红柿！老公看着我，奇怪地问："你参加马拉松比赛了？"我说："差不多！但整个赛程就我一人，而且是骑自行车。"

2013 06·27 周四 要放也要收

丝瓜的叶子足有蒲扇那么大了，中午的阳光好像有毒，晒得丝瓜叶子耷拉着，边角都垂了下来。

今天做的咨询有些乱。因为孩子的不改变，家长急了，于是想弃而不管。咨询中得知，孩子对电脑迷得不行，父子间整天就是"电脑保卫战"——爸爸绞尽脑汁设密码、藏电视的机顶盒，而儿子却与爸爸展开了反击，自己学习解密码方法。说着的时候，我感觉这父子如同猫与老鼠，所有的精力与时间都耗在了这上面。我跟家长说，孩子玩这个不犯法，也没有人身威胁，为什么不相信他呢？让他玩，给他时间，然后跟他约定时间，他违反再惩罚他。这样的孩子多数是天才，也许几年后，他在电脑方面真能创出点什么来。孩子的事情，不是禁就能让他成才的，要疏要放，但也要收，这期间，度的把握很重要。我还是相信，家长对孩子的信任就是孩子的一份定力。

但这位爸爸还是坚持自己的做法。过后得知，这孩子从此不去上学，在家待着，成了家长的心病。

2013 06·28 周五 迷途知返不容易

有一根佛手瓜不顺着竿子爬，自己长歪了，悬在空中耷拉着头，我找来一根绳，把它强行绑在竿子上。可是没几天，它又长歪了，又耷拉着头悬在空中。我费尽心思，在屋顶上先是悬下一根长竹竿，竹竿上挂着一根绳子，如同钓鱼一样把它钓上来，然后又把竹竿固定好，心想这下可以万无一失了。可是今天看它时，它又一如既往地长歪了，瓜藤又细，叶子也细，本来比它矮的好几根，都"嗖！嗖！嗖！"地长到它的前面去了，它还迷茫地挂在那里，没有方向，没有目标，路都找不着——不顺着竿子，它无法攀缘到它成长的地方，只能在空中像个吊死鬼似的，再过一段时间，它的芽就会萎缩。我看着它，真有一种无可奈何的感觉，而它也让我想到了那些走弯路的孩子，他们就是这样迷途而不知返，自己的生命也得不到很好的发展。想要让人改变，多难啊！

中午的时候，就接到那个此前因爱而乱了方寸的女孩子的电话，她告诉我最近她的情况："阿姨，经过你的开导，我前段时间学习特别认真，成绩大大回升，在前段的一次月考中，我考了全班第一名，家长、老师还有我自己都特别高兴。我以为自己已经把那段感情放下了，可是前几天我发现他又交了一个女朋友，心又难受起来。我不断地告诫自己，无所谓，他这么耐不住寂寞，压根儿就不值得我为他难受，我照常笑照常玩，表面好像已经满不在乎，可是却静不下心来学习，脑子里的血管好像要胀裂一样。我明明没那么喜欢他，却为什么这样？期终考试就要来到了，我该怎么办呢？"

听到这样的消息，我的心也沉重起来，我知道，人太在乎的东西，不可能一下子就能放下的，而她当前出现的这样的感觉，也在正常的范围之内，要不怎么有"剪不断、理还乱"的感慨呢，要不怎么有"缠绵悱恻"这样的字眼出现呢，要做到"你见，或者不见，我就在那里"的境界，决不是这样年龄的女孩子所能做到的。但因为在电话中，我只能先告诉她，先接受自己身体的这样一种状态，不要排斥它，当情绪极度不好的时候，不要强迫自己，先让自己静下来，然后跟自己说："我知道，这是正常的。我知道，会有这样的感觉。"而情绪好些的时候，就要提高时间的利用率。这样维持着，先到期终考试，一切等考试后，可以利用暑假这个大块的时间调整。最重要的还是要从学习上找感觉。

人的情感，也是在历练中成熟起来的，"拿得起、放得下"才是好境界，不能放下，什么时候都是一种煎熬。

2013 周六 06·29 成长的风险

妹妹告诉我，说我的一个发小的儿子，前几天去水库里电鱼，电死了，他的妈妈心疼得几次昏死过去。二嫂告诉我说，那个孩子从小就不听话，父母的话是一句也不听，出事的那天，是他自己用一张破铁丝网改造了一张电鱼的网，结果漏电，把自己给电死了。我说："这样的孩子，出意外事故的频率高，因为他们不守规则。"二嫂说："可不是嘛，这样不是就有很大的危险。"规则给人最大的好处就是安全，守规则的人，相对于那些不守规则的人，风险会小很多，可人往往以为规则是一种束缚。与妹妹和二嫂聊到这里时，我说："哎呀，我可以把这个写成一篇文章的。"二嫂说："你呀，什么时候也忘不了写文章。"

2013 周
06·30 日 植物是我们的老师

今天有充分的时间观察。先去看丝瓜。它的底下已经开出了黄色的花，五个花瓣就把花朵装点成一张圆脸。至此我忽然悟到，大自然中凡是结果的花，好像在我的认识范围内，都是黄色的，噢，石榴花是红色的。特别是结瓜的植物的花。黄色的纯正不只是在美术方面，更在于增加自己的吸引力吧。看看丝瓜的花，架子底下开的全是雄花，爬到架子上后，雌花才开始探头露角，有一个最大的雌花的花蕾已有一根牙签那模样了。我心里有一种小小的感动，哎！雄性的力量就是充足啊，当生命还没有进入到一种成熟状态的时候，雄性的力量就是先遣部队。当生命成熟后，雌性力量大起来，多数雄性力量就开始退化，直至最后的消失，敬畏感啊！生命！前几天看的时候，有四根丝瓜爬到架顶了，今天去看时，已经发展到十二根了，既已扬花，很快就会结果，因为大量盛开的雄花已经做了铺垫。

植物，可真是我们的老师啊！

7月

2013 周 **07·01** 一　　我就这样吃水果

　　今天去大姐家。去时大姐正忙着呢，她案子上的一个大芒果不太好了，表面起了一块斑皮，黑黑的如同一只眼睛。我问："这么贵的水果，怎么不吃呀？快烂掉了呢。"大姐说："我正想扔垃圾桶里呢。"我把芒果洗了洗，拿小刀把快烂的地方去掉，然后小心地把皮剥去，就露出了淡黄色的果肉，我两只手撮着，嘴巴尽量凑近些，那样子就如同蚕吃桑叶一样，很快就把一个芒果吃掉了。一边的大姐看呆了，说："你就这样吃水果啊？"我很满足地擦干了嘴巴，然后说："是呀，我就这样吃水果。你还没见我吃草莓呢。我把草莓洗干净，光华灿烂的一盘放在面前，就一个一个地边看颜色边吃，这样一气下来，就能吃掉一盘子的草莓。"大姐说："怪不得你的精力这么充沛呢！"

2013 周 **07·02** 二　　读书到心痒

　　有谁知道读书会读到心痒痒的那种感觉？那种感觉，如同有一株细细的草，从自己的鼻尖轻轻地拂过，然后就有一种喘息的冲动，这种冲动其实就是想表达想诉说。静静的屋子里，我在灯光下对影成两人。扇动鼻孔闻闻，屋子里有一股淡淡的霉味，因为连续的雨天，潮湿中就透着霉气了。淡淡的霉味袭来，越发加重了心的痒痒。

捧着这本书，有一种不舍得，不舍得一下子把它读完，真像见到了一位老朋友，遇到了一个知己，能撩动自己的心弦，把自己的心音弹响了。读书会净化人的灵魂啊！当精神更新后，纯净和欢乐的状态就意味着皈依。亲爱的自己，此时我深情地问问你：你有过这种感觉吗？有的，似曾相识，也似曾相知，风一场雨一场的，经历的太多了。什么时候？什么时间？抚额细思，再想想……啊，终于想起来了，那是读王蒙的《我的人生哲学》，那是王蒙在书中阐述"身外之学与身同之学"的时候，能把书读得心痒痒起来，就是身同之学的开始。"人需要打碎自己，把自己重新组合，才能获得新生。"这精神更新后，欢乐和纯净就会到来，想要的生活会如约而至，自主的生活会如影随形，这不是福音吗？"微斯人，吾谁与归？"有的，在书中，在读到心痒痒的地方，是一定会有与自己同归的人，他的思想在闪着灵性的光。

人要做成事情，心灵必须是沉静的，一颗浮躁的心急功近利，焉有成功之理？这种沉静由心灵的谦虚和理智的纯洁组成。这种组成是一个人成事的基本条件。我有这种境界吗？一颗成熟的心灵，必然是谦虚的，也必然是理智的。还记得王蒙的语言吗？"什么是思想？就是经历沧桑之后的智慧和清明。人生要达到怎样的境界？是承担一切痛苦与忧患之后的明朗，是历尽坎坷与艰险之后的踏实，是面对人生百态而有的超然自信，是能够咀嚼并消化苦难，是九死而未悔，是百折而未挠，是赴难而如归——这种境界从何处来？从学习中来。这就是人学习和经历后，社会化的最高境界，当拥有这种境界后，就可以虽临危而从容，并能宠辱不惊，以一种超然的自我生存。"——通了！通了！此时心不再痒痒，一种人的通感建立起来，这是同一种观点，不同的说法，异曲同声啊！读书至此，心更加明朗。

此时，窗外弦月高挂，心中一盏明灯。此时两行清泪洒下，心灵的悸动是如此的难以平息。我把这些内容整理收拾好，心不再痒痒。

2013 **周**
07·03 **三**　　菊花茶

泡上一杯菊花茶，花瓣盛开在琥珀色的水端，苍白的容颜着上淡淡的黄色，裙裾般的花瓣张扬开来，在水中如蝉翼般颤动，包裹着细小如须的米黄色的花蕊，花朵如睡醒般的绽开已有的容颜，水里就多出了几多的内容，几多的韵味。丝丝缕缕的热气从花瓣的缝隙中冉冉上升，作一种袅然的飘散，消融在午后的阳光里。

菊花经过春夏秋的积累，经过沧桑的沉淀，岁月风干了她的躯体，蒸干了她的容颜，只把一个空的躯壳保存了下来。一枚没有水分的花朵，蜷缩着苍老的身体，把一生一世的故事紧紧裹起，尘封在无语的世界里。经历了多少的时光流转、似水流年，偶经一杯温水的浸润，她如盛装的女人般复活了，不是复活在空气中、阳光下，而是盛开在柔柔的温水中。在清澈透明的水中，她舒展腰肢，把裹起的沧桑徐徐绽露，把隐藏的故事轻轻释放，惨白的容颜展开，整个花朵依旧有一种开在阳光里的风情和韵味。

呷一口茶水，水从舌尖轻轻滑过，淡淡的涩味充斥在唇齿间。花在水面浮动，诉说着往日的情怀。尘封的故事遇到合适的温度、湿度，是否会如菊花茶一样，再展自己的芳姿？温水如绕指柔，细细地抚摸着菊花茶的每一个层面，花的神经是否已被激活？这呈现于水中的容颜，是否可以称为生命的绽放？只是，她已没有往昔的芳香，花瓣也无往日的色泽，花魂也已不再，她所凭借的全是外在的力量，没有杯中水的浸润，她依旧是一枚风干的蝴蝶，没有了温度，失却了飞翔的翅膀，再也无力划出靓丽的生命弧线。

曾经因为丈夫邂逅他的初恋情人——因他刹那间迷乱的眼神、惶惑的举止、口不择言的尴尬在心中掀起狂涛大澜，那种害怕失去的痛彻曾让我泪水长流，惆怅莫名的嫉妒也让我彻夜难眠。饮一杯菊花茶，我明白了，再美丽的干花于不经意的邂逅中也是一枚风干的尸骸，沧桑虽会绽露，美丽也会重现，但因生命已不再，时过境迁、物是人非，生命的根须已无法链接而根植。

生命如花，开在时间的长河里，它需根须健在，它需枝叶健全，它需要阳光的亲吻，空气的微润。生命中的际遇也如花，只有发生故事的时、事、物、场景俱在，才能孕育出一份鲜活，一切才会楚楚动人起来。而开在杯中的菊花茶，茶水饮尽，花便会被遗弃在一个角落，永无再绽芳姿的机遇了，因为她本身已不是生命。

在阳光融融的午后，我静静地品味着菊花茶那淡然的涩味，心底里堆积多日的苦涩与伤痛已慢慢地消融，我长在阳光里，暖暖的幸福会长存于心底，而阴影是不能够在阳光下生存的。

2013 周
07·04 四　　玩水的感觉

早上打扫完卫生，就在院子里玩水。我把水管子接得足够长，开启水龙头，想想"龙头"一词还真是合适，它会喷水的啊！哗哗的水从龙头里喷出来，院子里顿时变成水的世界。把院子里的琐琐屑屑冲走，西班牙的水泥块不是倩女醮面，而如帅男洗脸了。生命中只要有水的流动，就会生机无限啊，连院子都这样。我如同孩子一样在院子玩水，黄狗在一边撒着欢，扑腾着狗爪子，黄毛都湿了。我拿水泼它，它夹着尾巴跑远了，一边跑一边不住地甩着湿了的尾巴。

2013 周
07·05 五　　丝瓜长成了

早上在家里看风景。这几天天太热，院子里的植物进入了成长当中最快的时期，丝瓜每天长近二十厘米，两根蔓子上已结出了细小的丝瓜，最长的一根已有筷子那样粗。我时常在西屋顶看它，绿色在架子上窝作一团，宽大的叶子铺开在那里，是油油的绿、闪着光的绿，蔓的头高高昂起，如同探路前行的蛇，静态中却流露着不尽的动感。用不了几天，就可以享受丝瓜的美味了，想起生活给予的厚爱，心中又溢满了深深的感激。

2013 周
07·06 六　　花开次第

今天是暑假放假的第一天，在昨晚制订了本暑假的计划后，就要一步一步地来做。

早上六点起来，先到南院子里看丝瓜的长势。当它进入视野时，就是那一小团一小团的黄色吸引我的眼球。花的美丽并不是目的，它所要致力完成的，是生命的延续。当我凑近了看时，才发现以前的判断是错误的，一堆一堆的花苞，是次第开的，详细地看看每一小堆，先开过的留下了凸起的痕迹，那如小伤口一样的细微处，表皮露出浅浅的白色。我数过最底下的一簇，这样的痕迹已有五处，还有一朵花要开，这簇花已经开过五次了呀。当黄色的小花如一张圆脸在熠熠生辉时，那些未开的花苞全隐在花朵的后面，花也懂得先后礼让的关系啊，它们也知道在合适的序位上绽放才能最大化地发挥作用。这多像家庭中的人要有合适的序位啊！

2013 周 07·07 日　未来的亲家来我家

昨天我和老公去潍坊火车站把亲家一家人接回家。亲家母给人的感觉就是优秀的居家女人，评价一个待嫁的姑娘，她的妈妈是最好的参照。中午吃饭的时候，大姑姐、小姑、婆母都来了，我们两个家庭的人聚餐。天虽热，一上午厨房里的大锅就没有闲着。把两张桌子拼起来放在蔷薇花架下，我们就坐在蔷薇花架下吃饭，这饭吃得真是别有一番滋味。小姑悄悄地跟我说，一看就知道亲家母是一个通情达理的人。通情达理多好啊！家人相守的往往就是一个情字。

客人要回去了。昨天我们去接亲家时走的是安丘新修好的永安路大桥，当时天色已晚，彩虹效果的灯光把汶河装点成梦幻一样，亲家边看边说："噢，安丘不错。怪不得我姑娘看中了，原来不仅是安丘的人好，安丘的景也好啊！"我笑了，也顺便说起安丘的新变化，特别是把汶河两岸建成公园的做法，给市民提供了一所游玩的开放式花园，深得市民的拥护。今天她们要走了，我跟老公商量，回去时我们走西环路上的大桥吧，这样我们可以从汶河边走，感受一下安丘河滨公园建设的新面貌。

下午四点多，天气虽然很热，但亲家执意要走，我准备了三把伞，老公把车开到向阳路的西边，我们下车沿河边走着。我跟亲家母一人撑着一把绿色的伞，边走边看边聊。看到清清的河水，水边的芦苇高过人头，被风一吹起起伏伏的，亲家母边走边啧啧称赞，特别是对河边的石凳，她说："你看看，收拾得多好，人们在这里可以放松、聊天，还可以在这里吃东西。"当我们走上汉白玉石桥时，她说这是到了西湖的感觉啊。再往西，看到河里有几处黑乎乎的东西，迎着五点多的阳光，看不太分明，她奇怪地问："那是些什么呀？"我说："是游泳的人啊！只露出个头呢。"她竟然很惊讶："呀，你们安丘的河里还能游泳？全国不是正在找能游泳的河吗？你们这在市区边的河，还能游泳，可真是市民的福气。"我一听，可来劲了，跟亲家说，这河水发源于沂山，流经高崖水库，又经过牟山水库，并没有经过工业的城区，所以水是清的，这一方的清水，就养育着这一方的人啊。亲家母乐了，说："看来我闺女还是很有眼光的，安丘，确实是个好地方。"

2013 周一 07·08 家里举行鲜鱼宴

一个相处很好的球友，他不仅爱好打乒乓球，同时也是垂钓高手。今天他打电话来说他今天收获丰硕，我们可以在家里举行一个鲜鱼宴。等他把活蹦乱跳的鱼拿到我面前时，恍然见到这么大的鱼，好生惊讶！最大的一条有一尺半长，而稍小些的也有一尺长。我们把鱼放在蔷薇架下的小方桌上，就开始看它们，我心想：这些鱼要是在水里，多自由啊！多悠闲啊！可现在，它们齐整整地躺在这里，任我们宰割。蔷薇架下变成屠宰场，鱼鳞横飞，血水满地，老公的手上是淋淋的鲜血，真是惊心动魄。

球友三哥是在峡山水库边长大的，对吃鱼有独到的一手，有才就要适时地表现啊！他就在厨房掌刀做鱼，我只是打打下手，帮着烧个火什么的。我问三哥："需要什么调料吗？"三哥说："什么也不用，就放锅里炖就行了。"我笑了，说："我想也是这种吃法啊，梁实秋曾说'灿烂之极归于平淡'，本质好的东西是不需要加外在的调料来增味的。"三哥称道极是。等到鱼做好端上桌时，一帮球友的球也打够了，于是我们这群"狐朋狗友"就一起喝啤酒、吃鲜鱼，胡吹海侃一通。等到他们散去时，桌子上早已是杯盘狼藉。

早上六点就起来打扫卫生，收拾昨天的残局。一会儿，天竟然下起雨来，"哗啦哗啦"的，我站在院子里，看所有的叶子一起鼓掌，用这种最高的礼仪来欢迎雨水的到来。一会工夫，院子里就积水了。我想，叶子对雨最有感觉了，它用全部的身心欢迎雨点落在自己身上。

2013 周
07·10 三　青州的课程

下午，去了青州的夏庄小学，参加了心理学爱好者组织的一个积极心理学的小沙龙。分享教育孩子的感受时，一位爸爸说他自己的女儿学着做饼，费了一上午的时间，做了一张大饼，用高压锅烙好了，结果饼糊了，糊得黑乎乎的。饭桌上，女儿看着爸爸，爸爸在表扬了女儿的能干后，就在女儿的目光中，一口一口地把饼吃下。女儿问他好吃吗，爸爸说好吃极了！这是他吃过的最好的饼。美中不足的，就是有点糊。相信下次，女儿一定会烙出一张不糊的饼来给爸爸吃。女儿欢欣鼓舞，从此就愿意做饼，现在做出来的饼已经能和面食店的饼相媲美。我不禁为这位懂爱和会爱的爸爸鼓掌。

塞格里曼概括的人做事积极的心理品质是智慧、勇气、仁爱、慷慨、正义、追求卓越。这位爸爸不失智慧也不失仁爱，更有吃女儿糊饼的勇气。这些品质都是帮助一个人走向成功的品质，智慧帮助人们获取知识、勇气则是人做选择的能力、仁爱是人会爱的能力，这都是积极的个人优势，我在自己的生命教育课中，也要渗透这些个人优势给学生。

游学在潍坊

昨晚哗哗的大雨中，我从青州火车站乘车赶回潍坊，去拜访潍坊的心理学名流，得到一本书，是美国的乔·卡巴金著的《正念》，书的副名是《身心安顿的禅修之道》，这正是我需要的。此前曾通过网络学习了正念疗法的理念，现在用这本书来系统学一下，我设想对于癌症等重大疾病的心理干预，结合《生命的重建》来读这本书，定有新的收获。

雨中的情调

晚上，一阵大雨把我惊醒，感觉是天上在往下倒水，院子里传来的都是"哗哗哗"的水声，我打开灯，结果外面黑乎乎的什么也看不到。老公怕院子里积水，打着手电筒出去察看了，回来时变成了落汤鸡。

早上，雨就停了，我看看院子里的植物，依旧长得欢，藤萝已经把最北边遮出阴凉来了，看丝瓜时，三个大的已经能吃了，于是跟老公去摘丝瓜。我们搬着凳子，竟然剪下了四个绿得泛光的丝瓜，够一顿美味的午餐了。为了庆祝丝瓜的收获，我做上四个菜，跟老公在雨声沥沥中喝啤酒。吃到我为他买的咸鸭蛋时，他说："这个蛋嘛，可以命名为'单身贵族'。"我很奇怪地问："为什么呢？"他一边吃一边说："因为太臭了，只能一个人吃，而且吃着很香。要是两个人都在的话，没准那个不吃的人，会被它臭倒。"我就装作倒了的样子，老公就笑得不行。

2013 07·13 周六　让当下如繁花盛开

我站在藤萝架下看看天气，阴沉沉的，也不是很热。不一会儿竟然下雨了，硕大的雨点落到院子里，立时就氤氲开来，蔷薇和藤萝的叶子，就开始颤抖，多像枝体乱颤的笑啊！而佛手瓜的叶子则稳重多了，它们天生聪明，长成一个倾斜度，把落在叶心里的雨水顺着底下的叶尖流出去，叶子则岿然不动。造物的神功啊！天越来越暗，院子里积水成河，河的表面鼓起了无数金鱼的眼睛，不等鼓圆就在雨点中胀破。我站在阳台上，入目的一切，这大概也是一种禅修吧？辛巴金主张山的禅修、湖的禅修，而我现在，则是雨的禅修啊！人，什么时候与自己在一起，就是禅修了，没有那么多深奥和故弄玄虚，有的就是与自己在一起，感知到自己一路展现的生命，让此时、让当下如繁花盛开。

2013 07·14 周日　盛夏的感觉

天依旧是阴沉，但却去除了闷热，是大雨把闷热带走了，还我们一个清凉的世界。驱车出去玩了一会儿，从西外环出去，一片清悠悠的河水，南岸绿树掩映中，三座洁白的汉白玉桥如同画上的摆设一样点缀在其间，感觉真有西湖的风格。再加上河边成片的苇子与之遥相呼应，湿气如雾霭一样升腾着，湿地公园的感觉真叫一个好。

2013 07·15 周一　从可知开始

今天有一个高考失利的孩子做了咨询。他自己感觉高考失利，没有进到一本线，刚过军检线。他很沮丧，不知道如何做决定，只担心所报的志愿落空。我告诉他，人，要想做明智的决定，就要先从沮丧和失意中解脱出来，既然现在是做选择的时候，而不是承担结果的时候，那就大胆做选择，因为你除了掌控自己做选择之外，没有其他可以掌控。人在情绪平稳的情况下，做的选择身体会有感觉的，这样在平静中做好了选择，结果真出来的时候，人也会以一种平定的心去接受。相反，在一种战战兢兢中做出来的选择，往往是无效选择，一旦结果出来往往不甚如意，此时又容易后悔。而做选择时的担心、害怕，是没有意义的，它除了摧毁人的意志，让人痛苦无着之外，还有什么价值呢？想想，人要稳住自己，就是心先放平、放正，心放平了、放正了，身体也会配合。选择时，气定神闲，那是一种什么境界？这时聆听的孩子脱口而出："面朝大海　春暖花开。"我笑了："这才是你的本来面目嘛，豁然开朗！'面朝大海，春暖花开'的时候，作者也没有忘记的是'喂马砍柴'，那还是在做当下该做的事情。其实你之所以焦虑，是把心放在了未来，而未来都是不可知的，因此，放在现在，情绪自然就稳了。试试看？"孩子回答："我好像有点明白了。"我再告诉他："未来既是未知，而心总在未来，心怎么能不志忑？怎么能安定下来？放在现在，放在有感觉的事情上，哪怕是吃一支雪糕，也要用心感觉它的凉爽与惬意。知道人最大的畏惧是什么吗？就是畏惧未知啊，既然是未知，先抛开它，从可知的开始，不就得了？"孩子最后轻松地去做选择了。

情绪有困扰时，可以先不做选择；对于不得不做的选择，则必须让自己先平静下来。

2013 07·16 周二　为学习鼓掌

早上，我在"哗哗哗"的雨声中醒来了，看看床边，空了。再习惯地看看电脑桌边，也无一人。来到阳台上，才看到老公正戴着二百五十度的老花镜背对着阳台看书。其时，院子里鼓着一地金鱼的眼睛，这眼睛硕大无比，这眼睛到处都是，它们流动着、撒着欢地往院外涌去。我看看藤萝，因距离稍远，只看到它在雨里静默着；看看蔷薇，所有叶的光辉一齐面向老公，在雨中为老公鼓起了掌——真为老公的学习精神所打动。

雨仍在下，打着顶棚发出"嘶啦啦"的声音，我的锅里正炖着好几种美食——鲜玉米、粽子、小笼包子，我边看书边想：人的理念，会不会也有飘香的时候呢？一准有的，书香也就是理念的香气吧！

2013 周
07·17 三　归属与爱

接连几天的雨停了，雨过之后，天少有的晴朗，丝瓜在花架上开了很多的花，我到架底下看时，只见一朵朵的花如同一柄柄黄色的小伞撑在那里，伞面呈一百八十度打开，吸引来了很多的大油蜂，那些油蜂硕大如枣，黑色的身体伏在花里，忙碌得很。我想，它们在采集花粉的同时，也传播了花粉，这就是最高级的成全吧，在成全自己的时候也成全了别人。

看到海灵格说的这样一句话："人是生活在关系当中，而关系有几个先决条件，即归属感、平衡和序位。"这三个先决的条件，归属感居第一，这其中的道理想来也好明白——在人得到基本的食物和安全的需要之后，归属感和爱的需求是排在第一位的，看世间的是是非非、恩恩怨怨，哪一样又离得了这个？心理学家说"归属和爱是心灵的食物"，我觉得这个比喻好确切啊！人，哪能离得了食物？而人的心灵，若离开了归属与爱，那也一定是处于饥饿状态而急于恶补吧？细究之下，这归属与爱，给人的心灵提供的营养就是安全感和智慧的提升吧？

下午就来了一个女性婚姻咨询者，因为感情出现裂变，男方背叛了自己的妻儿，双方需要分割房产，需要考虑孩子的抚养问题。我不可能在咨询中面面俱到，就先关注孩子的问题，我问她——有没有在孩子面前流露出对生活的绝望？有没有在孩子面前对孩子爸爸抱怨、咒骂个不停？有没有整天在孩子面前摆出一副怨妇的脸孔？我知道的，这逼问很残酷，但是我必须这么做。她的眼角滴着泪，她说一下子就做到心平气和是不可能的，但她会努力做到传递给儿子一个信念，就是人来到世上是自己讨生活来了，人，谁离开谁也照样能活下去，虽然现在还在痛苦中，但她相信生活一定是好的。我表扬了她的勇敢，同时也说明她现在的状态是决定孩子走向的关键，因为失去一方已经成为事实，而孩子已经读到高中，基本形成稳定的人格。她有知识、有悟性，自己能把握得住，但就是因为这样，可能痛苦的层次要深些，"懂得"的痛苦远比"不懂"要深啊！正因为太"懂"，所以就更放不下；正因为太"懂"，所以折磨的往往就是自己。她哭了，承认是这样的，正因为如此，她才不致于没有理性地任由自己发作，但这份扛也太难了，其中曲直深浅，不经历的人是难以想到的。我还跟她商讨，孩子的一半血缘是来自父亲的，所以，当自己从痛苦中走出来，试着让孩子接受父亲，这一做法对于孩子来说也至关重要，因为对于至亲的不原谅，其实就是对于自己的不原谅，她表示懂这个。最后我们达成共识，孩子的学习成绩可以先看得淡一点，而对于孩子人格的培养，是当下更为重要的任务，而这就需要与孩子做好沟通，同时消除孩子的自卑心理，努力让孩子怀着一颗感激之心来生活——这是她最为重要的功课，相信这位知性的女性同胞，一定能做得到。我也承诺，假期开学前，我来给孩子做一个简单的心理调适。

不幸的家庭，确实是各有各的不幸啊！

2013 07·18 周四　大雨如注

昨天下午五点左右天开始降大雨，当时我站在阳台看去，南屋的红瓦扫过一阵阵的雨雾，如同腾起阵阵浓烟。藤萝的触须在顶上呈一百八十度摇摆，如同老地主挥起的鞭子，狠狠地抽下来。大雨哗哗，院子里的积水很深，能没过脚踝，我前院后院地查看，不断地清除着枯叶烂泥。我在清除时还在心里一遍遍地感叹自己的好运气，因为要是早一点下雨的话，我就会在路上被淋。清除结束后，在哗哗的雨声中，我的肚子饿得不行，好像肚子里藏了一只会叫的青蛙。

2013 07·19 周五　用点正念疗法

早上就"哗哗"地下了一阵大雨，因为身体的不适，早上没有吃饭，感觉肚子是空的，腰也直不起来的感觉。暑期还有学习任务，来到校后，我把电脑凳子放低，头就放在桌子上。完成任务后回到家里，人懒得如同一只虫子，总是想趴在床上，要不就趴在沙发上，内心被无力感操纵着，情绪也很低落，说不清楚是沮丧，还是失意，抑或是惆怅，总之就是不想动，我感觉自己身上的细胞只有一半是动的，另一半是静止的，所以，就支配不了身体的运动。可人什么也不做，容易；但什么也不想，很难。恰恰是人静止的时候，思维是静不下来的，而且比平时更活跃。因为身体的不适是前提，所以这时的思维是习惯性地停在负性事件和消极思维上的，要想把所遇事件从正面去认识，那必然要动用意志的力量。所以人在病中的意念是多么重要啊！此时运用正念是易于人体力和精神的恢复的。由此我想到了那些慢性病患者，他们确实是需要心理援助的，他们也确实需要一个"花瓣枕头"来打开他们心灵里的百媚千娇！这样他们身体里正性的力量就会发挥作用，人也就会消却那种无力感。

2013 周 做花瓣枕头
07·20 六

今天早上醒来，外面的天依旧很暗，没有风，院子里的植物静默着，蓄势待发的感觉。上午和下午在学习任务完成的间隙，我就开始在包裹花瓣的淡黄色枕头布上绣字，我边绣边想到小的时候在端午节都是用五彩的丝线系到手腕和脚腕上，然后在六月发大水的时候解下来扔到河水里，看着丝线被大水冲走，据说这样就会保一年的平安。如今把这五色的线绣到枕头里，也是许下了一个美好的祝愿。

2013 周 唐菖蒲开花了
07·21 日

院子外栽下的唐菖蒲已经秀出了长长的花穗。早上，天气竟然少有的凉，我想也许这些花会给我一个惊喜，于是推门去看。每棵菖蒲都顶出了一枝长穗，长得最快的一枝，顶端绽出了粉红的颜色，这淡淡的粉红色被绿色的叶片包裹着，和初荷新绽的形状是一样的，层层的花瓣裹在一起，看上去感觉是硬的。我在花前默默地想，这就如同心吧，一颗没有打开的心是硬的，因为它不曾绽开，没有交流与互动，仅是包裹在自己的小世界里，注视着那个小小的自己，这样的心没有感应能力，因而呈现不出动人的美感。而花一旦开放，就是软的了，一颗软的心能够承载、能够承担、能够互动，在风中花瓣颤动，在雨中花瓣沐浴，在阳光中吐露芬芳，坦荡无私，与周围交流互动，把自己交付世界的同时世界也就成了自己的世界，天地自然就为之宽了。

看看植物，以自己的方式成长着、发展着，每种都呈现自己的独特，每一种都以自己的方式存在，每一种都呈现不同的美，而每一种，也自然就有它不同的价值。我仅与这几种相伴，那么大自然的林林总总呢？想到这里，真的是百媚千娇的心事和着自然的百媚千娇生了。

2013 周一 07·22 别样的客厅在屋顶

儿子回家了，我喜不自禁地拉他到超市购物。水果买好了，又看零食，琳琅满目的零食看得我们眼花缭乱。儿子拿了一袋瓜子，我高兴了，笑着说："你真是我的儿子，好懂妈妈的心思。最近几天我就一直在想，买上点瓜子到西屋顶上去吃，可以享受清风跟明月。现在好了，不仅可以享受这些，还可以坐在屋顶上商量一下结婚的事宜，真是好啊！多买几袋。"此时超市管理员看我们的眼神不对了，热情的目光变成了询问和探查。我赶紧解释："不要想多啊，我们家的西屋顶是平的，我们把它改造成了一个客厅，夏天的时候在那里，特舒服、特爽，儿子就愿意和我在那里乘凉聊天。要不，我请你到我们家这别样的客厅喝茶、嗑瓜子、聊天？"管理员笑了，她说："我看你们娘俩不像有毛病的样，却要拿瓜子到屋顶去吃。原来是这样，看来你家很温馨，还有这样的客厅。"

晚饭后，皎洁的月光经藤萝的筛选，飘到地上的都是碎银屑屑。晚风一如既往，继续抚慰着我如夏风的情绪。地面经太阳一整天的抚摸，余温仍在徐徐散发。我把凉席铺好，泡好上等的绿茶。儿子顺着楼梯款款上来了。我和儿子就在我们别样的客厅里边谈、边聊、边喝。清风徐徐、树叶娑娑、月色如水，浸泡着我和儿子的亲情，发酵着我对生活的感觉。

"妈妈，当初是怎么有这客厅的设计的？我想创意一定是你的，设计一定是我老爸的，对吧？"

记得汪曾祺说过，多年父子成兄弟，那多年母子呢？那感觉一定在兄弟之上。儿子在眼前，当妈妈的无论什么时候，也是话匣子全开着。我跟儿子侃侃而谈，述说自己创建这个客厅的过程。

2013 周
07·23 二　学生家长的隐私

早上，天依旧是阴的，打开院门，黄狗撒着欢地跑出去了，我出去看菖蒲花，好美！规则的鳞形花苞已经展开，只是每朵花的花梗很短，就附在那枝长花柄形的大花梗上，开出的花饱蘸着桃花的色泽，绽开的是郁金香的形状，一种娇柔的美啊！而陆续要开的花苞也簇在那里，呈粉色的椎形，我想到这椎形的花开的定是单瓣，而不是层层打开，要是逐层开放的话，那一定是桃形的花蕾了。

今天遇见了一个学生家长，他看上去胖多了，肤色白了，好像年轻了十岁，人还有越活越年轻的？我教他儿子的时间是2006年左右。聊起来的时候，他的脸上竟然是少有的羞涩，一个大男人，真是憨态可掬。他跟我说自己的家庭关系很特别，自己四岁时父亲就去世了，母亲与自己相依为命，共度生活的难关。没想到自己娶了媳妇后，母亲就难伺候了，处处吹毛求疵，什么都百般挑剔，特别是对儿媳，简直视为阶级敌人，与其势不两立。去年，母亲折磨够了，离开了这个世界。母亲走后的一段时间，他感觉屋子空荡荡的，但过了半年，他就开始胖了。说到这里，他很不好意思，说："母亲走了，我却胖了，感到轻松多了，这样好像是极不孝似的。"我说："这是现实啊！母亲在世时你的瘦，就充分证明了你是个孝子嘛，因为母亲的处处为难，你是左右为难、百般不适，感到很难做，是吧？""是啊！就感觉她是处处为难我们，世界上哪有母亲与儿子、儿媳为敌的？说来不怕人笑话，我们家就这样。儿子尽心了，能做个好儿子，母亲领情，母亲感激，那还有份回报。可我们得到的全是责难、全是委屈，这也不是、那也不是。""因为你付出的，满足不了母亲。这样的家庭，母亲是极易和儿子夺爱的。她自己的需求满足不了，自然会处处找茬。这个，与道德无关。""你这样说，我好像明白了一些。我要是早能这样理解，那对母亲的包容会深一些，积累的宿怨也许能改变一些。""这就是家庭治疗的任务啊！年轻丧偶的母亲，与已婚的儿子、媳妇的相处，是难以周全的，因为母亲过的是不完整的生活，她这不完整的生活是无从补起的。而儿女所给予的，是无法补齐母亲需要的——这才是根源。而你现在，生活关系单一了，自然就好处理了，就轻松了，心轻松了，自然就胖了呀，这不很正常吗？"他搔着后脑勺笑了，这次的笑自然多了，他不住地说："早明白这个道理就好了。要不人们怎么说，'有钱买不着早知道'啊！"

2013 07·24 周三　幸福和痛苦是人生的两极

因为昨天的大雨，今天早上起来竟然有少许凉意，站在屋顶上看佛手瓜，六根蔓齐头并进，"逐鹿中原"开始了！每一根的触须和小叶没有展开，而是窝在一起，如拇指肚一般粗，这里面蕴藏着无限的生命的能量，只要季节、温度适宜，它们就不会停止成长——从它们的成长中，足见积累的力量。几天前固定的那根，也已赶了上来，成了"先头部队"。想到我拟的一句话"人的心里如同花，只有打开的时候，才能迷人和绽放"，看着这些植物的长势，我笑了。

说到这些，想了很多，我初中的老师曾告诉我："人，有才是一种折磨，女人更是如此。"还有人说"人的特长是人幸福的根本，也是人痛苦的根源。"这相反的观点我能理解，痛苦跟幸福是人情绪这只摆的两极，只有这摆摆动起来，人有不同的情绪体验，才是正常健康的人生，如果这只摆不再摆动，只停留在一端，没有丰富多彩的情绪体验，那么无论是幸福还是痛苦，收获的都是痛苦。有自知之明的，是自己痛苦；没有自知之明的，是家人痛苦。而当这只摆摆动幅度越大，人的生活内涵越丰富时，人才能得到极大的满足，这种丰富，海灵格论述到人的关系时，论述为大量的施与受。我想起我的老师曾跟我分析："关羽有才吧？关羽读《春秋》，足见关羽的才气，但就是因为自己太有才了，所以就傲视，最后被同样有才的糜芳所害，大意失荆州，败走麦城。张飞粗暴吧？喝了酒就殴打兵卒，最后被同样粗暴的兵卒害死。这就是人的宿命啊。所以你做这心理养生的事业，幸福也是它成就，痛苦也是它成就。"我笑着赞同。然后我又向老师提了一个这样的问题："你说算命跟我们的心理学，有什么不同？"他扶了扶眼镜，说："应是交叉关系吧，它们对人所起的作用，应是一样的。"我说："对，都是平静人的情绪，解除人的困惑的，让人在最低谷时，也能感怀期望。但是，二者又是不同的，算命只重外在因素，看环境、看命运，强调客观。而心理学是科学，它根据人自己的呈现，从人的内心调节，从人的情绪、行为、内在的动机、成长过程去分析，让人在领悟后自己做决定，而不是单纯听信别人的推测。""这个对，是这样。所以，你们所从事的，才被称为朝阳产业，越来越有用武之地。"老师就是老师，说话总让人备感鼓舞。

2013 周
07·25 四　学生来访

学生要来家里找我，我出去等她的时候，遇到房东的嫂子，问我家门口种的是什么花，我说是兰花，是菖蒲。她说这花开起来好漂亮，她都没有见过，没有开花的时候，她以为种下的是蒜。自己栽的花能得到别人的表扬，也是一件很高兴的事情。又看看在门口一边的百日红，已经开了两簇，因为门口暖气管道的阻挡，这花是无法长高的，每根枝在秀满花骨朵后，就会垂到地面上，谦恭伏地的感觉。一会儿学生来了，穿着绿色的小衫，黑色的紧身裤，脸孔白皙，一双有神的眼睛清纯如水，看你的时候都不杂纤尘。黄狗这次的表现反常，一声不吭地站在学生身后好奇地看着，我把她接到蔷薇架下，我们一起喝茶，一起聊天，聊上学的经历，聊同学之情、师生之情，然后我又引导她看架上的藤萝，看南院子里的丝瓜、快攀到架子上的佛手瓜。她对藤萝不是很熟悉，问我是什么植物，我很惊奇于还有人对藤萝如此的不熟，我说："我们不是学过宗璞的散文《紫藤萝瀑布》吗，文章写的就是藤萝啊，还记得吗？'我不由得停住了脚步。从未见过开得这样盛的藤萝，只见一片辉煌的淡紫色，像一条瀑布，从空中垂下……'"因为是学生，我竟然诗意盎然地背了起来，"作者不是在这篇文章中说，'花和人都会遇到各种各样的不幸，但是生命的长河是无止境的。'我就是对这句话有太深的感觉啊！不幸是无可避免的，但是人可以在不幸中快些调整过来，赶快生活啊！这也是心理咨询的神圣之处啊！"没想到学生的眼睛竟然有些湿润了，她说："我在空间里看到好些你写这植物的文章，特别是佛手瓜，它那种生命力的感召，让我久久不能释怀。"我在藤萝架下笑了，我说："我现在每天都给它们写一段五百字至一千字的小散文。记得有个塔沙奶奶吧，她有自己的庄园，她每天都要给她庄园里的植物画画，她的绘本风靡全球。我是每天给我的这些植物写文章，这是文学式的绘本。"学生牵着一根悬到架子下的藤，动情地说："你们家的植物好有福气，每天都等着你去写它们，怪不得这里的植物给人的感觉不一样呢，是因为每天都等着你的垂青啊！""生活从来都是这样，有此面必定有彼面！花和人都会遇到不幸，而花和人也会遇到有幸！你不是说我们家的花有福吗？这就是有幸啊！而能从不幸中看出有幸来，那是人做事的境界。"

2013 07·26 周五 雨中的思考

天热，做了一晚上的梦，梦到我光着身子跑出去，见了人竟然找不到一丁点的东西遮羞，窘得恨不能找条地缝钻进去。这大概是因为晚上睡觉没有盖被子吧？因为按照弗洛伊德的梦境理论，梦的内容的一个重要来源就是感受到的刺激。醒来脑子有些昏，来到阳台上，老公在阳台上看书，黄狗趴在阳台外痴迷地看着他，我在阳台上醒神，老公慢悠悠地说："要下雨了！"话刚说完，阳台顶的彩钢瓦就"噼里啪啦"地响了起来。我说："你就是额的神啊！"雨点竟然像响应他的号召似的，撒着欢地往下落，滴到灰白色的水泥砖上，如同快速绣出的朵朵黑色小花，小花逐渐连接，成了一片，立时，就成了水渍，积水了！雨点变做了起起伏伏的金鱼的眼睛，屋檐先是落下一串串的珠子，继而落下水柱，我把阳台的纱窗拉开，用手接着这水开始洗脸，醒神。新的一天开始了。

老公看着我，在我的身后说："早上就下雨，那是晚上就在酝酿啊！昨晚的气温有些凉，我早上醒来时看你蜷着身子，才替你盖了一条毛巾被。"怪不得做那样的梦呢，确实是因现实的刺激而来啊！

2013 周 07·27 六　植物各自的特长

丝瓜已经到了结瓜的旺季，架下悬着十几根大小不一、长短不同的瓜，长的如包水饺的擀面杖一样，小的则如一根短筷子，所不同的是大的光溜溜的，而小的呢，底端挂着软塌塌的一朵黄花，花都缩成了一团裹在那里，来履行最后的职责。想到我家的植物不同的长势，各有所长、各有千秋，蔷薇是任性、是坚守，藤萝是张扬、是恣肆，佛手瓜是特立独行、大器晚成，曾被我的学生笑称为"早胖不是胖、晚胖压倒炕"的那种，它们用自己的特质教育着我，各自给我不同的人生启迪。

2013 周 07·28 日　感觉如山涧溪流

早上就开始下雨，雨下得不大，能清晰地听到雨点落到阳台顶上"噼噼叭叭"的声音，凡事只要能分出节奏来，就不是很急。这样的雨中就可以在院子里走走，因为短时是不会湿身的。到屋顶时，看到佛手瓜最长的几根已经超过了我的视线，快攀缘到平铺着长的地方了。芽尖长出一朵小小的雌花，顶上鼓着一朵绿豆一样大小的花朵，淡黄色的小花有蜡一样的质地，在等着生命的繁殖。但最近几天，气温接连超过三十五度，这样的气温雄花是开放不了的。佛手瓜爬起蔓后，雌花就会开放，不管气温多高。而雄花就不行了，只要气温超过三十度，它们是不长的，窝在壳里就枯死了，根本展不开。夏天的气温到二十六七度的时候也有，但不连续，有时一两天，而只要一个高温天气，雄花就蔫了。只有到了立秋后，雄花在持续的中温状态中才会展开，花柄伸展成一支戟，多得数不清的雄花附在戟上，陆续开放，于是雌花就受粉而后长成小佛手瓜——生命的果实就形成了。凡事都讲究个机遇，生命在合适的时候做合适的事情，是颠扑不破的真理，瓜如此，人也不例外，而或早或晚都于事无补。生命在合适的时候遇到的合适的事、合适的人，真是缘分不浅啊！想到学生对我的书的评价"读来的感觉如山涧溪流，清澈见底，润心润肺"时心中很有感慨。学生的评价还真是高明，从感觉到知觉、到思想的提升啊，所谓的小溪流水不仅仅是清纯，还有一种节奏，就是不急不缓，涓然而流、淙淙而逝，把周围的景色尽收眼底，同时也不忘流露自己的细沙卵石，而润心润肺岂不就是有涤荡之意？濯清涟的时候清洗的一定是自己，洗却自己的尘埃，洗刷自己胸中的块垒，光与影的重叠中，风景是自己的风景，世界是自己的世界，这是小桥流水式的巅峰时刻，这样的时刻，人的心、身、灵是一体的，人成就了事，事也成就了人，人和事已成一体。

2013 周一
07·29　测测我的潜意识

　　丝瓜长得很快，我就不断地采摘。丝瓜碧玉一样的表皮，直溜溜的身材，好标致啊！每根瓜在刚刚生成的时候我都用竹竿小心地把它们拨到架子下悬着，这样保证它们在长大的过程中因为重量就一直垂得很直，动用瓜自己的力量让瓜长得顺溜溜的——关注生命的敏感期啊！懂得成长规律就是好啊，可以照顾到它们不同的需求。

　　不经意间，找到了一道有关潜意识的测试题《借船过河》，我测了我的潜意识中最重要的事业。这道题是这样的：

　　一男人 M 要与未婚妻 F 相会结婚，但两人一河相隔，M 必须要借船过河才能见到 F，于是他开始四处找船。这时见一个女子 L 刚好有船，M 跟 L 借，L 遇到 M 后爱上了他，就问："我爱上你了，你爱我吗？"M 比较诚实，说："对不起，我有未婚妻，我不能爱你。"这么一来，L 死活不把船借给 M，她的理由是："我爱你，你不爱我，这不公平，我不会借给你的！"M很沮丧，继续找船，刚好遇见一位叫S的女子，就向她借船，S说："我借给你没问题，但有个条件，我很喜欢你，你是不是喜欢我无所谓，但你必须留下陪我一晚，不然我不借给你。"M很为难，L不借给他船，S如果再不借给他的话，就过不去河与F相见了，这个地方只有这两条船。为了彼岸的未婚妻，他不得不同意了S的要求。次日，S遵守承诺把船借了M。见到未婚妻F后，M一直心里有事，考虑了很久，终于决定把向L和S借船的故事跟F说了。可惜，F听了非常伤心，一气之下与M分了手，她觉得M不忠，不能原谅。M失恋了，很受打击。这时他的生活里出现了女子E，两人也开始恋爱了，但之前的故事一直让他耿耿于怀，E问M是不是有什么话要跟她说，于是，M一五一十地把他和L、S、F之间的故事讲了一遍。E听了后，说："我不会介意的，这些跟我没关系。"故事讲完了，问题来了，请你把这几个人排列个次序，标准是你认为谁最好，谁第二，谁第三，谁第四，谁第五。这个M男也算在内的。建议不要想得太复杂，也不需要考虑大众看法，你认为谁做得好就是好。

答案其实很简单，就是让你的潜意识告诉你最想要的是什么。不知道自己要什么，这是很普遍的问题，因为什么都挺重要的，舍弃什么都不成体统，只是每个人的人生追求确实差异很大，看别人追求事业，你也羡慕，也很想这样，但不知道为什么总做不到；看别人婚姻幸福，你也很想，可实现起来确实不容易，这和运气也不是太有关系，而是你需要的决定了很多。

2013 周
07·30 二 对潜意识的分析

昨晚，《精忠岳飞》的电视剧播放完毕，此前自己一直回避看到秦桧害死岳飞的惨相，但是，还是没有忍住，看了电视剧的后半部分。在泪流满面中，看着岳飞父子和张宪在风波亭惨死，其时天地茫茫，大雪纷纷扬扬，这飞扬的大雪，让我浮想联翩——人的命运，有几多是自己能把握的？当岳飞拼杀阵前、激荡飞扬的时候，他能自己掌控，因为他有足够的智慧；当岳飞挥动如椽巨笔，写下"怒发冲冠，凭栏处"的时候，他能自

161

7月

己掌控，因为他有足够的才情；但当他落在秦桧手里的时候，他自己不能掌控了。小人整天营营苟苟、白天黑夜地算计，而他则坦坦荡荡，只关注自己的事业和理想。我悲伤的时候，就想到遭受世间的冤屈，谁能比得了岳飞啊！与他相比，我们在世间所受的那点点的委屈，又算得了什么？

想到了昨天做的测试。答案固然简单，M代表金钱（Money），L代表爱情（Love），S代表性（Sex），F代表家庭（Family），E代表事业（Enterprise），其实这里面包含着人的价值观。看看这些人的特质：E"这些跟我没关系。"因为这些都是发生在前面的，因此E的状态是活在当下的，而只有活在当下，才能与这个世界连接，此时不以是非来判断，因此说完成事业是不讲原则的，或者说完成事业就是最高原则，因为无和有本是统一的。而M是诚实的，不欺瞒、不惶惑，该是什么样的，就是什么样的，因此获得金钱是有原则的，并且要坚持，但在其中自己也付出了代价。还有一个特点就是，自始至终，这个M都是动的，而金钱本是长脚的，它是可以滚的，如果选择与事业相接，那么，金钱本是做好事情的回报，无须牵挂，牵挂也牵挂不来，所谓的"只问耕耘，不问收获"就是此理，只要耕耘好，收获自然而至，如同实至名归一样。而S，却坚守着自己的原则，在这里，付出与得到，成了高度的统一，于性而言，你来则必然我往，否则就是单相思。而那个爱情L，讲究的是绝对平衡的关系，因为爱情一旦失衡，早晚都是祸。F呢，原则性最强了，家庭的原则不能破坏，而家庭又是一个最不能讲原则的地方，这也是对立统一了，就如同眼睛里揉不得沙子。我感觉自己对E、M、S、L、F的点评很到位。

2013 07·31 周三 我家像公园

有同学来家里玩，表扬我家像公园。我说：当然了，这不是懂心理学的经营的吗？同学意犹未尽地在院子、阳台、西屋顶上拍照，对我家的藤萝赞不绝口。他一边拍，一边听我白活，说着我们昔日的风华正茂，感觉又回到了学生时代。

8月

2013 周
08·01 四　**悠闲时光**

　　今天早上起来，端着一杯水坐到阳台上，看看环绕四周的绿色，就觉得自己好生富有，又一次想起了"精神贵族"这个词。贵族的含义是自律、坚守、付出，是一如既往地做事、成事，而不是虚度时光、一掷千金。物质的贵族要受条件的限制，而精神的贵族却可以自己经营。我慢悠悠地喝着水，心里悠悠的像云卷云舒，轻松、舒服、惬意。

　　早上去打理院子外的那棵葡萄，看到这棵葡萄长势良好，叶片伸展透着绿的光泽，叶芽簇拥着给人一种拱着头往前蹿的感觉，已经快攀到叔公家的南屋顶了。于是我就不断地清理它旁边的杂草，不断地给它加放养料，不断地把它长歪的枝子牵到正道上来。而院子里的那棵葡萄呢？我自己的判断是它与丝瓜犯冲，一直就长得病病歪歪的，叶片没有光泽不说，而且蜷曲着，那样子像极了我们小时候称梧桐疯掉的样子，我看它这样子就不舒服，就很少搭理它——这是否就是马太效应呢？好的会让它更好，而差的却让它更差？"凡有的，还要加给他叫他多余；没有的，连他所有的也要夺过来"？

　　人做事，多由感觉出发啊！感觉舒服的，就会给予更多的惠顾；而感觉不舒服的，就常常冷落。

2013 08·02 周五　成长卡住的时候怎么办

昨天忙碌，没有去屋顶看藤萝跟佛手瓜。今天早上去一看，就心疼得不行：有一根佛手瓜的蔓长到角铁底下，自己挣扎不出来，一天一夜的时间，因为长得太快，就自己把自己弯断了，露出齐生生的茬，我摘下来看时，小指粗的一根蔓，折断的地方里面是白色泡沫一样的胶质——它就是借此完成生命能量的传递啊！当生命卡住的时候，凭自己的力量难以挣脱困境，可是恰逢又没有发现者，于是成长就受损失了。所以，适时的救赎是多么重要啊！

晚上，做了一个咨询，是一位母亲自己来的：母女相处不好，妈妈的眼中女儿不听话，我于是让妈妈写下女儿的优点，结果妈妈苦苦地思索了半天，然后写下一条"做事情很专注"，就再也写不下去了。听妈妈主诉，她说："我的孩子也不是就坏到那个程度。只是没发现她还有什么优点，我觉得我的孩子在别人家里很乖，就是伤害最爱她的人。我每次跟她的交流，都是先礼后兵，我说一万遍，也都不听，我于是就开始动怒，大声呵斥。我给她讲道理，想带她出去玩、给她买好吃的、带她去书城，可是孩子一样也不跟随，就在家待着，枉费我一番苦心。做作业半小时就喊累，可是玩游戏一天都不累。我反省关于游戏我好像说的只是危害，因为我从不玩游戏，包括手机上的。我的观点那是浪费时间，我很珍惜时间。我同事病了，找体温计，女儿刚放学还在吃饭，我们找了几个地方没找到，她出去了，一会拿着体温计回来了，我问哪找的，她说从外面的诊所借的！我心里那个难受啊！女儿对别人怎么这样好呢，她妈妈我怎么就赚不出来呢？"

我根据妈妈的主诉，给妈妈提了三个问题，请这位妈妈深思：第一，她是不是对自己的孩子有种控制欲？只要孩子不在身边就不自在？第二，平时对孩子的教育是不是批评的太多，而肯定的太少？第三，自己感觉太累是不是没有自己的生活、关注点全在孩子身上？也就是说，自己是一个热爱生活的人吗？

孩子妈妈带着她自己的功课回家反思了。

自信的人有何不同

早上摘了两根丝瓜，削皮时它还带着五角的花萼。边在藤萝架下削皮，边看架上的藤萝，想到昨晚三哥来打球时，打完球一身的汗水，坐在蔷薇架下喝茶，跟我说："这里的藤萝长得特别好，别的藤萝都没有见过这样的架势。许是空间不行吧。"我说："你还没有站到高处去看，藤萝的那些藤在空中悬着，一律往北，一派挺进中原的感觉。我时常在想啊，它们怎么一律往北呢？植物不都是向南向着阳光长吗？"三哥笑了："植物有神经啊！它知道北边有它发展的空间。"这话我是很相信的。

晚上，同学聚餐，我在酒店吃饭。等我回到家时，老公还在灯下苦读。看着他在灯下专注的样子，忽然想到了下午看书时看到的一句话"自信的人强烈希望与别人不一样"，我坐在一边看着他，自信的人就是这样吧，他们遵从内心深处所做的选择，也与自己生命中最深层的能量连接，追求特立独行，拥有自己宏大的发展空间，关注点在内；相反，自卑的人呢？那一定是强烈希望与别人一样吧，因为内在的力量不够强大，潜意识中总想拉个垫背的，只要有人与自己一样，内心就会觉得安全而有所依傍，所以就容易患得患失，因为他们的关注点是向外的，内心的茫然和困顿足以消耗掉他们的心力。按照萨提亚的观点，高自尊和表里一致是人最理想的生活状态，而这样的状态是与幸福感相连的，人的安全感和信任是来自信心而不是来自熟悉——从这些观点来看，自信的人幸福指数是远远高于自卑的人的。

老公是如此自信的一个人，我骄傲！

2013 周
08·04 日 老公的同学来访

老公的同学住在郑州，是老公大哥式的人物，常听老公说上学时这位同学哥是如何如何地如同对待亲弟弟般关照他。现在这位同学哥出发到青岛检查工程，特地绕道来安丘看望我们。有朋自远方来啊！这大热的天，真是不亦乐乎，也不亦热乎。于是，我们就扫地、拖地、打扫院子，我把那盆旺盛的一叶兰从西屋搬到客厅，放在特地买的红木花墩上，立时，屋子就有了生机——生活需要装点啊！更需要绿色的点缀。因为天太热，就想去饭店吃饭。想想哪家饭店能代表安丘的文化呢？还是新梅园吧，距离近，而且饭店的装修中处处体现安丘的文化特点。十二点多，同学哥来了，我们三人就去饭店吃饭、聊天，他们已有多年不见，说着投机而又亲切的话，我只是静静地看着他们。点了几样安丘特色菜，同学哥吃得赞不绝口。边吃边打听安丘的旅游景点有哪些，他很喜欢有历史文化背景的景点，我老公就详细地介绍了庵上的牌坊，说："天下无二坊，除了兖州是庵上。"同学哥听得很兴奋，说："这么神奇？"老公又说了孔子女婿读书处——公冶长书院，书院前的两棵千年银杏树，同学哥听得饶有兴趣，表示下次来一定把媳妇也带来，一起看看安丘的景点。他一直感叹安丘是个人杰地灵的地方。

下午我们仨坐在藤萝架下喝茶，绿的光影斑斑驳驳地洒在脸上，同学的话啊，比架上的藤萝还长，从三十多年前一直扯到现在。同学哥比老公大两岁，老公在同学哥的面前就如一个幸福的孩子，这情深谊长啊！同学哥说，自己只有一个女儿，还在英国，将来老了怎么办呢？并且说，比他们高两级的同学，有百分之五六十已经相约在一座沿海城市买房子，打算将来以同学小组互助的形式养老。他们的理念好时尚啊！传统的儿女养老的观念要在我们这代人身上受到挑战。

2013 周
08·05 一　　谁是狗啊

今天天好热，气温达到了今年迄今为止的最高点——三十五度。上午去了一趟市政府大楼，一位负责宣传的领导接见我，问了一些家庭教育的相关情况。回来的时候走到汶河边，高高矮矮的树木把河的两岸遮成了隔河相望的两道绿色长廊，河水涌动的感觉。坐在公交车上往西看去，一座白色的斜拉桥，远处一座彩虹一样的拱形桥，阴阳互补一样的矗立在河上——经济发达了，桥也可以成为饰品啊！最喜欢的是河堤路上一排排的柳树，如盛妆的美人一样风情万种。以前就整天窝在家里，自从去年挂职学习家庭教育后，跑得空间大了，才发现自己的家乡是如此的美丽多姿，特别是这条河，四季清亮河水悠悠，照出了家乡的风貌，照出了家乡的繁荣。现在傍晚的时候，那些会游泳的大老爷们，就会相约河边，在水里游个痛快！多么幸福啊！我有一次随老公去河边玩，不能靠近，只能远观，因在傍晚时分所以看不分明，只感觉水面漂着好多好多的西瓜，一起一浮的，我都想拿根长长的竹竿去拨拉拨拉。老公游泳回来湿淋淋地找我时，我告诉他自己的想法，他哈哈大笑，说："你呀，真是狗不咬，用棍捣。"我的伶牙利齿也是蛮跟趟的，说："嗯？谁是狗呢？"老公自知失言，不好意思地笑了。

2013 周二 08·06 佛手瓜的长势

天依旧热，早上刚起来，就听到树上的知了在叫个不停。我做上稀饭后，就去洗澡，任水在头上哗哗地流，这一道道的水流从身上流过，身上的每一个细胞都会被水催醒过来，和我一起面对今天的生活。

洗完澡，披块浴巾站在院子里，看到架上的藤萝跟佛手瓜已经对接了，两支大军会遇，是一场厮杀呢，还是一场共同繁荣？有一根藤萝的触须已经缠到一根佛手瓜的蔓上了，看着它们的时候，我在想，论缠的功夫，藤萝是抵不过佛手瓜的，佛手瓜有脚，可以处处为营，而且抓得死死的，而藤萝呢？所凭的功夫就是张扬——它们的相遇，当如何抢占生存的空间呢？"狭路相逢勇者胜"，它们谁是勇者呢，还是互惠共赢？

2013 周三 08·07 豁然开朗的感觉

今日立秋。早上起来后，天似乎凉爽了些，风的力量见长。我坐在阳台上看它们——蔷薇在风的吹动下，是整条枝在动，如同荡起的船桨，那是摇摆吧？而藤萝呢？枝不动，每片叶子被风吹起，因为与枝相连，所以动的幅度不大，我边思考边观察才恍然觉得啊，藤萝的动感像极了水的波纹，那一圈一圈荡起来的，多像绿色的水波啊，在一片广阔的领域中，起起伏伏，层层打开而又层层收拢。看出这般的景致，我心中的绿意顿起，啊，我绿色的波纹！啊！我绿色的涟漪！这岂不是每天都涤荡在我的胸口？这半亩方塘啊，是我的整个心灵开放的地方，虽然没有天光云影徘徊，但却是盛放我心房的地方，我也需要常常读书、感悟、思考，才使这里为有源头活水来啊！

此前8月2日做的那个案例，我以为我的追问太过残酷，案主有可能逃避，没想到她今天又和我接触了，她跟我说："你让我思考的三个问题我想了很多。我读了你提供的案例，我觉得你是一位很了不起的妻子，也是一位很优秀的儿媳妇。你问我是一个热爱生活的人吗？针对你所提出的以上问题我做了反思：我只说出了孩子一条优点，我的孩子有那么坏吗？没有！一起逛商场她抢着拿重的东西，一起散步她和我聊着同学书本上的趣事。周五晚上她回老家了，我担心过，姥姥管不了她，姥姥家周围的那几个孩子都是不爱学习的孩子。可孩子高兴啊，几次催她回来都不回，人家玩得开心啊！还说让我替她去读书。这次我没有动怒。孩子不在身边由她去吧。这几天我在想的是自己，我是一个热爱生活的人吗？我不是！从小父母总吵架，婚后公婆是组建家庭，我自己的工作能力有限，种种经历导致我常常心情伤感。我不是一个热爱生活的人，我厌世，我沮丧，我承受挫折的能力低，有些事我想的都是不好的一面，什么事情我总是预想它有多坏，我的内心一点都不阳光，我害怕。所以，我要求孩子好好学习，不要像我一样，工作中能力不足。所以，我犯了很多人犯的错误。我的错误、我的失败、我对他人的认识，都当成了我的经验之谈说给孩子。孩子没有经历过，当然不听从，越想越觉得我就是个强势妈妈。总是指出孩子的毛病，忽略了她是一个孩子，一个在成长的孩子，她所享受的、看到的、度过的原本没有我说的那么丑恶，那么悲观。孩子是有些不听从、有些倔强，我强制的约束，都是徒劳的。我现在的想法是：先要改变的是我自己。我周围的事，我亲人的事，都改变不了。只有改变自己。我试着这学期不强势，强妈弱宝。这学期我要改变，给孩子自信，做一个弱势妈妈。"我跟她说："我真替你高兴。几天的时间，你能有这么大的反思，我都感动得要流眼泪。这几天我还在想是不是对你的质问太残酷了，你一下子接受不了，不知如何办，就消退了。没想到，你做了这么深刻的反思，而且一下子就悟到这么多，你真是不简单啊！人的成长无处不在，人人都有成长的空间。看看你的孩子多阳光啊！你总是把自己心里的阴影想强加给孩子，你太爱你的孩子了，你怕你的孩子同你一样受伤，是这样吗？"她说："是的，我不想我的孩子像我一样痛苦、受伤。"我说："对于你自己的经历，你也要明白，每个人在所有的现实条件下，都是做的最好的选择。你得学会原谅，你得学会放下。人，想活得轻松，最好的方式就是选择宽恕。为什么不把这种担心变成一种信任呢？这样对你、对孩子而言，不是都有好处吗？"她说："是的，我要学会原谅，我的成长历程给了我太多的愤怒和委屈。""所以你就把自己的成长带进了现在的家庭，旧的生活不去，新的生活怎么会开始呢？你知道这样一个故事吗？《请关上身后的那扇门》——英国前首相劳尔·乔治总是习惯于随手关上身后的门。有一天，乔治和朋友在院子里散步，他们每经过一扇门，乔治总是把门随手关上。'你有必要把这些门都关上吗？'朋友很是纳闷。'哦，当然有这个必要，'乔治微笑着说，'我一生都在关我身后的门。你知道，这是必须做的事情。当你关门时，也将过去的一切留在后面，不管是美好的成就，还是让人懊恼的失误，然后，你才可以重新开始。'"她听后又说："我的脾气很不好，我生气，为什么我的父母给了我那样一个回忆，为什么我有公公婆婆像没有一样，为什么我是乙肝病毒携带者，即使我好好地活也不可能长寿，我努力所创造的一切都将是别人的。"我说："我看你的生活态度，全是抱怨啊！我懂心身一体的理念，你的病体，与你的心态有很大关系。是你的生活态度导致你的病啊！怒伤肝，你是知道的。导致这问题的心理原因是：拒绝改变，过多的恐惧、愤怒、仇恨。肝脏是储藏愤怒和激动的地方。当它盛不住的时候，就会出问题了。你生活中的愤怒和激动太多了，脾气不好啊。你怎么知道自己不长寿呢？你怎么知道自己创造的一切都是别人的呢？你这样想，不是要把自己逼上绝路吗？你的生活态度调节过来了，你的生活轻松了，你对生活不怨了，你的身体会好起来的。"她呆呆地看着我："这是真的吗？我患的病与心理有关？这是因果倒置吧？""原因和结果是相互成立的，因也是果，果也是因啊！看看你的生活经历，不是有着太多的不平吗？'我生气，为什么我的父母给了我那样一个回忆'这是你说的，而且你说的这个回忆，我倒很想听听，这大概就是痛苦的根源吧。病因心而起，病也会因心而好的，当心好起来时，免疫力就有了，这是免费的救命药。'为什么我的父母给了我那样一个回忆'——我觉得这里好像有个点，一旦有事情，可能你就会回到这个点上，然后就百般的不适，情绪很难调节。""我现在要怎样做？"我给她布置了作业，就是有时间写一下她的童年。

——这是我用心身一体的理念接触的一个人，她原本是让我跟她的孩子交流的，没想到事情到了这一步。而做完这个案例，我也一下子悟到这样的理念：一个青春期的孩子学习成绩与他的自我接纳程度密切相关，而一个家庭父母的生活质量、父母的幸福感指数，与孩子的自我接纳程度密切相关。

2013 08·08 周四　水啊水

晚上，天太热了，我就一个人在院子里玩水，从水冷空调放出的大量水，我没有让它流进井里，而是直接流到院子里，于是院子就成了浅浅的河流，中间则成了一泓清澈的湖泊，我把家里大大小小的脸盆摆放在那里，每一个都灌满水，我拍打着水，看着水花在灯光中流苏一样地落下来，忘记了闷热的天气。玩的时候，思绪就回到了小时候——夏天，每天的中午，母亲总会在阳光下用洗浴的大盆放上一盆水晒在那里，阳光用奇妙的手在水底裹成一层白色的水泡。晚上，母亲跟我在院子里乘凉，等大家都睡熟，她会和我在院子里洗澡。因为白天男人们可以到河水里怎么玩都行，但女人就不同了，只能在黑暗中清除一天的暑气。母亲总是先让我在水里泡够，等我光着屁股出来了，她才去和等了半天的水亲近。黑暗中看不分明母亲的脸，却能感受到母亲的那份舒服和惬意。如今我们洗澡都有淋浴，哗哗的水流中，我时常想起母亲来。其实生活就是这样，每一代有每一代人的生活条件，每一代人也会有每一代人特殊的苦难和幸福。

　　跟叶子聊天，她说这次给她移栽的球兰活了，长得很长了。其实我这次给她插的球兰不如上次用心，只是随便弄了一个小盆栽上的，她不由得发表感叹："人啊，就是有心栽花花不开，无心插柳柳成行。而有心栽的花不开不一定是坏事，无心插的柳成了行也不一定是好事。"叶子说这话，真有些禅的意味在里面了，那就是有点"不以物喜，不以己悲"的意思了吧？又想到前几天我跟三哥说，"安丘有条汶河，真是我们的福啊！有水环绕，清冽爽人，能游泳，能垂钓，而且河边修成开放公园还可以休憩纳凉。"三哥本来就是个老夫子，他慢悠悠地说："是啊！这条河使我们的安丘充满了灵性。其实那句有名的'智者乐山，仁者乐水'是一句互文。""那就是仁者和智者都既乐山又乐水喽？想想也就是，山水哪能分开啊，登山则情满于山，观水则意溢于水，山水之乐真的是无穷也。"虽然我是第一次听到这句话可以用互文来解释，终究还是胡扯了一通。而今我怎样去理解参悟这句"有心栽花花不开，无心插柳柳成行"呢？这就是生活的丰富多彩吧？当人不想的结果到来的时候，还是要学会欣喜地接受生活所赐予的一切。

2013 周 **自制小·湖泊**
08·10 六

　　老公在电风扇的吹送中刻苦攻读，真是佩服他的毅力啊！我有些自惭起来。因为诸事都做不下，于是就在院子里自造小湖泊——把不用的两个电冰箱的八个大塑料盒子摆在蔷薇架下，把水冷空调里的水流进去挨个灌满。白色的塑料盒平铺在地上，就有了一汪盈盈的水波，阳光慢慢地把水的底部催生出一排排的水泡，水泡整齐地摆在那里，如同看我的清纯的眼神。我像个孩子似的在蔷薇架下玩水，思绪总回到童年——村里的小河，清亮得如一条绸带从村的中间穿流而过，沙子干净松软，是人们每晚纳凉的必然去处，因为河道通风的缘故吧，竟然没有蚊子，村里的老人时常说起，村子有条河是全村人的福气，小时候不懂得生活的沉重，现在想想那样一条小河在村子里流淌，可以清洗掉多少生活的沉重和苦闷啊！

人生，哪能少得了清洗？不管是身体，还是精神。

2013 08·11 周日　经历会成就什么

院子里自制的小湖泊给我带来了很大的乐趣，一上午的时间，我都可以在蔷薇架下玩水、洗涮，衣服湿了也不要紧，再换件就可以了，反正这时候身上穿的衣服少得可怜。在这小湖泊里洗菜、洗碗、洗衣服，绝然不同的感觉啊！虽然没有会当击水三千里的豪迈，也有恣意抨水的激情，可以任意地把水泼洒出来，"咣当、咣当"，水竟然在院子里生青苔了，我好几次都差点跌倒。老公在屋里读书正酣，我却在院子里玩得不亦乐乎。

查网上资料，得知佛手瓜在气温超过三十五度后，成长会受到极大的损失，看看那些卷曲的叶子，大概就是受到伤害了。最近一周的时间，气温都在三十五度以上，这白花花的太阳，也会让植物受伤。藤萝则在高温中恣意地生长，浓郁的绿色已经覆满了整个架子。架子的南边是浓绿，架子的北边则是那种近乎透明的浅绿。植物也如人啊，同样的遭遇，有的视为打击，有的则成为成长的养料和条件，这就要看各自承受的秉性不同了。

2013 08·12 周一　河边的演唱会

晚上，自己一个人沿汶河边慢慢地走着，河水中游泳的人很多，我不便靠近，就找了一处浅水的地方卷起裙子也下到河水里，河水好温和啊！温情脉脉的感觉，我感觉自己当时是被温情拥着了。正当陶醉的时候，忽然听到一阵阵的歌声，男声女声混杂。这么晚了，还有人在这里举行演唱会？我有点不舍地从水里拔出腿来，循着声音去找。不远处的一个小广场，五六个人正在尽兴地歌唱呢。为首的一个男人，年龄大约在六十岁左右，他身边有四个女的，五人组成了合唱团，正在唱着我百听不厌的草原歌曲。说真的，他们的歌声并不是那么的动人，毕竟他们不是科班出身的演艺界人士，但他们的那种态度和气势却让我感动——他们多真实啊！在这幕天席地的大舞台上，身后是盈盈的河水，身边是茂盛的花草树木，脚下是平整而又光滑的大理石地面，右前方一盏路灯洒下橘黄色的光，身前是数名用心聆听的观众。我是每听一曲都要喝彩的，因为我知道，及时的回应和评价一定会鼓舞人心，于是他们唱得更出彩了——一位大姐在唱《父亲》和《母亲》时，还加上合适的肢体语言。什么是幸福和满足啊？是他们用自己的方式，来表达对于生活的那种热爱和钟情！只要心中有彩，哪里不是舞台？只要是真诚的表达，哪里会缺少观众？他们那份坦然和自在，深深地感染了我，于是我也加入到他们的行列，和他们高歌一曲《杜十娘》。

2013 周二 08·13 扶持就是给予力量

上午来到安丘市司法局，因为社区矫正课的事情，局长亲自给我安排任务，要我开始社区矫正课。局长说："法律都是强制执行的，容不得商量，目的是惩恶。但人性中总有善的一面，我们矫正的对象都是监外执行人员，这类人主要有三种，即经济犯罪人员、交通事故肇事者、寻衅滋事和偷盗行为人员。现在对他们进行每月一次的社区矫正课，目的是激发出他们人性中善的一面。以前我们只是请律师给他们讲法律知识，现在我们想，对他们进行心理辅导更为重要。"惩恶更要扬善，这个创意好。

如何才是保护

　　高温下佛手瓜的叶子蔫了，我很心疼，跟三哥说起自己的感受，三哥说植物都有保护自己的办法，这样的高温下，阳光炽热无比，它们只好用收缩用不再生长的方式保护自己，否则它们很可能会在阳光和高温中死掉。聆听的时候我就想到人的保护，人会通过哪些方式来保护自己呢？

　　生病，是人保护自己的一种方式。人病了，其实是向人发出信息——生活中出现了不平衡的状态，应想办法调整，应想办法改变赶紧成长。结果呢，人们却往往借助药物来快速医治身体，对心灵的感受少有顾及。比如今天，有一个中年女性，她皮肤过敏，除却脸上，其他的地方都起了大小不同的水泡。我知道她的生活中有困扰，而且她本人的安全感就不是很强。生活中的她欲望太多，而她自己的力量又很弱，支持不了她去完成自己的很多欲望——于是就有纠结，就有痛苦，就有太多的委屈。我说："你自己感觉得到的支持太少了吧，而你担负的生活责任又很多，所以，你要学会爱自己啊！"她当即哭了，说自己为父母活，为老公活，为娘家的亲戚活，为婆母活，而为自己活的层面有多少？她不知道。我又说："爱自己并不是给自己买多少好衣服，给自己做多少好吃的。而是要注重自己的感觉，当自己感觉不舒服的时候，可以停下来，慢慢地感受一下，感受这份感受，体会这种感觉。想想是什么让自己不舒服了，尊重身体的感觉，然后感谢身体的提醒。"她说好，自己试试。

爱自己也需要力量

　　人，爱自己真的是一种很大的力量，因为只有自己状况好，才能做好自己该做的事，也才能给亲人以帮助。昨天咨询的那位妈妈说："人，最难受的是什么？是自己做不了事。一个妈妈，连顿饭都不能给自己的孩子做，那种心情，最难受了。"我想，人是表达爱的动物，人能表达爱，而人所表达的又有人接收，那就是幸福和快乐的。而如果不会表达，或是表达了，无人理睬，就要痛苦和尴尬了。而要表达，自然是内心存满爱的能量。如何存满呢？那就需要学习和成长，学习爱的能力和包容的力量。

2013 周
08·16 五　　如此的说课形式

　　晚上气温凉爽多了，昨天晚上舒服而又惬意地睡了一晚上，早上起来感觉很轻松，知道今天可以很有精力地来完成一天的工作。拿块浴巾去洗澡——我已经习惯了早上用这样的方式来催醒自己。我要让身体的每一个细胞都动起来，然后去做自己喜欢的事情。

　　打开院门时，恍然惊了一下——院子外的那棵葡萄竟然不见了！定睛一看，原来是倒在地上了。因为带它攀缘的绳子断了！结果我心爱的、长了一春半夏的葡萄，就跌落在草丛里，与杂草为伍。我仔细地把它从地上牵起来，还好，多亏有草丛柔软的怀抱，葡萄枝没有折断，也没有损伤。再用一块大砖头固定在屋顶，就把葡萄牵引至原来的生长状态。我站在葡萄底下，舒心地看着它，啊！手掌似的叶子又摇曳了，整个枝条又荡漾了，这才是生长的正常状态啊！当生命跌落的时候，是需要扶持的，我甘当这样的生命扶持者，还每一个鲜活的生命以自己本来就靓丽的本色。

　　拿一把锃亮的剪刀，把架子下正在怡然自得的丝瓜剪下来，再掺上一个西红柿，做成一小盆汤盛好，汤里就有了碧玉和红花，再煮上一小绺面条，凉好了喊老公来吃。我坐一边盈盈地笑着。老公就是有大将风度啊，人坐在沙发上，我又把鱼肝油丸递到他手里，他一边拨拉着面条，一边说："司法局那个'社区矫正'的课备好了？说说我听？"我一听，很高兴："好啊！还有心听我说课啊！我的设计动机是这样的，局长让我研究犯罪心理学，我想，何不讲积极心理学呢？于是我用积极心理学的理念来讲。我先用一个故事引出来，故事的大意是，上帝发现人太有本领了，于是就想方设法造了一把大锁，锁住了人通往天堂的道路。锁造好了，最后钥匙的藏匿处却成了问题，人是无孔不入的，能上天揽月下洋捉鳖啊！怎么办呢？最后想了一个绝好的地方，你猜是哪里呢？答案就是藏在了人的心里。每一个人的心里都有一把心锁，而打开这把锁的钥匙就藏在每一个人的心里，只要心锁打开，阳光就会进来，人就会成长，人就会创造天堂一样的生活。但是人还有一个特点，就是人一旦遇到重大刺激，人的心锁锁孔就会变小，就更难打开了。我们司法局设立的心理援助课，目的就是让我们把心锁打开，过自己阳光美好的生活。""真好！"老公吃着面条，还忘不了他的赞美。"接下来我用黄炳科偷百万玉石又送还失主的妻子，最后法律以极轻的判处来表明法律的严肃性是惩恶，还有更为重要的目的是扬善。而我们实施社区矫正的目的就是扬善啊！""嗯，设计得不错，很有逻辑性。""接下来就是体验啦，让人体会生活中善的力量要远远大于恶的力量，而人学会利用善的资源，最有效的办法就是调整自己的关注点和进行自己情绪的转化。最后我再用故事来进行课的提升——有人问米开朗基罗是如何雕出大卫这么伟大的雕塑的，他说，'这个很容易啊，有一天我去采石场，看见一块大石头，从中看见大卫就在里面，我只是将多余的石块去掉了。'——善的因子就埋藏在我们的身体中，只是我们要如何把它激发出来？如何去掉身上多余的石块？我告诉他们，把身体里的积极期待、感恩、勇气、喜悦调动出来，就是支持个人繁衍发展的重要因素。"我说完了，老公的面条也吃完了，他高兴了，说："很好！这样的课要录下来，不然就是一种莫大的损失啊！""有这样的高度？""那当然了。我听了都振奋人心啊！"我也笑了，说："吃了一顿饭，说了一堂课，这样的教研活动，不知是不是还另有他处？"

2013 周六 08·17 痛苦就是一种历练

出去买早饭的时候，特意看看院门口的那棵百日红——如今是它开得最盛的时候，所有的花苞都已打开了。我每日里从它的面前经过，该有多少的目光停留啊！它的长枝如同手臂伸得长长的，两边叶子对生整齐，因为枝头坠满了花朵，所以枝条就弯成弧形。枝头花团锦簇，粉色的花瓣是波浪形的，所以看不分明花瓣之间的界限，就是一窝形的那么雍容着，让人感觉这花开得好软啊，软得如同人的心底。为什么叫百日红啊，有句谚语说"人无千日好，花无百日红。早时不计算，过后一场空"，但此花却有百天的开放时间，一直就那么开着，因为花瓣又曲又挤，所以凋零的花瓣只从地上看见，未开的花苞隐在里面，人之所见的就是那么一团的粉色如初。人之千日好是一种修炼，而花的百日红是一种积累啊！人人都有这样的需求，但因为坚守不够，所以这并不是每个人都能达到的境界。我听说去年冬天因为太冷，市里的好多百日红树都冻死了，我们家的这棵是幸运者，许是因为受了严寒，所以今年开的时间晚了，但花团却胜过了往年，又大又艳。痛苦就是一种历练啊，只要挺过去，那还回来的一定是一个胜过原来的灿烂。

2013 周 08·18 日 办法总比困难多

侄女要在北京买房子了，我把家里所有的钱都归拢一起借给她。除却她爸爸外，就是我借给她的钱最多了。这样，我的卡上还剩不到2000元钱，知道我的儿子三个月之后就要结婚，侄女忧心忡忡地问我："那弟弟结婚，你咋办呀？"我说："离儿子结婚还有三个月的时间，三个月的时间也许会有惊喜呢。"把钱堆到二嫂的面前时，她很替我犯愁，我说："事情都是一件一件来处理的，当前就这事最急了，拿不上钱，房子的首付就凑不起来，那看好的房子就会被别人抢走。而处理好这事，下一件事，也许会有办法。办法总比困难多嘛。"

从娘家回来的时候，我坐在车上，风从车窗吹过，思绪云一样的飘。我想能出手这样大方，一则因为老公的善解人意，二则因为我自己的超然自信——没有生存的那份危机感。记得沙鼠的焦虑是这样的，一辈子都在屯积食物，虽然屯积的食物够多的了，窝里都装不下了，但它们还是一个劲地往窝里搬食物，有的沙鼠会因此累死。我这次的举动，真有一种破釜沉舟的感觉啊！我跟老公说："有句名言这样说，'有志者，事竟成，破釜沉舟，百二秦关终属楚；苦心人，天不负，卧薪尝胆，三千越甲可吞吴。'而今，因为上学的孩子，也因为侄女要买房子，我们把所有的积蓄都拿出去了，破釜沉舟，重新开始吧。"天渐渐黑了下来，黯淡的光线下，我看到了老公坚毅的目光。

晚上，做一个咨询：一位上小学三年级的孩子，突然之间，就不说话了，整天目光呆滞，总愿意一个人默默地坐在那里。学习成绩下滑很快，特别奇怪的是，当和差不多年龄的孩子一块就餐时，他恨不能找个地缝钻进去，不跟同伴交流。当了解了孩子的这些情况时，我说："在你的家庭里，最近一段时间，一定发生过什么事情吧？"妈妈矢口否认，在我的一再坚持下，妈妈才有些难为情地说，她最近和婆母的关系很僵，因为一些家务事，她非常生婆母的气，她把对婆母的不满说给了孩子听，并且阻止孩子到婆婆那里去。我说："那你的儿子从小一定是他奶奶带大的吧？"这位妈妈承认，孩子从小与奶奶的感情非常好，是奶奶一手把孩子带大的，这个家庭从孩子的祖辈起就是单传，所以，奶奶把孩子当成了自己的眼珠子。最近因为婆媳关系的恶化，妈妈强硬地阻止儿子跟奶奶接触，因为她不想自己的孩子受到奶奶的坏影响。看着这位妈妈，我在思忖：什么是真正的爱啊！妈妈的无知，就是对孩子的戕害啊！她的孩子来到世上，与奶奶形成了依恋关系，这种精神的连接就如同脐带一样，孩子借此与这个世界形成连接。九岁的孩子，本来就是半大不小的容易形成焦虑，而表面爱孩子的妈妈把孩子与依恋者的关系切断，无异于扼断孩子精神呼吸的通道啊！他能不窒息吗？孩子内心世界的感觉，最初就是凭借与亲密人的关系建立的，而不是靠懂得多少道理建立的，一个内心结构乱了的孩子，如何与外界接触、沟通、交流、融合？他只有退回到原来的壳中，拒绝与别人接触，才会有点安全感。世上只有妈妈好，世上的妈妈都是爱孩子的，而真正会爱孩子的妈妈，一定会协调好自己的家庭关系，因为家庭是一个系统，当这个系统出问题的时候，那么受伤害最深的，一定是还没有心理免疫能力的孩子。当我把这些道理以这位妈妈能接受的方式说给她听的时候，这位妈妈当即石化，然后就泪流满面。我知道她的心里也是百孔千结，我知道她的心里也有着太多的不容易和说不出的委屈，我于是轻轻地抱住了她。

上初中的孩子为什么会吃指头

今天接触一个案例，妈妈说她今年已经上初二的儿子，个子已有一米七五高，但还吃指头，什么样的治疗方式都使过了，可是竟然越来越严重。我跟她说起以前我教过的一个学生，上初三的时候还吃指头，整天把指头啃得烂糊糊的。后来我去她家家访，她妈妈吓得藏在门后边跟我捉迷藏，跟学生的爸爸交流才知道，这位女孩子的妈妈在孩子上小学三年级的时候得了脑膜炎，经过治疗生命保住了，但智力却骤减，仅相当于四五岁的儿童。于是女孩子就负担起照顾妈妈的任务，在这个家庭中妈妈和女儿进行了角色的互换。女孩子勤勉懂事，学习成绩也好，但就是控制不住吃指头，听课的时候吃，做题的时候也吃，甚至放学回家的路上也吃，吃得最严重的是两只手的食指，整天啃得冒血汁。当时我不是太懂，但后来查资料发现，孩子吃指头，是与爸爸妈妈的一方关系不好。至于有些什么样的因素在起作用，那因每个家庭的具体情况而定。

这位妈妈听完，跟我说她的儿子跟她的老公在同一所学校待了六年，老公是学校的老师，儿子是学校的学生。我问她：是不是在这六年里，儿子的情绪太过压抑呢？这需要妈妈来了解，跟儿子好好地交流。适时地也要给这个孩子做一下心理的疏导。

什么都好看

早上站到院子里望向无尽的天空时，就有了"天高云淡"的那种感觉，云被牵成一缕一缕的，高远了许多，而阳光似乎更加透明起来。我领着黄狗出门巡视外面的花，菖蒲灿烂了一季，粉色的花瓣干了，就如同一块块彩色的纸挂在绿叶上，我跟老公说："看看它们，花开过后，叶子也很好看啊！"老公说："在你的眼里，不好看的东西不多。"这些叶子较之开花前，绿色深沉了不少，它们啊，伺候着开过花，大概也如人做了父母一样，深沉和内敛起来了吧。

2013 08·21 周三　遇到老虎怎么办

　　青岛的心理系同学来安丘讲授精神分析课，晚上六个相识已久的心理系同学在酒店吃饭，大家边吃边聊，同学中一个搞心理测试的出了一道测试题："假如你在路上遇见老虎了，你怎么办？"于是六个人就有六份不同的答案，有的是爬树，有的是跑，还有的是跟老虎搏斗，我说的答案是：不要干扰老虎的生活，人家老虎正在悠闲地享受生活呢，你这么一跑、一爬树、一搏斗，势必引起老虎的注意，引起注意了，你的过激情绪就必然引起老虎的过激情绪，老虎就会生气，一只生气的老虎谁能阻挡啊？大家又说，"那你不打扰老虎，要是老虎打扰你怎么办呢？"那就听天由命呗！我不去打扰它的生活，自己悄悄地，要是真有危险，那就看造化了，逃出去是福，逃不出去是命。出题的同学说，他考过无数人，我是至今为止说这个答案的第三个人，看来我的道行确实不浅啊！

　　其实我对这个问题的感觉是，很多时候对手是我们自己激起来的。事来了，立刻有过激反应，或恐惧，或焦虑，或抑郁，人身体所有的能量都到了情绪的层面了，解决问题的能量自然就少了。因为情绪就是一种能量，如果人长期处在情绪过激当中不能自拔，人就容易被激惹。生活中不乏暴怒的人，这样的人一点小事就大发雷霆或是歇斯底里，这样的人内心太虚弱，而过于频繁的激惹又损害了他心里本来就不多的能量，于是生活就陷入恶性循环当中。还有一点显而易见的道理是，这样易激惹的人，他的情绪也易传染给别人，一旦生活在他周围的人受他的传染也易被激惹，那么发生在家庭或单位的，就是一个硝烟四起的冲突，伤人伤己，还谈什么幸福呢？人遇到的老虎，也可以视做危险的境遇。过激的情绪反应，面临危险的几率比情绪平静时岂不是大出许多倍吗？因为人在过激的情绪之下，是想不出理智的应对办法来的。

　　所以，生活中真正厉害的人，不是那些声色俱厉的人，不是那些颐指气使的人，而是内心平缓、处变不惊的人，这样的人，才是真正有修为的人，才是世间高人。

2013 周
08·22 四　　秋爽的感觉

　　昨晚的气温凉爽宜人，早上醒来的时候，一看，嗬！我竟然弯在老公的怀里，我笑了，说："真的不一样哎，以往醒来的时候，都是东头一个、西头一个的，今天竟然这样少有的亲密，真是天凉好个秋啊！"我知道是因为晚上睡觉时感觉冷了，找温暖，于是就在睡梦中找到了老公的怀抱。我放狗出外散步的时候，看到院子外小花园里的杂草，高得几乎就盖过菖蒲了。我就开始从南头挨着清理，所有的杂草拔净后，又开始拔除土里的草根。老公大概是在家里久等我不来，于是出门来看，一看就动手帮忙。我们清除杂草，又清除草丛里的垃圾。等我们把垃圾清理出去，已经快早上八点半了，看看也就是干了一个小时左右的活，就可以把院子外清理得这样干净，怎么看怎么舒服。人啊，行动起来就是好啊，前几天因为天气太热，看着院子外荒芜的杂草，心里也是百草丛生，愁的时间多长啊！如今一个多小时就可以让这里清清爽爽的，心田里也无挂碍了。人做事犯纠结的时间大概总会胜过行动的时间吧，而且在行动的时候，时间总是不知不觉就过去了。

2013 周
08·23 五　　孩子不听话，其实是家长的一种感觉

　　早上起来，就感觉天空滴落零星的小雨，正在写文章呢，雨就把声音送进了室内，好像在召唤我一样。我开院门出去时，街上的水已成了小溪，看看开得正红的百日红，再看看没开的花苞就像一个个小山楂一样挤在一起，都在雨中哈哈笑着昂头又低头，我也乐了，秋雨既来，夏的燠热开始步步退却了，秋高气爽也就加快了前进的脚步。人生如四季，四季如

人生，春的生发、夏的繁悦、秋的殷实、冬的内敛，与人生少年的意气风发、青年的蓬勃与奋进、中年的繁忙与殷实、老年的沉静与恬然多么吻合。这么想着的时候，雨停了。

此前那个我要她完成童年期的生活的咨询者，告诉我："不好意思老师，没能完成作业。任何理由都不算理由！我现在心情好多了，女儿听话了，我也一直在坚持做弱妈强宝，时刻提醒自己坚持。工作中得到了同事和领导的认可，内心很高兴。感谢你！"而我当即告诉她："你好！只要你心情好了，改变心态，就好。不过，我以为，你的没完成作业，并不是因为你的懈怠，更不是因为你的忙碌，而是你还是缺少勇气正视和面对自己的过去，对于过去发生在你身上的一些东西，持排斥和抗拒的态度。如果真能打开自己的心扉，那么你会感到生活的轻松和怡悦，继而体会到生活的甜美和幸福。还有一件事我跟你说，孩子的不听话，其实是家长的一种感觉，这种感觉往往是放大的，也就是放大了自己的感觉。看你现在把握得很好，真的欣慰。你也可以这样变通来做的，就是自己把过去发生的事写下来，然后在无人时候，读给自己听，当听完后，对于过去发生的一切，你虔诚地告诉自己——我接受，我完全接受，这是生活赐给我的，同时表达对自己的感谢，就好了。"

2013 周六
08·24

身也饱，心也饱

早上去买了一篮子的蔬菜和水果，买回家后，顺势就放在蔷薇架下的小方桌上，于是桌上就有了或红或绿的色彩。我坐在蔷薇下择菜、洗菜，心静得可以听见自己的呼吸。平生对韭菜和鱼有着太多的好感，今天早上遇到了一位熟悉的人在卖韭菜，出于相信就买了一扎，今天可以放心地把它吃下了。安心地做着这一切的时候，就想到前几天三哥请客，问我喜欢吃什么，我说刀鱼。那晚的酒宴，一盘子黄澄澄的鱼摆成花朵的形状端上来后，我的视线就多是逡巡在了它的上面，在座的三个人每人吃了一块后，盘子里的鱼就都是我的了，把鱼用筷子夹过来后，用左手拇指和中指夹住，就开始了嘴唇与鱼的亲密接触，等盘子净出来，我面前的小碟里全是鱼刺后，感觉浑身的每一个细胞都喂饱了似的。三哥笑了，说："怪不得这么聪明，原来是喜欢吃鱼。"此时又想显摆小时候吃鱼的凡此种种，父亲每次带鱼回来的感慨万千，但见三个大老爷们谈兴正浓，也就打住了自己的话头。我吃鱼啊，会吃出自己的心情，会吃出自己的亲情，所以，身也饱，心也饱。

2013 周 享受小·暇的感觉
08·25 日

早上起床，站在院子里看天空，就见天空的白云如一团团的棉花堆在里面，排列均匀，白云的间隙是蓝天的底色，给人一种旷远的感觉。当我做好饭时，太阳就出来了，再看天空时，白云变成了一根根长长的羽毛形状，白云随着太阳光长长了吗？任何的成长都凭借一定的外力吧，连白云的成长也不例外？享受蓝天白云的感觉真好！

晚上知悉，6月2日做考前辅导的那个孩子，顺利地考到一所医学院去读法医专业，而且自己对应用心理学很感兴趣，打算上学时自修，当孩子的妈妈告诉我这个消息时，我体会到了至高的价值感，同时为这个孩子的成长而欣慰。当人有勇气越过一道坎后，会发现天地的宽度是不一样的，而且在跨越的时候，本身就是在成长。而没有越过去呢，人则极易生活在患得患失当中，对于前面的经历易后悔、对于后面的生活易恐惧，这是最折磨人的。当人行动起来后，这些悔意和惧怕就会自行退却。

2013 周 懂得，远比爱重要
08·26 一

打扫卫生时，却发现阳台上的球兰秀出一朵小小的花苞，那花苞是一小堆，老公正在屋里看书入神呢，我喊他快些出来看，他戴着老花镜，顺着我手指的方向看去，眼光亲切柔和得如同阳春三月的阳光："咦？还真是要开的花呀，这次，你没有看走眼。"说着的时候，他乐颠颠地出去端水来浇了。我则在一边手舞足蹈，细数数，这样饱含希望的花苞还有五六朵呢，我似乎看到了明天球兰花坠满阳台的情景。

一直以来，就对这棵在阳台上生长得这么旺盛却未见花开的球兰百思不得其解，对于其中的原因也曾做过种种的探究，甚至跟卖花的老头蹲在马路边一研究就是半天。老公劝我不要再费心思了，他以为玻璃厂排出的毒气污染了这花。后来偶然的那次，我准备把种在泡沫盒子里的韭菜包成水饺，留三哥在家里吃饭，三哥跟我说，泡沫盒这种东西是有毒的，有一个家庭因为常年吃泡沫盒里种出的菜，而染上了一种奇怪的病，后来查明原因，就是与泡沫有关。我当即想到阳台上的球兰就是种在一个大泡沫盒子里的，当初种在这里面，是觉得盒子大如柜子可以装进很多的土，可以提供给球兰更多的养料。听到三哥这么说，我就到花市上买了一个大大的花盆，把球兰移栽到花盆里。

现在看这花苞啊，小爪爪一样的簇在一起，如同爬山虎刚长出来的脚，是那种透明的褐色，我知道它们正在用百倍的努力促使自己开放。原因与结果，是这样的如影随形，而一个到位的改变，就让空长了三年的球兰即将开放。关爱，要符合人家的需求啊，只有照顾到位的需求，才可以开出花来的，一个懂得对方需求的人，带来的一定是到位的关爱与照顾。

所以，对于人生来说，懂得，远比爱要重要。

2013·08·27 周二　让你的心田里开出花来

早上，些许的凉意已不容许在西屋顶上待太长的时间。时序的更迭啊，总在不经意间就已发生了微妙的改变。想到最近几天接触的一个女孩子，现在把这段咨询整理下来。

接触到一位特殊的女孩，妈妈逼她来到这里。青春靓丽掩饰不住她的烦恼，跟她聊天，她根本就不着正路。不知道这孩子的世界里发生了什么，但凭直觉，是有着难以诉说的苦痛，她就那么干坐着，时不时地拿鄙视的目光看我，而对于我说的话，她基本的反应就是撇嘴、皱眉。我还在字斟句酌地跟她谈话呢，谁料她冷不丁地抛过一句："你好可怜！"我想这大概是她内心的一种投射吧，就也不冷不热地说："可怜之处就在于，生活中不会交到真心的朋友。可怜之处就在于，生活永远是端着的。可怜之处就在于，因为总在自己的框子中迈不出去，冷眼看人生，却不知自己的人生真的很冷。"没想到这把她激怒了，她几乎是咆哮了："你就是个巫婆！你就是个妖怪！"嗬！我也不是神人哪，我也火了："我就是巫婆，专门来收拾你这样的小鬼的。"于是一切就没法收拾。我当时反思自己，真是自己的德行不够啊，缺少宽容的心。于是我赶紧言和："假如我对你说的话，对你有伤害，我表示歉意。那么，请你也不要伤害别人。"于是这一次的咨询不了了之。看着她的背影，我很惭愧，哎，都是"巫婆"这个词惹的祸啊，这个词给人的感觉太不好了。

过了几天，她又被妈妈逼着来了。她什么话也不说，人就那么干巴巴地坐在那里。我主动跟她搭讪："你能来到这里，我就看到你积极的一面了。也许在你的生活中，发生了不如意的事情吧。你能来，我就看到了你健康向上的一面，当你健康向上一面出来后，另一面就会消退了。生活总带给我太多的惊喜，包括你今天的到来。"

她并不看我，低着头，但缓和多了。过了一会儿，她慢慢地说："您是心理老师，可能最能看懂我的，我和我那位同学从初中就谈恋爱了，他早就不上学了，我们就这样，偶尔联系，我也爱着他！可是，那天我们同学聚会结束后，他从青岛回来，那天我们玩得很开心，唱完歌，我们几个就在一起玩啊！结果我俩就住在一起了，结果……我真的伤心。"

"噢，这样啊，那么你当时的感觉呢？"

"我是女孩，贞洁啊！啊……啊……"她的眼泪就下来了，哗哗的。我听着，任由她哭诉，我知道她此时，需要的是一双倾听的耳朵，而不是劝慰的话语。

"我是个坏女孩，从初中开始就不听妈妈的话。现在才明白，爸爸妈妈都是为自己好的。可现在，一切都晚了，我感觉自己很脏。跟同学朋友在一起的时候，我就讨厌自己，特别恨自己。而我的那些同学，多好啊！懂得孝顺了，在我的印象中，她们好像没有一次看不起别人啊！虚心，谦虚！而我总是伤害别人，说别人的风凉话，嘲笑别人，感觉她们的优秀让我很难过。"她依旧眼泪哗哗。

"你今天跟我说话，给我的感觉仍是健康向上的。人，不要跟自己过不去，要知道，人最大的敌人，就是自己啊！当人跟自己过不去的时候，人就很无力，人就没有精神做事，人就会很烦，当人很烦的时候，他就会把这种烦带给身边的人，而身边的人就无法跟他相处，于是事情就会越来越糟了。学会宽恕自己吧，因为只有宽恕，才是真正的放下，你也才能从阴暗中走出来啊！想想你的前段生活，是不是这样？"

慢慢地，她的头抬起来了，看着我说："嗯，你说的这些，有道理啊！我好像懂了一点。"

"问题既然发生，就让它成为成长的养料吧！"

"本来感觉学心理学的，有点可怕，怕你看透我的内心。没想到，感觉还很轻松。今天你给我的感觉，真好。"她的泪水不流了，青春靓丽的脸庞有点泛出生机的感觉。看来这养料，还真管用，这孩子悟性极高啊，一点就通。

"你要学会照顾自己的需求啊！不要跟自己过不去。人，挣扎在自己的方寸之间，是很折磨人的。而你照顾到自己的需求，是会开花的。"

"我还会开花？我不成了残花败柳了？"

"才多大的孩子啊，就残花败柳？你今天让我感觉好轻松啊！谢谢你对我的信任。当你向别人敞开心扉时，你的内心就会进驻阳光的。让你的心田里开出花来吧，今天的你，实在是太优秀了。"

"我的心田里也能开花？"她的眼睛都放光了，很惊讶。

"是呀！感觉心田里有花，那就一定会有花的，这就是一种信念，而信念，会带给自己力量。接受自己的过去，并且只把它放在过去，未来的生活则由现在开始，你懂吗？"我把这个孩子拥入怀中，她如同一只受惊的兔子一样在我的怀里颤动着，我相信，她会静下来的。真的很感谢她啊，最后凭自己的力量开始平衡自己，而如果再一味地折磨自己，那么发生什么可怕的事情亦未可知。我轻轻地拥着她，小声地跟她说，也像跟自己说，"我相信你，如同相信我自己。"

她回去后，当天我就在她的 QQ 签名上看到"让我的心田里开出花来吧！"看到这句话，感觉好温暖。这次我感觉，自己的包容可以了。我给她做了回复："心里要开花，要有肥沃的土地、充足的养料，还要有阳光的温情和照耀，那这一切如何拥有呢？要从外界吸取，要学会与人交流，要不断地丰富自己和完善自己，那么你心田里的花，一定会艳丽无比，一定会芬芳四溢。"

2013 周
08·28 三　　让美景与心相伴

　　外出回家的时候，一进自家的小胡同，就看到那株开得正艳的百日红，古朴典雅中不乏艳丽，它把沉甸甸的花朵坠在枝头，一团绒绒的粉色，梦一样的朦胧和缥缈。我跟它的眼神对接的时候，感觉心底也成了绒绒色，被一团粉红满满地罩着了。美需要欣赏的眼光，美更需要悠闲的心情。看这花的时候，就想到花的贵族中，粉色占主力军，而粉色代表温馨的浪漫，其意大概也缘于此吧。

　　再看阳台上的球兰，花苞已变了形状，簇拥在一起的小花苞，已经由原来的小小的种子一样的形状演变为了荷包一样，慢慢地撑开来了——孕育中的宫殿啊！花神在里面吧！我用手捏了球兰的叶子，如耳朵一样厚实，表面泛着油性的光泽，这也是一种保护吧，保护它在冬天都不会殒落。"四时美景闲方觉"，而我在完成大量的心理工作之余，也不忘美景相伴，这是不是一种福分呢？

2013 周
08·29 四　　花是美神，而孩子是天使

　　今天给司法局的那些监外执行人员上课，当我给他们看白纸上画的一个黑点时，很简单，就是白纸上画的一个黑点，可现场的人都不敢说，总以为是什么玄妙的东西，当着心理咨询师的面，怕被看出有什么端倪。我一时感到好悲哀啊！当一个人心门紧锁的时候，他的能量从哪里来呢？当一个人自我封闭到如此程度的时候，他又能如何给予和接受呢？一颗打开的心扉，当如花一样的美丽和芬芳。世人都愿意与花为伴，世人也总喜欢与孩子相处，那是因为花都是把自己的一切一览无余地呈现在世人面前，而孩子也从来不会在人面前掩饰什么，所以，花是美神，而孩子是天使。

而全然封闭自己的人，是多么无助和可怜啊！这样的人往往不能尽享人生的美好，也不能与人很好地相处，躲进小楼成一统，自饮自泣，其结局往往是悲惨和凄凉的。所以，我要用我心理学的功力，为他们的心门开启一条缝隙，哪怕就那么一点点，阳光就可以进驻了。

2013 08·30 周五 父母是人，不是神

天气越来越凉爽了，下午下班回家，凉风习习中，我站在藤萝架下畅想，触手可及的绿色拥我入怀，我抬头即可触摸藤萝架下的枝条。细看时，竟然发现有一些枝条已经干枯了，我用手一掰，竟然"嘎巴"一声断了下来，再仔细看时，这样的枝条竟还有很多，我知道这些枯枝在架上，会阻碍风的流动，于是就一根根地掰下来。枝条粗的有小指一样，细的如同线般，掰下来的枝条横七竖八地散落在屋顶上，看着它们的时候，我明白，攀藤植物并不是仅用叶子来维持生命的代谢，枝条也一并参与，蔷薇如此，藤萝也如此，新的枝条在顶层绽出，而旧的枝条在底下就悄然死去，为它们生长的地方留一片疏朗与空隙。

晚间，有同事来访，她此前一度陷入抑郁当中，因为父亲的离去，她就陷入万劫不复的深渊，而且对于自己的母亲，生出了很多的怨恨。我知道人抑郁的根源有时是不接受父母所致，她对于年迈母亲的不接受，肯定有着特殊的原因，因为就失去来说，她失去了父亲，而她的母亲是失去了自己的丈夫，同样的丧失之痛，为什么不能相互理解和支持呢？是什么如鱼刺在喉而导致了女儿对母亲的耿耿于怀呢？我慢慢地跟她说："父母在现有的条件下，做出的一定是最好的选择，我们不理解不接受，是因为我们是站在自己的角色上说话。你想想对于母亲的所做所为，什么不能接受呢？"她流着眼泪告诉我，当父亲病到最后时，自己是想尽一切办法延长父亲的生命，虽然父亲受癌症的折磨很痛苦，但她不愿意就让父亲这么走了，所以即使是倾家荡产，她也要挽留父亲的生命。而自己的母亲呢，好几次偷偷地找到父亲的主治医生，要求停了父亲的营养针，甚至提出停止对父亲的治疗。我问她："那你理解母亲这样做的原因吗？"她抽噎着说：

"母亲说了，不愿意看到为了治父亲的病，而让自己的子女把家底全耗光，这太残忍。""那你有没有想到母亲的做法是善意的举动？她的做法要理智得多，同时也承担了更大的痛苦？她的出发点更多地关注生的层面，这个，你知道吗？"她似有所悟，抬起头说："我脑子里只是想，当初父亲在停了两天的针后就离开了我们。我觉得父亲是世界上最善良、最包容的人，他就不应该得这样的病，他就不应该有这样的结局。如果母亲不提出给父亲停药，也许父亲就不会走得那么快。而你说的这些道理，我从来都没有想过。"我看着她的眼睛跟她说："人的抑郁，其实就是放不下。而你不能宽恕的人竟然是自己的母亲，这会导致你的身上没有能量，你会时常产生无力感，所以，学会接受母亲的做法。我再说一遍——父母在他们现有的条件下，对于孩子所做出的一定是最好的选择，他们是人，他们不是神，而我们，往往把我们的父母摆在神坛的位置。"

2013周 08·31六　蜕变需要超大的能量

　　早上，站在院子里，因气温的降低，身上开始有鸡皮疙瘩。中午要包水饺，我忙着准备肉馅，因为晚上要去祝贺同事的儿子上大学，老公一个人在家吃饭一般不会炒菜，吃水饺就保证有菜了。我忙不迭地，老公呢，在阳台，戴着眼镜，手里拿着一大摞学习资料踱来踱去地背诵，一边的那个球兰还没有开放的花苞，就簇在他的一旁。我面含微笑看着他们，我知道那是即将开放的两种不同性质的花，一朵晶莹剔透，表面会滴下甘露一样的蜜汁；一朵大器晚成，会用自己内在的魅力来传播生命的正能量。

　　有一个高考发挥不好的孩子，下定决心要走复读的路子，但就要开学了，却又开始有些瞻前顾后，特别是看到自己的昔日好友纷纷做开学的打算，而自己却要旧事重提，心底里终有蛛网似的心结。我跟她聊了复读的动机，然后又谈了如何增强自己的信心，让她看视频《鹰的重生》。因为这个孩子有极强的语言表达能力，我当场让她写下自己的感想，她在纸上写道："当观看《鹰之重生》后，内心有一种强烈的震撼。原来鹰想要继续生存，它是要经历这么痛苦的蜕变，鸟犹如此，人何以堪？看的时候，我自然想到了今年决定要开始的复读。当我做出这份决定时，是多么困难和纠结啊！尤其最近看到昔日好友纷纷在做开学的准备，我有些心存惶惑——面对一年的漫漫长夜，我拷问自己：我真的行吗？看到鹰在漫长的150天的蜕变中经历的种种痛苦，那种等待蜕变亦然决然的心态，我震憾了！是啊，要想赢得新生，就必然经历蜕变的痛苦啊！不去除自己身上旧的沉重的羽毛，又怎能轻盈地翱翔蓝天？不沥血一样去掉那钝化的喙，又怎能搏击长空啊！我毅然选择复读，这不就是一个更新的过程吗？不就是一个新的开始吗？不正是给自己一个挖掘潜能的机会吗？鹰为了重生，它不惜砥砺鲜血，不惜自我拔除，在无人涉足的悬崖上完成自我的更新，换来了新一轮生命的开始，重新把理想挥洒在蓝天白云之上。激荡人心的音乐声中，我的心从没有像现在这样坚强和沉着，我知道我必须放下过去，勇敢坚强地面对新生活的开始！十个月三百天的日月交替中，我也会完成自己人生的蜕变！脱颖而出，获得飞翔的翅膀！我走进咨询室的时候，还是一片晴明的光线，而当我要走出咨询室时，一切已显得那样深邃而高远，我的思绪，被夜空拉得很长很长。我知道如何让自己专注起来。"

助人且自助啊，我也从中感受到了奋进的力量。

9月

2013
09·01 周日　　诠释责任的含义

　　阳台的球兰每天都有新的变化，今天去看，簇拥在一起的花苞已经开始变白，每一只看上去都是规则的立体五星，整个凑在一起则如同一只小小的蜂窝。老公来了兴致，把一只塑料水杯用细针扎上一个小孔，用铁丝把水杯拴住，这样杯子里的水可以一滴一滴地落到花盆里，不用殷勤地给它浇水。花农说了，球兰是不能缺水的，缺水就开不出晶莹的花来。老公真是蕙质兰心啊，这样来体恤我们钟情的花。我伏在花苞底下看，看它开始有点透明的白色，看它规则的图形，三年多都不曾开过，如今要开了，我家岂不是也要应花瑞？

　　今天看了一则文摘谈父母责任的，责任一词，我们都懂得其中的含义，但要做出一个准确的解答，却并不好陈述。我们对于责任的解释都以为为人父母的责任是大于天的，但父母如何尽职尽责，每个家庭都有每个家庭的模式，每个家庭有每个家庭的教养方式。父母按照自己的意愿教育孩子，因此就会出现感觉自己的孩子不听话或是处处与自己做对之类的，更有甚者，会去控制孩子。而我今天看到的这文摘却主张父母应以被动的方式去爱孩子，所谓的这种被动的爱，就是对孩子主动行为的一种回应，英语中"责任"一词的意思就是回应的意思，这种回应是对爱的呼唤最高贵的应答。孩子的潜质都隐藏在自身，当孩子有所体现时，父母给予恰当的回应就是爱的最高形式，因此才有人提出，最好的父母是跟在孩子身后的。至此，我对于父母的包容有更加到位的理解，而我也理解了父母所谓的"我都是为了你好"的潜台词是为了控制孩子。那些包容性强的父母，你是很难从他们的口中听到这样的话的，因为真正的为了孩子好，是不需要说出来的，一旦说了出来，这爱往往也就变了味道。

2013 09·02 周一 孩子会用生病的方式挽救父母的婚姻

入夏的燠热到来后，昨晚是第一次晚上睡觉关窗。早上不到五点，外面仍是漆黑一片。我早起读书，周围虫鸣唧唧，不晓得为什么秋天到了，虫子会叫得特别欢，难道是忙着找伴侣繁衍？当爱要有结果时，应如何真正地去爱这个结果呢？

接触到这样一个案例，家住诸城的一位母亲因为陷入了婚姻的纠纷，纠缠在这种煎熬中已经快三年了，她的丈夫因为婚外情诉讼离婚，儿子正上初二，处在青春期，于是就参与了爸爸妈妈的婚姻纠葛中。三年过去了，母亲小心翼翼地看护着儿子，同时为儿子争既得利益，不放弃家里的房子。爸爸对房子却不放手，婚姻关系成了拉锯战。后来儿子生病了——甲状腺肿大需要去北京手术，做了一次还不行，还要做两次。假期前这位妈妈来咨询的时候，我问她相关的事宜，她说对于儿子的长大及能力，她并不担心，因为儿子现在自己就能处理很多事情。按照心身一体的原理分析，导致甲状腺肿大的心理原因，露易斯·海是这样分析的，"对别人给自己造成的痛苦心怀憎恨。感到在生活中遭受挫折。无法实现自己的理想。"结合这个孩子的遭遇来看，这个结论是很准确的，儿子的病自然与他对爸爸的仇恨分不开。还有一点就是孩子会用自己的生病来挽救自己的家庭。可怜的孩子！残酷的生活！

2013 09·03 周二 生活大多取决于如何看待

阳台的球兰如同倒挂的一只小伞，一根长长的伞柄下伞面展开，整个的伞面是由一朵朵的花苞组成，现在已经成了近乎透明的白色，能看到里面血丝一样的红色，但颜色要比血丝深多了，较之前几天，这些花苞由原来的簇拥在一起而分散开了，每个五角星之间隔了不小的距离。物与人是同样的道理啊，要开花了，就得先为自己辟出一片空间来，好承载自己啊！这是不是也可以称为未成曲调先有情呢？花还未开，我早已是千回百转地瞅着它，因为它的存在，阳台就平添了几多的色彩，每每此时，老公总是笑眯眯地说："傻瓜，别看了，看到眼里就挖不出来了。"我则笑着说："是吗？只有看到眼里，心里才有啊！只有有感觉的东西，才美滋滋啊！"看看球兰花盆上面悬壶济世一样的瓶子，我想此时的球兰心里，也一定是美滋滋的，它的美会通过花的笑脸告诉我们。

想到一句话：生活中，只有10%是靠你去创造的，而另外的90%是看你如何对待。种球兰时并没有费太多的时间，而种下之后与它相伴的时间，却是每天都有的经历。如果说这10%与90%的区分，能决定一个人幸福与否的话，那么也可反过来思考一下：就是客观的事实能引起人情绪10%的反应的话，那么对这件事情的看法则会影响人90%的情绪，所以说，发生了什么并不重要，重要的是你对问题的看法。梳理近几天的案例，我对痛苦做一个深入的思索：我把痛苦分为有形的痛苦和无形的痛苦两种，有形的痛苦是因事而来，比如前面那个女儿父亲的去世、那个孩子的父母闹离婚，这都是有形的痛苦，这有形的痛苦所引发的情绪一般是悲伤、愤怒、害怕等，当这些痛苦出现时，人的身体和心理都会进行适时的调节。而当身体承载不了这些痛苦时，这种痛苦就会引起人心理的异常或是身体的疾病，因为生病往往是拒绝成长而付出的代价，这时的人往往会陷入抑郁或焦虑当中不能自拔，这个阶段就是无形的痛苦啊！

当人陷在有形的痛苦中时，人就会面临一个调节、适应和平衡的过程，这个时期的调节，受种种条件的制约，比如人的基本素质、能力，人可以借用的资源、人对问题的认识角度、人对问题处理的弹性程度等。当人对这种痛苦盛不下，这种痛苦就会如云一样弥漫开来，此时就不再是一个点的问题，而是一个面了，当痛苦成面时，这种为痛苦付出的代价也就太大了。所以我的理解，这10%可以衍生，也可以毁灭啊！

2013 09·04 周三　悟到灵性人生

有一根藤萝的触须，不是从架子上长出，而是从藤萝树干的底部伸出，当我发现它时，它已经匍匐在南邻居的墙基的小平面，长出三米多长。它如筷子一样粗，每对侧长的叶子相距大概有二十厘米。我在它的旁边放上一块小石头，看看它一天一夜能长多少，结果发现这家伙一天一夜能长二十厘米左右。那么壮壮的一根藤，就长在这个特殊的地方，藤芽是深红色，后面是翠绿色，一副挺进中原的感觉啊！

这根藤萝，直等花架上都攀满了，才在底部发展新的势力，这算不算是大器晚成呢？而这晚生的芽，似乎是多了充沛的生命力。当顶上生成纷繁喧嚣时，它却默默地在一个几乎无人窥见的角落里，悄悄地把自己生成，而且以逼人的速度在疯长。这晚成的发展势头好猛啊！独自承受成长的孤独，没有与同伴厮磨的切蹉，如同一位紧身裹衣的夜行者，自促自步地不曾停歇，为的就是向往那黎明朝霞满天的灿烂。这要耐得住寂寞，这要承受住孤独，活在自己的一方精神王国里，聆听生命深处灵魂的激越，把自己从根部汲取来的力量发挥到极致。人呢？人要达到这样的境界需要除却什么？那一定要除却为生存而糊口的尴尬，去拥有与世间万物共生同喜的境界，这就是大器晚成吧？我姑且命名为这就是灵性人生吧，因为人到中年能沉溺于一件事情，而且这件事情跟生存无关，这实在是一件很有福祉的事情。

这些，都是藤萝教给我的，我懂得，它也一定懂得。

2013 09·05 周四　球兰花开放了

就在今天，球兰花开放了！垂下的小伞终于打开一半，立体的五角星南边的开了。到底是接近阳光地带啊！白色的蜡质的花瓣，看上去厚实得很，中间红色的花蕊如同点了一滴深色的胭脂，最精致的是中间有一丁点的黄色，造物的神功啊！竟把一朵小花装点得如此精美和细巧。我俯下身在它底下瞧时，才豁然发现，原来组成五角星的那些表面打开来就是蜡质的花瓣，而原来透过花瓣星星点点的红色就是它的花蕊，不知它在慢慢地张开时，可是如同绽放的笑容一样最美、最真？其时阳台的温度并不高，特别是早上，气温已到了十五度左右，我忘却了这早秋的凉意，内心早已被这球兰花填满！我逐一看去，球兰的叶子在晨光熹微中，泛着油绿的光，那种绿的色泽，已从架上流下来，染绿了我的双眸。看看阳台这一小景，再看看球兰的花架上，还有几朵小如豆粒一样的花苞，已隐隐地透出要展现芳姿的迹象，我在思考这花苞到这个层次了，要多久才能开放呢？老公说我可以在它的下面挂上一个标牌，这样就能算出它们从孕育到开放的时间，这真不失为一种良策，还不用刻意去想。

2013 周 09·06 五 悟到原生家庭的影响

　　球兰终于全部打开了，看上去，真如在绿意盈透的叶子间垂下了半个绣球，难怪有人会把这种花称为绣球。组成球的每一朵小花，小的如同小指甲，令人拍手称奇的是这么小的花朵里竟然还有花瓣，而里面的花瓣排列与外层的花瓣排列间隔进行，外面的大五角形与里面的小五角形正好错落有致。我感慨啊！如此小的花却能开到如此精致的程度，而我们做事呢？细小如指、纤如发丝的事情，是不是也能做到这样的极致呢？看看这花的表面，已经浸出晶莹的蜜汁，如同甘露一样的垂在那里，生活的赏赐啊，从来都是甜的。这朵盛开的花朵旁边，有一个正在孕育的花蕾，如同一堆褐色的种子一齐挂在那里，这样的花会陆续开满在这油绿的叶子间。球兰蜡质的叶供养出蜡质的花，由原生到新生，总有着许多的联系。

　　看到一则小故事：她准备烹饪一条鱼，老公问她会不会，她说没做过，但见过她妈做，鱼头鱼尾切掉，鱼身子放入锅里，再把鱼头鱼尾放入锅里，加水，开火煮。老公问干嘛把鱼头鱼尾切掉，直接煮不行吗？她说，妈妈都是这么做的，问一下吧。于是打电话问妈妈，妈妈说："我也不知道，我看你姥姥就是这么做的，我问一下你姥姥吧。"于是妈妈打电话问姥姥，姥姥说，原来家里的锅小，不切下鱼头鱼尾，放不下……

2013 09·07 周六 疗愈的作用

昨天去查看那根贴着南邻居墙基直长着的藤萝，发现它竟然窝在了墙的一个洞里，这个洞是邻居安装排水管的地方，因为年代久远，铁管子腐烂了，只有一个空洞在那里，当藤萝顺着一路长来的时候，弯到里面去出不来了，头部已经弯成了几道弯，而且整个枝条也都憋成了绿色。当时我好心疼，小心翼翼地把它从洞窝里拿出来，平伸越过那个巴掌大的洞口，于是藤萝就长到了洞口的这边。今天早晨忙完了该做的活去看时，嚯！它弯的地方竟然都平直过来了，而且枝条前半部又变成了红色的沙土那样的颜色，如同里面充斥着流动的血液。文章写到这里，我就势躺在沙发里，听着那首百听不厌的《感风吟月》，心想人、动物、植物都有这样的功能吧？既可以用自己的方式求助，也可以用自己的方式疗愈。

2013 09·08 周日 对视会产生能量

西屋顶篱笆墙上的蔷薇有几枝新发的芽长得很快，几天的时间就长了近一米，因为没有固定，就斜散在那里，有的甚至歪长到别处去了。我找了一把剪刀，拿了一块细绳，把它们逐一固定好，然后就隐在藤萝的影子里，看这光影婆娑中的藤萝跟蔷薇。

昨晚与诸城的艳子讨论了一个案例：一名女教师的老公，因制毒被劳动教养一年多，从监狱出来，人整个变了，特别地敏感，特别是对妻子敏感，看什么都是灰色的。妻子背上了沉重的心理压力，吓得不敢跟他一个房间睡觉，没办法就来做咨询了。艳子知道我给司法局的监外执行人员讲课，于是问我应如何做这个咨询。我说，一个刚刚出狱的人，最亲近的人如果不接纳他，他就会找不到感觉，没有感觉，行为就不会符合人们的期待，于是很容易再出问题，这就是所谓的破罐子破摔吧。既然妻子是个老师，那她懂得的道理相对多一些，不用调整她的认知，给她做体验就可以了，夫妻应一块参加，先让他们的情绪平静下来，然后对视五分钟，配上音乐，对视的时候，在音乐的催醒下，人的信任度就会被激发出来了。然后闭眼互相抚摸双手，同样在音乐中，再配上解说词，让他们在触摸中充分地感受，体内存储的记忆会慢慢地苏醒过来，触觉唤醒他们曾经美好的记忆。刚刚出狱的人员内心最在乎的就是别人对他的接纳，特别是妻子对他的接纳，重要到能决定激发出他身体的什么能量。在接纳状态中，善意的能量激发出来，人就会融入家庭跟社会，那这个人就有救了。救赎也是在信任的前提下进行。不接纳的话出狱者会很痛苦，痛苦状态中激发出来的就不一定是善的能量了。

2013 周
09·09 一　爱自己所爱

今天在深红色的花盆里栽了一棵绿萝，感觉是栽下了一个浓浓的希望。那日在汶水小学校长的办公室里，看到一棵绿意正浓的植物在一个红色的花盆里恣意地生长，盆里都装不下了，绿色的心形的叶子沿蔓垂下，盆里的叶子饱满地张着，与球兰不同的是，它是一种淡色的绿，什么时候看上去，也是那种新绿。

有一个五十岁左右的同事因心肌梗塞而去世了，儿女尚没有成人，于是圈子里的人都感叹唏嘘。心身疾病理论认为心脏是代表爱与安全的中心，那人心脏有毛病，就是它的爱与安全出问题了。人的心理能量大多是储存在心里面的，人的根基性的能量就是爱、就是安全感啊！这是人生活的根本啊！心身一体的概念在这里还是得到了高度的统一。一个会爱的，一个懂得爱的人，他的心脏功能应是极好的，新陈代谢的功能一定很好，他会以爱的韵律来跳动，他会把快乐装进内心里存储好，他会适时适度地表达爱，他获得的是充分的自由和安全，他相信生活都是按照美好的进程推进的，在爱的洗礼中，会发出生命的最强音。

　　积极心理学认为，人的幸福取决于三个要素：一是希望，二是有事可做，三是能爱人。我分析这三项，希望是牵引人的，同时也可以大大地拓展人的生活空间，人只要有希望，就能够在暗夜里看出光明来。曾有人说，是希望吸引着人从爬行动物蜕变成了直立行走的人，因为人需要仰望。有事可做自然是人价值感的体现，人啊，最怕别人说自己无用，也最怕别人说自己无能，一个心智健全的人，只有在做事中去成事，在成事中去体现自己生的欣喜和人生的价值。而能爱人呢，则是能力了，能爱人即能付出，付出与接受永远是一个收支的平衡，爱出者爱返，福往者福来，能爱人、能有人值得自己所爱，真的是一种幸福。

2013 09·10 周二　看着妈妈的眼睛说话

　　三哥来打球，我要他看一个奇观，他很好奇地跟着我来到南屋的院子里，当他发现那长在墙基上的藤萝时，是惊奇地叫了一声的，我跟他说这藤萝是如何找这样一处成长的地方，是如何窝到了墙洞里出不来，然后又如何长到现在这个样子。三哥扶了扶眼镜，如同看天外来客似的看着这一切，然后拿起一块石头，在墙上写下了"9.10"的字样，边写边说，过几天再来看看它到底长得有多快，画完后，他定睛看着说："好家伙，真像一条蛇！"我想这藤萝也是精灵，这吸收天地之灵气的精灵，就以这样的方式来演绎生命，诠释着生命的激情。

　　晚间，一个上初一的孩子来咨询，我想改变之初的咨询，目标的设立是最为重要的，于是跟孩子设立下三年后的目标，近期的目标。孩子的眼睛亮晶晶的，充满了无限的向往，我跟他说，初中所学的内容都是为了让人适应地球这个环境、了解人类发展的历史、学会生存的技能，就学科的功能来说，语文、数学、英语是学会生存能力的，而地理、生物是让我们了解和适应这个我们生存的环境的，历史是让我们了解人类五千年文明的发展史，政治则是照顾我们高贵的思想，每一学科都有它的用处，而学好这些，最为重要的一点是对所学的知识有感觉，只要有感觉，感觉亲切了，就会喜欢，于是成绩也就提上来了。孩子神采飞扬、信誓旦旦，我让他看着妈妈的眼睛告诉自己："我，XXX，是最有能力的!"

　　阳台上的那朵球兰花熠熠生辉起来，如同一团炫目的白光，闪在那里，总是能把你的目光夺过去。最为惊奇的是，这一团白色是由无数的小花朵组成的，组成它的小花朵因为是围绕一个轴心打开，所以就组成了一个半球形。这只精巧的悬垂的球，每一朵打开的白色五角星表面，都挂着一滴晶莹的甘露，我不忍用手去掐，极度小心地用嘴巴凑上去，首先感受到的是冰凉，然后是渗入心脾的丝丝的甜，如冰丝一样融化在我的身体里了。这造物的神功啊! 竟然能分泌出蜜汁来润我的心，秀出一团白色来爽我的目。小心地触摸一下这花瓣，厚实得如同美女的芳唇，只有这样的芳唇才匹配这样的润泽吧? 我醉了!

　　有时真切地感觉自己的生活，就这样被院子里的植物横切开来，有时是和藤萝相伴，有时是和蔷薇对视，有时是和球兰私语，它们给我的生命以最真切的滋养，让我的心灵是如此宽阔和敞亮，如同思念一个人，内心里存满了说不出的颤动，若隐若现，欲落还升，我时常张开双臂拥它们入怀，于是我的怀里也就有了生命的丰盈和甜蜜。人快乐与满足的境界取决于心灵的丰厚程度，一颗与这些旺盛的植物同生共喜的心灵，怎么会不丰厚呢?

　　下午的时候，接了一个妈妈的咨询：上初三才几天的儿子，离家出走了。这个儿子参加初二地理、生物的期中考成绩很差，就感觉自己考高中的希望几近于零，因为上学的问题与爸爸意见不一致，爸爸一气之下打了儿子，于是儿子就离家出走了，从此妈妈的心就悬在了风口中。我跟妈妈说，先把自己的不容易放下，去理解儿子的艰难，因为儿子现在所处的年龄阶段，他看问题不免偏颇，情绪易过激，所以，做妈妈的只有先接受儿子现在的一切，收拾自己所有的抱怨、痛苦、纠结，去体谅儿子的不易——谁让我们是妈妈呢? 说到这里时，我和这位妈妈都流下了眼泪，因为孩子可以肆无忌惮，而我们却不可以。多么理解这位妈妈的艰难啊! 为人父母者，为生活打拼最大的动力就是对孩子发展的期望，而她的孩子现在却让她看不到一点希望，还有比这更残酷的事情吗？但是既然有了这样一个坎，那就搀扶着孩子一同迈过去。必要的时候，我拉他们一把。

2013 周四 偶见公公年轻时的照片
09·12

　　阳台的球兰又见花骨朵秀出，我站在它的下面仔细看上去，才恍然发觉，球兰的花骨朵内像极了用细丝串起来的鱼籽，这等长的细丝发端于同一处，悬挂着同样大小的花苞，打开的时候自然绕轴而成球形。这样的鱼籽包共有近十个呢，逐个打开时，就真是美如兰了。

　　下午去兴安小学商讨家长课的事情，结果无意中邂逅一位当年跟公公一起工作的老教师。公公当年在这所学校工作时，学校的名字是安丘县南关小学。1953年的时候，学校的全体老师共十七个人照了一张黑白照片。公公当年二十五周岁，就和今年儿子同样大的年龄。照片上的人大多已经作古，而我的公公也已逝去七年。六十年的光阴啊，世界发生了怎样的变化啊！我跟老教师说明自己的意思，要拿照片复拍下来，看着这照片给儿子讲他爷爷的家史，这是儿子婚前最好的家庭能量传递方式。老教师爽快地答应了，我很感激他对我的信任。

　　晚上，灯下，我仔细地看着照片里年轻的公公，眼泪就湿了脸颊。二十五岁的他，好年轻帅气啊！当时他还没有结婚，他最大的孩子——我的大姑姐出生于1957年。当年这个年轻帅气的小伙子，想到他的人生会是这样子的吗？而我的老公，在他二十五岁的时候，我们还不曾相识，如今二十七年过去了，老公二十五岁的时候，又是什么样子呢？我的儿子，今年恰好二十五岁，他就要走进婚姻的殿堂承担起一个男人的责任，他今后会遇到什么样的风风雨雨呢？六十年的光阴，一个天干地支的轮回，三代人的时光重叠，我泪眼迷蒙中，为家庭的兴盛在做着我特殊的谋划——这一切，公公泉下有知吗？公公、老公、儿子，他们血脉相承，我为人儿媳、为人妻、为人母的角色，注定了我为这个家庭付出的心血跟智慧，这就是女人的宿命吧。有人说"未婚女人是燕子，四海为家；已婚女人是鸽子，飞到哪里都要回家；有孩子的女人是母鸡，很难离开自己的家"，我现在不但不再离开，而且为这个家殚精竭虑。

泪水流到脖子，我想到我看过我们马家族谱，有多少的分支分着分着，就出现了"无嗣"而断掉了，作为一个家族来说，能够流传下来那是多么幸运的事情啊！冥冥中，我为一切女人的付出而祈福！有人曾说，女人的一半近乎于神，这话我信。我想，每一个女人都是一棵大树，她在娘家成熟后，就会连根移栽到婆家来，于是，她带着原生家庭的印记，她甚至还带着原生家庭中父母给她的那份特殊的娇气，就扎根在婆家，去除了一切浮华，丢掉了一切娇气，她必须在这块领地上站起来，只有站起来的母亲才会给自己亲生的孩子一份底气。从女孩到女人，许是因为生理的变化，这仅是物理变化吧！而从女人到母亲，却是滴血的砥砺，这就是化学变化了。我的直觉，一个成熟宽容的妈妈，有时是需要婆母这块磨刀石来成就的，因为一个善良的女人，一定会因为爱而有所不忍，一定会因为爱有所不舍，大概每一个女人的成功移栽，都会伴着被窝里不尽的啜泣。而每一位成功的妈妈，也一定会有爱夫所爱、去成全丈夫的懿德。汉字万万千千，唯有这个"懿"是送给女性最好的表达。世间最好的女人不仅会包容，她更会成全。

感谢美好的际遇，让我目睹公公年轻时的照片，在我儿子即将结婚的时光里，在此我深深地鞠一躬，同时把泪洒进了婆家这块我深爱着的土地。

2013 周 花开一样的心情
09·13 五

老公要赴京了，我一早把他送到车站，买好票后他就走进人群里。我中午自己回家的时候，远远看到家门口的百日红，感觉如盛妆的美人一样站立着迎接我回来，那种感觉真好啊！家门口一棵花树，一年的时间有一百天享受一树花开的美丽，出门时它送你远行，回家时它远远迎你回家，这样不管出门还是进门，都有花开一样的心情，真好！

承受最大的成功

　　早上醒来时，已是七点半了，太阳光已经铺满院子，我穿着睡衣，端着水来到屋顶，沐浴在初秋的阳光中了。佛手瓜开始长了，阳光中，片片叶子张开，如同一把小蒲扇展在那里，表面是油油的绿，似乎能淌下油来，看上去，这种绿就带有了黑的颜色，黑绿才是绿的极致吧，我认为黑色是最能承担能量的颜色。现在，夏的燠热已完全退却，享受的是秋的清爽与惬意。

　　我一个人在家，是难得的清静，轻轻地饮着玻璃杯里的水，眼神中就全是绿了，就连手中的水也成绿色了。成长的季节，大多定义春为萌动、夏为成长、秋为收获，这是最安全的成长方式，也是成长的常态。但佛手瓜呢，则用自己的勇气打破了这种常规，它用三个季节成长。秋天的不温不火、秋天的不疾不厉，其温度、风力、阳光的热力，与春天何异？这样的季节不是照样可以成长吗？由此想到人，未成家的时候无生计、责任的牵挂，可以一心一意地成长，及至人生的夏天，则是忙着打拼与营造——上有老下有小啊，那肩膀时常就借给了别人。当人生的秋天来到的时候，父母多已远逝、孩子已长大，再无那么多的责任，再无那么多的牵挂，于是似乎又回到了未成家时的那段无忧无虑的时光，只是大多数人易感慨时光的无情和人的老去——有几根白发就感慨岁月已老，眼睛有些远视就感慨自己的无用，记忆的速度有所下降就慨叹脑子不好使了。而我的老公则全然不同，知天命的年龄却有青春期的活力，重新披挂出征的身影让人感觉春光无限！谁说秋天只是成熟的季节？秋天也可以用来成长！我在身后为老公鼓掌！

　　看着佛手瓜蓬勃的长势，宽大的叶子如同手掌，为自己撑起一片绿色的天地，叶脉在初秋的阳光中清晰可辨。它的成长啊，多少就带有了那么一点冒险的性质——当温情还在四溢的时候收获，多安全啊！可以放心地迎接冬之朔风的到来，不用担心霜打与严冰。而它呢？绿色肆意的时候，也许一场过早而来的秋霜就让它的绿叶顿失颜色。而只要秋霜不至，它就可以把自己生命的历程延长、再延长。这样的冒险就是风险吧？而只有一颗敢于承担风险的心，才能承受最大的成功与欢愉吧？

佛手瓜是，我的老公也是。

2013 周 粉色的感觉
09·15 日

阳台上的球兰又有一朵花苞变白了，一朵花要怎样开过？现在阳台上花香馥郁，每当有些劳累的时候，我就把眼睛闭上，然后把嘴巴凑到花的表面，于是我唇染芳香，就带着这样的一种芳香，在家里劳作，把香气洒播到我走过的每一个地方。

和着球兰的芳香，我在阳台上给儿子做结婚用的被子。粉色的花布把阳台的玻璃都映红了。当第一床被子做好后，我积累了经验，改变了缝一行穿一针的做法——先量出缝一行用的线的长度，然后一根一根地量好、剪断，把九根针全部都穿好线排在那里，我就一根针一行地缝去，那感觉如同武林高手用最拿手的武器"欻！欻！欻！"这种感觉是那样的舒服，自己就像是千手观音，可以在自己的手下演绎出色彩和奇迹。欣赏着彩色的花布，感觉生活就是这样的五彩缤纷。两天的不停劳作，就在沙发上展现了自己的成果。我用手轻轻地抚摸着自己的作品，感觉意犹未尽，想了想，又到街上去给侄女裁一块好看的花布，我要给我在北京买房子的侄女也做一床新被子，好让她也感觉一下这超然的温暖与舒适。

2013 周 轻松的付出，欣然的接受
09·16 一

球兰叶子的映衬下，我坐拥一堆的花被子，感到内心里满是色彩了。想到儿子结婚，媳妇的娘家有陪嫁、婆家也精心准备被子，而侄女呢，自己一个人在北京打拼，她对被子的需要是胜过儿子的，于是在QQ上告诉侄女，我顺便也给她做了一床新被子，一样新的棉花、一样柔软的里子、

一样缤纷的被罩，侄女发过来一句感言："呜呜呜！大姑你真好！"我告诉她此次给她做大床的，她说不用大的，我说大的可好呢，有一种在里面钻不到头的感觉，她发过一个笑脸表情。我详细地告诉她，这次做被子用的棉花，是从安丘的西南山区买的，山区的棉花因为光照充分、水分比平原地带的要少，所以棉绒特别长，质地特别柔软，她人在北京，盖着家乡的被子，一定感到特别的温暖和舒服。她说："大姑呀！我爱死你了！"这情人之间的绵绵情话用在姑和侄女身上，也好有轰动效果啊！我一时感觉自己也被自己做好的被子罩着了。给儿子操作了多少啊，他从来都不曾说过："妈妈！我爱死你了！"知道男孩子矜持，不会这么矫情，而侄女的表达确实让我感到自己所送礼物的价值。我就马不停蹄又到街上去，挑最好看、质地最好的棉布，给侄女做了一件四件套，让她好好地美一回。

由此我想到了海灵格论述有关礼物的意义。当我们决定给别人一份礼物时，一定不是随便做出的决定，所以就很期待付出，而接受的一方带着感激之心接受，无疑是最好的方式，因为这样的施与受就维持了关系的一种平衡，双方都体验到一种轻松而自由的愉悦感，人会产生最深沉的满足，于是幸福的感觉就来了，这就是爱的能力的一种表现。大量的施与受会带来丰富而幸福的感受，人就会体验满足及平静。

付出的正是别人所需要的，那种快乐无以言表；欣然地接受自己所需要的，不曾体验压力和紧张，也不会想到要马上回馈，这是最幸福的。

2013 周二 09·17 走在树下的感觉

骑着自行车去上班，走在向阳路上，花花搭搭的影子中，秋风瑟瑟而来，最舒适的季节了，特别是走在树荫下的感觉。这两排高大的悬铃木，两排在空中眼看要对接起来，人在树下行走，就会有一种特别的安全感。

早上，天上的白云如同一床棉絮被一双巧手扯开了，丝丝缕缕地伸展在那里，露出了蓝色的底子，坐在屋顶上，四周是欢快的鸟语，看着佛手瓜的叶子表面湿漉漉的，就知道温度在这里如何进行低与高的更替。虽然佛手瓜在盛夏遭受了高温的侵袭，但当它恢复了生机后，长势依然不减往年，我攀到架子的顶端看它时，发现它在架子藤萝的上面已经匍匐了好大的一块地盘，一副它的地盘它做主的样子，纵横捭阖、睥睨天下、傲视群雄的姿态，好大气啊！在不适宜成长的时候可以静下来，先姑息在那里，静伏着等待，等待的时候，就是一种蓄势待发啊！总有适宜成长的温度啊，从夏到秋的时间这么长，它耐心地等待着。当适宜的温度来到的时候，就一发而不可收了，就会再度创下往年的辉煌！

跟它对视的时候，我轻轻地笑了，笑自己在盛夏的时候为它惴惴不安的心，笑在气温三十七八度的时候我因为担心它的成长把自己的心也炙烤。成长啊，总有太多的担心在里面，成长啊，总有太多的焦灼在里面。其实人和物是一样的，都在做自己最好的调整。我由此想到了母亲跟孩子之间的关注，母亲跟孩子的关系有两点值得高度关注：一是孩子的成长速度远远高于母亲的预估，所以母亲们对孩子的能力有着相当大的贬低和成见。担心、指责、怀疑和失望，充斥在母亲跟孩子的关系中。从自己接触的大量个案来看，这个结论是非常成立的，亲子冲突大多是因为不信任导致的；二是女人成为母亲在人格上准备不足，缺乏信任自己孩子的能力。信任真的是一种能力和涵养啊！而信任缔结出来的美，是什么状态呢？这几天架在西屋的木梯旁边招来的一群蜂子，个头看上去特别大，它们在那里"嗡嗡嗡"的飞来飞去，妨碍了我上来下去的道路，起初也有些担心，不敢在蜂群中穿过，但自己精神的领地在西屋顶啊！于是抖着胆子小心地从蜂群中走过，情绪是平稳的，脚步也是从容的，哎？竟然互不妨碍、各行其是，于是我又一次想到了过度的情绪反应在危险面前其实是造成危险的原因。回想当初的那道选择题，遇上老虎视做没有看见，才是最好的保护！这群蜂子与我的和谐相处就是明证。

再回到亲子关系上来，无数经验和研究证明，父母跟孩子尤其是母亲跟孩子的关系，制造了孩子最核心的人格。这个人格在很大程度上决定了孩子将来能够取得的成就和敢于享受的幸福。所以，做父母是一门科学，而不是本能。

2013 09·19 周四　中秋节

节日到了！白天先是把家里统统打扫一遍卫生，晚上又到婆母那里，把她家的卫生也打扫一遍，把肉炖在锅里，就利用炒菜的间隙清理厨房的卫生，结果菜炒出来后，累得左手的两个指头粘在一块了，让老公掰了半天，才掰开。菜端到桌上了，婆母很满意，特别是对她孙子送她的鹌鹑蛋，一直就夸个不停，她似乎对这种食品特别喜欢，我想让儿子以后多给她买。还有孙子媳妇给她的泰华购物卡，她更是高兴，跟来看她的每一个人都夸过。

饭后回到家里，已是八点多。我自己一个人坐在院子里的木梯上，看着天空中明镜一样的月亮，默默地发思古之悠情。佛手瓜在身侧，藤萝在身后，前面是月亮，我浑身披满月光，这是怎样的一种境界啊！明月几时有？明月此时就有！有多少人在看月亮呢？这情感的载体，背负着多少人的情感啊！

2013 09·20 周五　生命总在更新

阳台上的那朵球兰谢了，一个五角星一个五角星地落下来，而它旁边的那朵又熠熠生辉起来，生命就是这样吧，总在更新，总在代谢，关键是新生的、谢去的都要欢乐地走过。

中秋节过后，气温仍然不低，今天中午就热得不行，和婆母一起包水饺，我的汗水滴在面板上，我问："娘，你觉得热吗？我怎么觉得这么热啊？是错觉吗？"婆母笑了，说："热啊！我都出汗了。"人，不管什么时候都需要一个参照的对象。

2013 周
09·22 日　谁说落叶是失意的蝴蝶

因为中秋节的假期，今天虽然是周日，但要上班。骑车走在向阳路上，发现路沿石的凹槽中已经堆积了一层落下来的黄叶，季节到了，虽然气温有些高，但落叶终究还是有了，这就是所谓的一叶知秋啊！黄色的落叶在地上翻飞，真像一枚枚蝴蝶啊！

有一个很有名气的诗人说落叶是失意的蝴蝶。说它失意，是因为它的不忍离去，还是因为它的万般不舍？说它是蝴蝶，是因为它的色彩依然，还是因为它的血脉中，仍然涌动着一份相思、相恋，却要忍受生生的离别？

我凝视秋风中的落叶，确像蝴蝶那样的翩然，更像蝴蝶那样的怡然，腰身是蝴蝶的腰身，身段是蝴蝶的身段，太多的相似，太多的美不胜收的容颜。只是我不想冠以失意，失意的东西哪有这样的色彩斑斓？我看它们在风中的飞舞，是怡然的蝴蝶翩翩。

如若不然，为何会那样的轻盈？又为什么，会分离得那样毅然决然？——噢，我知道了，是因为拥有了春意的生机，从一点点一滴滴中成长，在一簇簇一丛丛中壮大，把春的生机点燃到盛夏火热的季节，该珍惜的时光寸寸都留存于心，该留恋的每一缕春风，每一次际遇都谨记于胸，春风化雨，桃红柳绿，燕子翩飞，莺歌燕舞，都会引起内心的悸动，在企盼与热望中，小芽长成了掌形，伸展着翠绿的腰肢，用一枚蝴蝶触须般的叶柄与枝杈相连，风中雨中，血脉相通，根基相连。因有着看似细小实则强大的相通，又有着自由的成长空间，风中会跳起欢乐的舞蹈，雨中会淋漓着彼此的眉眼，心怀一份感激中，用自己的语言与天空、大地、白云、阳光细细地交谈，轻轻地诉说，诉说着生的欣喜，诉说着拥有的欢乐，诉说着成长的欣然——就那样啊，从点点的鹅黄变成了浅绿、深绿、浓绿、墨绿，秋风来了，生命的律动不就是这样子吗？该拥有的会拥有，该失去的也必然会失去，叶子在秋风中一点一点地褪去一年拥有的一切，把墨绿变成金黄，变成褐红，去回报阳光所给予的厚爱，回报春风的化育，回报雨露的滋润。风中，絮语依旧，只是，风中的诉说，已掺杂了离别的语言。

季节已到，大地会收回它在春天放飞的天使，一点点的，蝴蝶的触须从母体慢慢地脱落，真正的舞蹈开始了，这样的舞蹈力度更大，不再是翩飞，而是使出全身的解数，在天地间划出一道道漂亮的弧线，回归！回归！回归时携春、夏、秋三季的爱意，收获的心田里就多出了一份诗意盎然，多出了一份深情的向往，没有落寞，没有怅惘，没有遗憾，所以回归的时候，就显得如此的诗意怡然。

落叶，怡然的蝴蝶啊，风煽动你的翅膀，大地宽阔的胸怀就是你永久的家园，你收拾好自己的一切恬然地睡去了——梦中，又迎来了一个五彩斑斓的春天。

2013 周 09·23 一　佛手瓜开花了

早上五点半醒来，在屋顶上摇晃一下藤萝架，架上滴下了硕大的露珠，灰白色的水泥屋顶上立时湿了一块一块，看看佛手瓜，长在藤萝的上面，俨然是一幅和谐的画面——植物也可以和谐成长啊！共同拥有一片天，共同拥有一块成长的地方，互不干扰，佛手瓜匍匐在上面，而藤萝则在底下，都在张扬着绿色，这也是共赢啊！我仔细看上去，佛手瓜开花了，黄色的和一粒豌豆差不多的小花隐在绿叶中，五个花瓣张开着，中间米黄色的花粉就是它的精髓啊！这是它的雄花。雌花呢，顶上是一朵未开的花，如小水泡一样鼓荡着，中间是鼓形的小瓜，整个看上去真如襁褓中的婴儿——生命开始的形状大抵如此吗？

2013 周二 他的能量不足
09·24

上午，做了一个案例：一个上大学刚刚半个月的孩子，受不了军训的艰苦，同时又因为思念家里正在读高中的女友，所以，就请假回家不想再去上学，这可愁坏了父母。给他做咨询时，这个上了大学的男青年，一米八九的个子，竟然反问我："什么是自我意识？"我真为现在学生心理知识的匮乏悬着一颗心。然后，他又说其他的大学如何如何，我说："人啊，是不可能同时踏进两条河流的。其他的大学怎么样，你又没去体验和经历，所以，你并不知道。而你现在所体验的这一些，所谓的严厉与否，都是你的一种感觉和判断，其实是牵涉到一个入学适应的问题，你的内心没有足够的能量来应对，当困难到来时，你就茫然了。"这孩子的人际关系呈封闭状态，而他自己也谈到，自己与父母的沟通极差。看到他腕上一块明显的疤痕，我问是怎么回事，他说是与妈妈冲突自己用拳头击碎玻璃划伤的，我问同伴之间、老师之间有没有这种情况发生，他说没有，我让他思索，他想了想说，是自己不能接受妈妈身上的一些东西，妈妈身上的一些东西易引起自己的暴怒，因为自己对妈妈特别敏感。

近一个小时后，他的父母来了，我给他们做了一个接受父母的体验。当完成接受父母的体验时，三个人都哭了，妈妈哭得最厉害，而这个孩子，则是眼泪鼻涕一起流下来，他的内心应是触动得厉害。咨询结束时，他一个人摇着宽宽的肩膀走了，全然不顾身后的父母，我想那是他情绪激荡的表现。既已宣泄就有适当的调节。

2013 周
09·25 三　　佛手瓜结瓜了

　　早上已经不能只穿睡衣去看佛手瓜，气温太低了，只好穿上运动服。秋天的阳光起来了，最先把这一垛绿色着了一层炫目的色彩，这样的阳光不同于夏天的阳光，如同只穿上了一件透明的衣服，并不会产生热力。看看它们，就知道生命在一种悄然中怎样去让自己走向繁盛，看它们如同看生命本身。它何曾在乎过名与利的浮云？它能做到的就是吸收、涵养、成长，只要生命能绿过一季，那是分秒必争的。每次看它们的时候，就感觉是自己的灵魂在和它们深切交谈。

　　佛手瓜已经到了结瓜的季节了，一天的时间，几乎每片叶子的枝丫间就秀出一个半边小指甲盖那样大的小瓜，每个小瓜都如一个襁褓中的婴儿，在阳光中、在露水中，把自己的心扉打开，去接受生命的洗礼，然后享受生命有成的那种质感。

2013 周
09·26 四　　输入与输出

　　一位同学的哥哥在一所学校任业务校长，他很喜欢我做的专业。他看了我写的书，给我来了一封信，这位哥哥在信中说："写作来源于生活，一些名篇之所以能打动读者，影响深远，就是因为其作者有丰富的阅历，有些就是自身生活的映像，可惜现在这样的作品不多见了。你善于观察与思考，写身边的事情，因为真实而生动感人，这才是文艺创作的真正的路子。你善于反思，这是一种很好的习惯，反思对一个人的成长非常重要，因而有的专家说：一个教师写一辈子教案不一定成为名师，但是写十年反思就可能成一个名师。创新就是借鉴别人的，想出自己的，坚持反思下去，你就会成为一个有思想的人，或者说你现在就是一个有思想的人了。"他的回信好有见地。

我在读哥哥的回信时，好有感慨：人，用双脚立足于大地之上，双脚支撑人的身体。人，要有立足点。否则生存或说存在，就不成立了。人的生活其实是分好几个层面的，身体之外，还有思想。人用什么与这个世界连接呢？有一定思想境界的人，才能谈论这个问题，所以心理学的发展永远是在文化层次内探讨的。我理解的问题是，人是超脱于物质人之上的，这全是因为思想，因此探讨心理，也就是探讨人的灵性，而灵性，关系到人的幸福感，关系到人的健康程度。因为幸福本是一种感觉，而健康本是心身一体的一种调节，是前段生活状态积累到当下的一个展示，是人的一个总和。一个心理不健康的人，不可能有健康的身体，这是本与表的关系。既然如此，那人的思想，如何有一个立足点的问题尤为重要，这就是人思想的"脚"啊，这思想的脚，说白了，就是人喜欢做的事，或者是说有价值的事，这会关系到人哪个方面呢？爱好！尊严！因此领导者最高的领导艺术，就是要懂得维护人的尊严，同时把人的职业发展成爱好，人成为自己的发动机，有了内驱力，就会不用扬鞭自奋蹄。

　　人生是分阶段的，我这样理解人生的阶段——人的前半生是输入的阶段，输入大量的信息、系统的知识、丰富的人生阅历。这些信息知识，人可以通过学习得来，一个人的学习，决不仅是上学时学到的那些知识，那些知识往往是死的，只在社会生活中，结合自身再去解读这些知识，如同牛的反刍一样，继续读大量的书，形成一套自己的思想和体系，才可以构建起自己知识的框架。而人生阅历呢，则来自人的体验、人的感觉，这在一定程度上取决于人感觉通道的开放程度，包括视、听、嗅、触，这些通道不迂回、不悖反，人能达到内外的一致性，是最可贵的，因为这样人的感觉是舒服的、惬意的，人才会对自己所做的事情有好的体验，他会去付诸更多的行动。萨提亚家庭治疗理论认为，内外一致性和高自尊是人生活的最高境界。一个成年人，要达到这样的境界，首先是一个有责任的人，有爱心的人，有更多善举的人，而责任、爱心、善举，其最大来源有两个：经营好自己的家庭，干好自己的职业。试想一位妈妈，视家务劳动为惩罚，在家里四体不勤，连一顿像模像样的饭都做不出来，她能生活得很幸福吗？一名教师，连一堂像样的课都呈现不出来，那他很有自尊吗？假如真有，那也是镜中花、水中月，是感觉通道出现了迂回现象。人生的后半段，因为前段有大量的输入，所以后半段就要有大量的输出了，这种输出决定人是不是能立起来，古人讲究"立德、立功、立言"，这三种立其实是统一的，没有"德"与"功"，"言"是立不起来的。从发展心理学看来，人从四十五岁开始视觉和听觉一般有不同程度的下降，就是告诉人们要向内探索灵魂成长了，而不是消极地去理解老了、不中用了。就这个问题，现实中大多数人是什么情况呢？五十岁左右的人，本是智慧最发达的阶段，但此时的人却因为视觉和听觉的稍感退化而经常给自己消极的心理暗示，什么也不想干，生理方面的享受又大大地降低，所以生活就经常陷入无聊状态——这是人生最大的浪费吧，把职业能做成事业、把性格能炼成性情的机会白白地放弃了。

我感觉我的这位哥哥，真是性情中人，我曾说过："性情中人，醉罢还思饮。"其实性情中人就是这样，坚守、真诚、坦荡，不戚戚也不汲汲于名与利，但对于自己喜欢的事情，却永远不离不弃。

2013 周 09·27 五 性情小·谈

中午的时候，阳光透过藤萝洒到屋顶上，如同给灰色的屋顶摆满了跳动的银币一样，亮晶晶的直晃人的眼睛。人站在藤萝下，感觉就是站在一湖湖蹀蹀的水波中。大自然美好的给予啊，只是我要有一颗敏感的心来接收、体味、感受。

看着这样的一幅图，想到一个词"性情"，性为本能，而情则是属于衍生的成分，人的生活，享受的层面多为情。或者说，性本是一种客观的存在，而情则是属于人的感受。凡事只要产生感情了，就有感觉了。要产生情，需要持续不断的一个投入过程，这个投入自然是一种坚守，矢志不渝。坚持一段时间，人的身体就会配合，产生美好的感觉，特别是从中得到了一些成绩，或是得到了别人的评价，那么就会助推这种美好的感觉。在这种美好的感觉统领下，人就有可能变成一种自觉的行为，等行为成为习惯，人就不会去计较其中的得与失、荣与辱了，只要做这些已成为骨子里爱好的事情，就会通体舒服——我理解，这就是"物我齐一"的境界，这种境界，就是大境界、大造化，才是享受的境界。

　　银线一样的雨丝从天下坠落，落到院子里植物的叶子上，"唰唰"地响。秋天的雨，给人的感觉是透心的凉，直浸人心脾的那种感觉。秋雨无情啊，因为秋雨带着一种逼仄的冷气，能给植物肃杀的不仅是秋风，秋雨更甚。但是自然界的每一种存在都有其独特的价值，秋雨虽冷，但是如果没有秋雨的过渡，那么人及地球上的植物，也会缺少一种由秋到冬的适应。

　　因为休息，就在床上拟定给儿子结婚下的喜贴内容。儿子的新婚大喜，我早就想好了不要那种大操大办的方式，婚宴还是要办的，但仅限于有血缘关系的亲戚。同学、同事、朋友这个庞大的群体，则一律采取退红包的形式，每人退红包八十元，这样就不再请他们喝酒了。就婚庆而言，这是简约、节省的最好方式。

　　这种形式在安丘刚刚兴起，我有责任助推一下。婚礼是民风的极为重要的内容，其中的铺张浪费给家庭造成的经济压力实在是重于大山，特别是一般的市民，富产者除外。我想，我作为一名喜欢用文字表达的人，有责任弘扬正气，有责任提倡简约，也有责任呼吁人理智地从这婚宴紧箍咒中解脱出来。此前我一个德高望重的同学已在我们达成共识的前提下，在安丘的教育界首先运用了这种模式，我另一个同学是第二个响应的，我要第三次跟上。要知道，一种行为，或是一种模式、一种习惯的改变，最少需要三次同样的撞击，三次之后，其原有的模式就基本打破了。人都有从众心理，因为从众是安全的，"法不责众"嘛。而一种新风尚的兴起，确实也需要有勇气的人来倡导，同时也要有点见地的人来助推。

2013 周
09·29 日　看《面包大王》的感动

　　今天看韩国的《面包大王》，剧中有两处地方让我心动。

之一：卓求误食了马骏暗算的药液后，因为这种药液能使人的味觉跟嗅觉产生麻痹，卓求味觉跟嗅觉全然丧失，做面包再也找不到发酵点了，心情就一度沮丧，人也没有了精神。其实他吃的药并不多，就要参加面包高手决赛了，他还是底气不足。师傅语重心长地告诉他："卓求啊！你要相信你自己。如果你抱着自己闻不到气味的恐惧，那么你是永远闻不到气味的，一切的东西都源自内心，你要去掉对闻不到气味的恐惧啊！只要你抱着能闻到气味的信心，那么一切事情会进行得非常顺利。"金卓求在顿悟之后，开始回忆起自己十二岁时吃蜂面包的过程，仔细体会那个留存于身体的记忆，结果他在感觉全面打通之后，味觉跟嗅觉就一并恢复了。按照心理学的解释，当人恐惧的时候，人是收缩的，心没有打开，感觉通道肯定也不会打开，怀着对事物的恐惧，身体是封闭和麻木的，外部的刺激难有感觉。只有去除恐惧的心理，身体才会听从大脑发出的指令，去感受外界的信息并进行内部的整合。卓求师傅的高明之处就是先去除了卓求的恐惧心理，在信心的感召下卓求才恢复了味觉和嗅觉。

之二：当师傅的徒弟濮培春来挑衅，大家缄默不语的时候，金卓求去下达了异议申请，跟八蜂面包房的老大主动请缨，当老大唯唯诺诺时，金卓求说："由我们来做就可以了。都还没有试过就不要说不可能这句话，我绝对不会让人抢走师傅的达人头衔，不管如何，我都要守住师傅的荣誉。"这句话说得多好啊！"都还没有试过就不要说不可能这句话"，任何事情，只要开始尝试，在不断调整、不断尝试中，就会慢慢找出解决的方法，所以行动就是实现目标的途径。

2013 周一 09·30　角色混乱与癌症

同事的大哥病了，是肺癌晚期，前期做了手术，现在正在化疗中。

同事在办公室说他的家庭情况，我听出了其中主要的意思：他兄弟姐妹很多，大哥为他的弟弟妹妹们付出很多。当弟弟妹妹正值中年如日中天时，大哥却老了，经济收入自然不如他的弟妹们，尤其现在的社会和环境跟大哥年轻时已有很大的不同，于是大哥开始内心不平衡，总是觉得委屈，当他的弟弟妹妹们给父母送礼物时，他感到弟弟妹妹们也应该把他当做父母，虽然弟弟妹妹们对他很尊重，也会送他相应的礼物，但比起给父母的就轻多了，他就会处于抱怨和委屈中，不仅心情很差，还经常和弟妹们闹矛盾，觉得他们都是白眼狼，喂大了就忘恩负义。

　　我在内心分析，同事的这位大哥，就是典型的角色混乱。人的角色混乱，有着不同的表现方式，这位同事的大哥是把自己放在了与父母同样的位置而角色混乱。我又想到了自己的三哥，三哥在世时总是把父母的责任揽在身上，那也是角色混乱。人在社会上角色混乱是产生重大疾病的重要原因啊！

10 月

佛手瓜进入了成长中快意的阶段——几乎所有的叶间，都有一雌花待闺阁中，每一朵花的顶上，都张开了如同小小的佛轮一样的花瓣，来承接上天的恩宠。几乎所有的雄花都已开放，那花柄如戟的雄花啊，此时给人的感觉是赴汤蹈火在所不辞。

今天回娘家，大哥问我给儿子准备结婚的钱够不够，还没有得到我肯定的回答，他就拿出一摞钱来递给我，说："这些钱拿去用吧，不够再来要。儿子结婚是一生的大事。虽然说日子是平时过的，结婚是热闹一时，但也要好好地办，该花的钱就不能省。"嫂子也说："你的娘家哥哥就是你的底气，需要帮什么忙，不管是出钱还是出力，都好说。我们家是要人力有人力，要财力有财力。"

驱车往回走的时候，就感觉自己好富有。父母逝去后，每次回娘家都有兄长如父嫂如娘的感觉。娘家，女人的根啊，什么时候都会给予最好的滋养。

儿子回来了，他需要见见主持婚礼的司仪。我把婆母也请回家，一家人一起吃个团圆饭。我早上把排骨买回来，就开始洗洗涮涮，老公呢，则是在阳台上挑选花生。结婚用的东西都要用心，比如这花生就使用双果的，单仁的、三个仁的都不行。

放假在家的感觉真好啊！蔷薇把阳光筛下来，我就在光的影子中忙得像只陀螺。洗好红艳艳的苹果，把买好的月饼放在盘子里，然后就坐下来择韭菜。大锅里的排骨咕嘟着，我自己的整个人也这样咕嘟着。看看阳台上老公跟婆母对着头挑选花生，婆母银亮的白发被阳光镀上了一层银色，有老有少才是家啊！

儿子和女朋友回来了，看到我们已经开始准备的一切，很高兴。饭后我们就去汶河边采集芦苇，结婚时铺床用的。我跟儿子说，铺床要用好几种东西，其他的我都准备好了——艾子、芝麻秸等，唯有这芦苇，最好你自己去采摘。我们到了河边，嗬！这里玩的人还真不少呢，河边的车位都停满了，儿媳妇搀扶着婆母，我则和儿子说个不停。看到合适的芦苇了，儿子和女友去剪，这需要长长的秆、大大的穗，我在想啊，"苇子、苇子"，那取其寓意一定是"伟子"啊！美好的祝愿就在这其中了。人啊，总是为后代祈福的，自然也提供了这种祈福的方式，真好！

2013 周
10·03 四　　希望相连

今天的日子过得好清静，一个人在家收拾，做家务的时候，心是静的，幸福的感觉满溢着了。浇唐菖蒲的时候，看到菖蒲的根部出现了裂痕，就想到小时候看到坡里的红薯在地里偷着长，把地皮胀得四撑八裂，现在这底下肯定也结满了块茎，到立冬的时候掘出来，就是收获了明年春天的灿烂。人生就是这样吧，一件事连着的，往往就是未来，就是希望。

2013 周
10·04 五　　欢欢喜喜做准备

到婚庆专卖店里去买红包，店主是一个和儿子同龄的青年，他总是笑意盈盈的，我说："一到你们的店里，就感到沾满了喜气，看看满屋子红彤彤的，就特别高兴，干你们这行真好，总是和快乐喜庆相连。"青年笑着说："是啊！我的感觉也是这样啊！姨是儿子结婚还是女儿结婚啊？"他建议我们要做的第一步是买红包，这与我们设想的一致。当问到需要多少时，我和老公犹豫了一下，最后确定买六百个——因为红包用不了的可以退，这是最外围的打算。一个人的人际交往，照心理学的理论，是一百人左右，一家人好几个层面，人数自然就多了，现在想到的这几百人，就是我们全部的人脉啊！亲戚、同学、同事、朋友，这些人与我们家的人有着情感的纽带，儿子结婚就会全部牵动起来了。

2013 10·05 周六　沂山小住

约上最好的同学艳子跟她的老公，四个人去了沂山。车子顺着夏小路一路开过去，两边的树木组成了天然的屏障，这个季节的树木有很多的看点，因为它们的叶子，有了不同的层次和色彩，时光总令成长的一切着色。去到叶子家后，商量的结果是他们四个人去爬山，而我和叶子则留在家里做饭。叶子是做饭高手，根本用不着我的，我就到佛堂去看佛堂文化。名山总与修行相连的，这个佛堂是我每次来沂山都要拜访的。沂山上有康熙大帝的题词"灵气所钟"，沂山底下的佛堂给人的感觉就是灵气。

2013 10·06 周日　叶子的剪纸

在叶子百般的盛情下，一家六口在沂山住了一晚。情也浓意也浓，特别是叶子的老公，把他多年收藏的字画拿出来跟我们分享，让我们看中哪幅留哪幅，这真有些不好意思，毕竟是夺人所爱啊！但是看着看着，看到临朐的书法爱好者写的一幅题写张旭的诗："山光物态弄春晖，莫为轻阴便拟归。纵使晴明无雨色，入云深处亦沾衣。"出于对这首诗的喜欢，还是推让着索取了这幅。叶子的老公说："修姐，你还真有眼光，这里面数这幅字写得好。"

叶子送的所有礼物，就数她给儿子的剪纸我最喜欢了。叶子是剪纸高手，她曾在本地举办过好几次展览。用心送的礼物真是无价啊！剪纸画面上，两个相敬如宾的佳人面对面垂首恭让，两人的怀里抱着一个大大的红双喜，上面是题字"偶们结婚啦"，左边是我儿子的名字，右边是我儿媳的名字，下面的题字是"农历牵手"，左边是"2013年"，右边是"10.8"。这幅剪纸给人的感觉是谦恭、温馨、祥和，人含情脉脉，充满了对新生活的向往。看着这用心、用真、用情做成的礼物，心里就潮起云涌，什么叫用心？什么是真情？我为自己有这样的朋友自豪！又想到娘家的人正在为儿子结婚排练秧歌，每晚都在如火如荼地进行，就感觉自己好幸福！

2013 周一 10·07 沟通时就能解决问题

今天有足够的时间跟佛手瓜对话，看它满满的叶间，全是待开的和即将开的花蕾，长梗形的花柄如枪戟插满叶间，最长的那些，已有二十厘米左右的样子。很多的佛手瓜悬挂其间，大小已如一颗颗枣子一样，到了"露似珍珠月似弓"的夜晚了，这些宝贝会很快长大。我在架下整理它们，有些斜出的瓜蔓牵到它该去的地方，边做边想起昨天跟叶子交流时我说到自己很担心到了儿子结婚的时候会下霜，因为我很想把这里醉人的绿色保留下来，可以为儿子的结婚录像增加一抹靓丽的色彩。叶子说可以到时候多注意天气预报，然后在下霜的前晚用布把架子遮起来即可。我怎么就没有想到呢？这真是个好办法，我纠结了多日的问题就这样找到了解决的方法。

人啊，真应该多多沟通和交流，灵慧大概多是从沟通中得来的。

2013 周二 10·08 只有秋才会为叶子生上斑斓的色彩

汶河两岸树木很多，秋天的阳光从树叶的间隙里穿过，无风无火地，每棵树都在阳光中静默，每片叶子都在阳光中沐浴。我如同悠闲的贵族一样，背着小包，在树的间隙中穿行，人走在低处，目光却落在高处。其时的天空刚刚从沉睡中醒过来，把海水一样的蓝色铺开在我的视野中。蓝色的辉映之下，是一树一树斑斓的色彩——黄的灿透，红的烂漫，褚的深沉。而那绿色仍然是一往情深，只不过较之夏，多了一份深沉与凝碧。

看着看着，心中竟然生出了几多的感慨，是啊！只有秋才能给叶子渡上斑斓的色彩，让叶子如同花朵一样的五彩缤纷起来。春天里叶子的浅绿，配着花的绚丽多彩；夏天里叶子的浓绿，是衬着花的繁华沉淀；中秋的叶子呢，则是映着果的光华灿烂。如今，冬天要到了，所有的花已经凋零，所有的果实已从枝头摘下，雪花尚在酝酿中，天地间有些空旷，怎么办呢？于是叶子就自顾自地把自己镀上了夺目的色泽，以呼应这即将来到的寂寞。只有秋才会为叶子镀上这斑斓的色彩，也只有秋才会有这样丰富的内涵啊！

看着看着，心境就转了，由叶子的一年的旅程就想到了人的一生。人生苦短啊！这么短的人生，要用二十多年的时间来让自己成长，再用二十多年的时间让孩子成长。这样算来，所剩的时间有几多呢？当阅尽了人生的繁华，当历尽了人世的沧桑后，本来应有"朝闻道、夕死可以"的境界了吧，但此时却要过多地面对人的生离死别。因为自己人生的秋天到了，父母也就到了冬天，冬天的叶子，还能在树上停留多少时间呢？

看着看着的时候，又一片叶子从树上悠然而落，它的落，会牵着多少的目光？会有着多少的不舍？阅尽了一世的繁华，该落的，就悠然地落去吧。

2013 **周三**
10·09   平凡也是境界

有时间待在家里，就用很多的时间来和佛手瓜对视，看看它的势力范围，已经快接近去年的领地，节令已近寒露，那还有二十多天的时间可供成长，最近一段时间气温不疾不火的，是最适宜它成长的温度，当生命的能量聚集于体内的时间，只要成长的条件仍在，那么延缓的成长照样可以缔造辉煌。所以，在重创面前静止下来，是一种保护自己最好的方式。

下午去炒儿子结婚用的花生。炒花生的老头七十岁左右，他拿一柄长铲，动作娴熟得如同武林高手一样，我在一边用欣赏的目光看他。什么事做好了也是一种境界啊，他轻盈地舞动着长柄铲，把从炉子里落到地上的花生铲起来，再放回炉子里，舞蹈一样的动作——平凡的小事做好了，就是一种境界，就是一种享受，我从他的表情看出来，他极享受这种感觉。

2013 周 为儿子的婚事忙碌
10·10 四

今天把儿子结婚的红包装好，送往各个联络点。这些点有同学、有同事、有朋友。跟我一起去送红包的同学无论走到哪里，都会拿出他的小相机照个不停，连教育局的大门也不放过。喜欢就是喜欢啊，从来都不曾当成负担。凡事只要变成喜欢就好了。

2013 周 东方泛起了鱼肚白
10·11 五

早上四点多就起来为儿子的婚事忙碌，我笑着说："这大早起的，这两口子，真是没治了。"我穿上厚的睡衣来到院子，看到满天的星斗隐在灰蓝色的天幕上，攀到屋顶看时，东方泛出了鱼肚白，看着的时候琢磨这个比喻，小时候写作文经常写鱼肚白，但那时贪睡，看到这白的时候不多，现在看来，才恍然觉得，之所以比作鱼肚白，是因为有一种很明显的黑白对比——地平线那里是白，而往上的地方，则全然是黑色，而且这种白，沿着边际有起伏的感觉，这个比喻，可真是恰到好处，而且我们会写道："东方泛起了鱼肚白"，一个"泛"字，是多么传神啊！

2013 10·12 周六　去淄博的感悟

　　商量好了，今天是去淄博给亲家送结婚用品的日子。但是到了潍坊，我们却找不到高速路的入口在哪里，商量好到昌乐再找吧，结果到了昌乐的路段，只看到很多的路标指示为"G20"，很少开车出远门的我们，不知道这就是去淄博的那条高速路，没办法的前提下，就沿着309国道一直前行。一路上，不知经过了多少的红绿灯啊，我感叹："怎么这么多红绿灯啊！"老公说："南来北往啊！你走人家也走，如何岔开呢？红绿灯啊！"走走停停最费时间了。事情办妥往回走的时候，从309国道找到正阳路，很顺利找到了周村的高速公路入口到了高速路上。这才叫畅通无阻啊！路上所有的车辆赛跑一样的感觉，老公这次也焕发了青春，把车速开到一百多一路狂奔。什么是高速啊？不被中断，能够坚持始终如一，就是高速。结果回来的时间，比去时整整省出了近两个小时的时间。

　　人啊，不被打扰、始终如一地做一件事情，不仅高速，而且享受。

2013 10·13 周日　老师的讲话

　　今天是重阳节，班长特地宴请我们师范时的班主任老师，当然了我们这些优秀的同学自然是陪着的。

　　酒宴开始后，老师先发表讲话："据新西兰国家的一份调查报告，人的幸福最重要的有两个因素，一是有一个固定的工作、有一份稳定的收入，二是孩子有出息。人老年的生活质量取决于孩子的成就。我现在的生活就是因孩子而幸福。相信你们也是。"老师就是老师，我们在老师的面前永远是学生。晚饭后，我一个人坐在藤萝架下看月亮。今天的月亮已是半圆，半圆的月亮也如同一张楚楚的脸庞，我看它已攀到藤萝架的上方。一阵风拂过，叶子"沙沙"的响，而月光就趁着这声响，筛下一地的碎银子。月下藤萝从来都是一番美景，而重阳节的月下藤萝，自然是别有一番风景。所有的叶子在月下，都是黑色的，这昧昧的光影中，时光就悄悄地过，人也慢慢地老。

2013 周 **让诸神归位**
10·14 一

晚上的时候，感到浑身特别地疲倦，好像身体的部件安错了地方。做什么也没有兴致，脑子里一片空虚的状态，我有这样状态的时间很少，躺在床上，有些百思不得其解，我问自己是怎么了？看着天上残缺的月亮在云层中时隐时现，我也如坠入了云雾中。

思维往前推进时，我呼的一下子想起来，我今天下楼时在楼梯上摔倒了。当时我要下楼去，结果在离地还有三层楼梯的时候，我的高跟鞋鞋跟剐住了另一只脚的裤管，人一下子就摔倒了，直接摔在了最底下的楼梯上，就连裤兜里的钥匙也摔出去老远。我当时庆幸地想，多亏没有学生在场，要不多尴尬啊！从地上爬起来，还好，没有受伤。往办公室走时，感觉有点不对头，低头一看：咦？左脚上的高跟鞋跟崴出来了。这双高跟鞋价格不菲，于是又开始心疼鞋子。

现在，浑身感觉如同要重新归位一样，慵懒地好像连根针也拿不起来。至此我知道了：身体告诉我，受惊了！要安抚好自己啊！于是，我跟自己对话：感谢在紧急的关头没有受伤！手掌在身体上滑过后，我告诉自己：好好的，休息一下！休息的时候，诸神就会归位的。

2013 周 **实践中国梦**
10·15 二

室外，细雨烟一样的飘，藤萝是越长越密了，从底下看去，只能看到少许的天空。我感到天地为之宽了。昨天三哥来打球，休息的时候，他看着老公摆在茶几上的一摞书，笑着说："你们俩呀，就是传递社会正能量的典型，你们俩呀，就是实现中国梦的典型代表。我要写篇文章报道一下你们。"老公直摇头，说："那可不行，那会影响我的学习。你饶了我吧。"我当即笑的不行，说："看我老公多低调呀，这么好的出名机会都不要，你要什么呢？"他并不理会我，跟三哥说："我这期间，是不便打扰的。最近想关机，进入闭关状态呢。除非三哥你来。"

2013 周 感慨时光
10·16 三

　　这一次要细细地清理卫生了，胜过以往的任何一次，有许多的东西，翻箱倒柜地倒腾出来，老公就不住地感慨："哎呀！看看这件雨衣，那是1980年买的，都三十三年了呀！"再倒腾出来一件宝物，是一件盛饭的饭筐箩，问老公这件宝物的历史是多久，他也记不清了。而一直放在墙角的那只装油坛子的四方桌，则是老公的爷爷的爷爷开油坊用的，他说原来这村里有三个作坊，他们家是开油坊的，想必那个时候老公的祖先家境也殷实。所以，老公的爷爷才得以高学历毕业，在徐州铁路做到局长的位置。我教育儿子时，总是抓住这些资源，跟我的儿子说他的祖先有贵族血统。

　　现在看看这些沉淀在时光河里的东西，我想起了毛泽东的诗句，"三十八年过去，弹指一挥间。"我到现在还清楚地记得当年老师讲这句诗时我心里的不服气：三十八年呀！人生半辈子的光阴，怎么是弹指一挥间呢？人生就是这样啊，不经历不体验是不会有感慨的，如今我四十八岁了，想想这句话，还真是对点子上了，想想自己几十年前的经历，恍然就在昨天啊！老公在感叹他几辈人的生活，那又是几个三十八年呢？时光留住了感叹，时光也会留住情感的！

2013 周 冷月更清亮
10·17 四

　　月亮接近圆了。这九月的月亮，看上去比八月的月亮还要清亮，只是晚上的气温太低，不适宜在室外观赏，当我站在院子里，感觉浑身如同浸在了冷水中一样。由是我想到感觉多么重要啊！当感觉适宜的时候，人会生出诸多的诗情画意，会写下"明月几时有"的佳句，会制作月饼之类的美食在月下享用，还会亲朋相聚"千里共婵娟"。而现在呢？月亮楚楚地挂在天上，却鲜有人问津，人都躲在屋里温暖着呢。

收拾家里的时候，顺便制作了两个心形的小物件放床上，这两颗红心，用粉色的布镶在淡黄色的布上，放在儿子的婚床上也是一种装饰。看着这美好的心形，就忘了这两天打扫卫生的劳累。而老公呢，手里挥舞着抹布，跟我说："看看窗外的蔷薇枝条，有什么感觉？"我看上去时，感觉那蔷薇的枝条如同长在了玻璃上，历历在目的感觉。这阳台的玻璃因为裸露在室外，一直受风雨的侵蚀，雨点过后灰尘的形状是星星点点，如今娟然拭过后，清晰得如同没有阻碍。什么样的感觉能比得上清明和爽朗呢？

2013 周五 10·18 心花开放

天上有一层淡淡的云，到了晚上的时候，感觉藤萝跟佛手瓜就是一片黑魆魆的影子。已是十四的月亮了，圆圆的如同毛玻璃一样的挂在天上。我跟老公忙着给儿子的婚房铺床。把精心做的床上用品打开后，立时满屋生辉了。

先拿出那床绿色的带有百合图案的床单，铺在床上后，感觉是满屋的生机啊！遵从"铺的绿、过的富"的古训，所以在婚床的第一层上就铺上了这种带有百合图案的绿色的床单。然后，把深红色的带有鸳鸯图案的被罩套在新做的轻盈的被子上，放在床上，就又感到满屋子的喜庆和祥和。深红的底色配上淡黄色的鸳鸯，那双幸福的吉祥鸟含情脉脉地看着对方，喙对喙翅羽相撑，这就是连理枝、比翼鸟啊！再把桃红色的被罩、大花牡丹的被罩套好，放在床上，喜气就真的盈满了这里。还有什么比得上为儿子的婚事忙碌更欣喜的呢？

2013 周
10·19 六　　心安如泰

今天下午，三哥来打球。间隙就爬到屋顶上摘佛手瓜，总共摘了一小堆，他们三个人均分了。看那装进袋子的佛手瓜时，绿得发亮的皮肤，胖乎乎的身材，如胖娃娃一样的可爱。自己收获的果实一起分享的感觉真好！想想自己平时侍弄这些植物的时候心安如泰，而心安如泰，其出必高啊！

2013 周
10·20 日　　落红有情

周日了，自然是在家里进行清扫和清洗的工作，把衣服洗好晒在院子里后，就开始忙自己的小事情。想到天气越来越冷了，晚上的气温已经到了三四度，把院子外的菖蒲花收获了吧。

拿一只铁锹来挖时，发现菖蒲花种得有些浅了，刚刚没过的地皮上，就有它的块根。拔出来时发现每一块春天种的菖蒲的块根上面，大多均匀地生出三个新生的块根，已长成鸡蛋那样大，因为紧紧地挤在一起，靠里的一面都挤歪了，而春天种下的那个老的，则变成枯根一样，已经成了褐色，它就是新芽营养基啊。生命的传承就是这样吧，老的永远都是新生的更护啊！落红永远都是有情物啊！

2013 周
10·21 一　　月亮圆缺

跟一位五十多岁的姑讨论月亮，她说就搞不明白天上的月亮为什么看到的总是下边缺，而永远也没有看到上边缺的时候，她很奇怪。我说这是因为上半月月亮出来得早，到十五时天黑了也刚好出来了，而过了十五后就出来得越来越晚，不是有句俗语说"十七十八坐地等"吗，那到了十九呢，应是出来得就更晚了，那时我们就睡觉了，所以是看不到的。出得晚也消得晚，"残月脸边明，别泪临清晓"，天都亮了月亮还在天上呢。

看看这十七晚上的月亮，月光尚好啊！为了看分明些，我攀上了上西屋的梯子，硕大的月亮清清亮亮的，就闪在那里，把清辉洒下来，院子里的植物就笼罩在它的清辉之下。我想着时光的河中，今天是大嫂六十大寿的日子，我们娘家人聚在一起吃饭，其乐融融啊！其间谈论最多的就是他们的秧歌队，他们对于来参加儿子的婚礼表现出无限的热情，连忙碌的大哥也说："好好排练，到时候我也腰里扎块绸子上去跳！到时候我外甥放录像时，会指着我说'看！这是我大舅！'"这样说着的时候，一屋子的人就哈哈大笑。真的是感激他们啊！有如此的生活热情和乐观的生活理念，真好！

2013 周二 做事因回馈而调整
10·22

人做事是需要评价的，今天侄女在QQ上告诉我，她把我给她做的被子带到北京去了，感觉特舒服，又软和又温暖，而且又超大，时常感受到的就是娘家人的温暖啊！我原来盖的是一米五的被子，但从前年改成两米二的以后，就再也难以适应原来的小被子，我想侄女也一样，在大被子里有一种拱不到头的感觉，那感觉特棒！想想我给侄女做的被子，粉色的底子上面撒满星碎的小花，浅淡中带着柔和，温馨中又有着浪漫，有这样一种颜色在床上多舒心啊！想着这样的时候，还是再给儿子也做这样的一款吧，让儿子的屋子也盈满这样的光辉！生活啊，总是在变化中越来越舒服惬意的，享受生活的感觉，真好！

2013 周三 喜事连连
10·23

上午跟老公一起去理发，理发的小姑娘刚结婚，鲜红的衣服仍然散发着新婚的喜庆，于是就跟她聊了结婚的事宜，说到附近各地不同的风俗，说到结婚时新娘家的礼数。她感叹说还是数着我们这儿的风俗礼数少，她说菏泽那里，一个姑娘找对象，首先提出的条件是"一动不动、万紫千红一片绿"，这"不动"是房子，"动"是车，"千红"是一千张百元大钞，"一片绿"是一万张五十元大钞。我听后内心感叹一个有儿子的家庭娶媳的不容易，这又是房子又是车又是钱的，家境不富裕的怎么承受得了！而又想到我们儿媳妇的妈妈曾说"你放心，我是不会为难你的，一切以孩子的幸福为念"之类的话语，就感激我亲家的知书达理。

正理发闲聊呢，就来了一个电话，原来是安丘宣传部的杨主任打来的，她说我的《巧玲心理健康教育系列丛书》获潍坊社科联评选一等奖。一会儿安丘教育局文联的领导打来电话，说是周六上午九点要召开安丘市教育局文联成立第一次大会。十八大之后文化艺术风起云涌的感觉，真好！

2013 10·24 周四　心理学真的很好

六点起床，就看到西边的天际上月亮仍在，它是在等人们起床后看它的存在吗？上面已快缺了半边的月亮，像极了小时候父亲锄地用久的锄头，它的上边是圆形的，月亮也有磨合吗？我穿着绛色的宽大睡衣，到藤萝架下摘佛手瓜，一天一夜的成长啊！足以见大了呢，我摘下几个揣在怀里，如同看小宝宝一样的看着它，凉凉的体温，脉脉的眼神，好可爱！把刚摘下的瓜洗净，然后掺上一点点今秋刚刚磨好的玉米面，把佛手瓜切成小拇指肚般大的块状，然后就做成特殊的菜粥，那玉米面少到掩盖不了瓜的翠绿才好，在汤翻着滚的时候，把一只生鸡蛋打到锅里快速地搅动，这样锅里就有了绿、黄、白三色在翻滚，稠得可爱，调得均匀，我边做边欣赏这在锅里沸腾的艺术品，同时想到，大自然提供的条件够优越的，但人最主要的是慧心独具，会做选择与调配啊！选择与调配好了，就是艺术品啊！不仅美目爽口，而且还会怡心啊！

下午的时候，跟安丘宣传部的杨主任去潍坊领奖，路上才知道我是一等奖的第一名。说话间，不觉间就到了潍坊学院，啊！好一座花园式的大学啊！校园里绿树成荫，沿着去音乐系的路东边，是一片静静的湖泊，一座白桥横跨水上，成为有诗意的装点。我看得心中直痒，要是在这样的环境中能学习上一年或是半年，那会是一种什么样的感受啊！看着徜徉在校园里的大学生，我的思绪不由得回到了学生时代。

往回走的路上，杨主任跟我说，她快退休了，她退休后，也要学学心理学，因为她发现心理学真的很好，她说这主要是归功于我的作品。自己的东西能影响别人，而且能影响到别人去做选择，真好！一个人值得骄傲的不在于他拥有渊博的知识，而在于他的知识帮助了多少人。

2013 周 日月同辉
10·25 五

早上看到了日月同辉的场景，东边的太阳升起来了，西边天际上的月亮仍然悬挂在那里，同一天幕双星闪烁，有意思的奇观啊。

上午跟学校的张主任一起看我娘家人秧歌的视频，看我分享娘家人的秧歌时，她很有感触："看看老百姓，这种衣食富足之后的精神追求，是多么动人！她们用自己的方式表示自己的幸福和满足，而我们呢，整天拘拘谨谨的，如同套在套子里一样。这种释放的情感多好啊！"当我指着秧歌队里的人向她逐一介绍这是我弟弟、这是我二哥、这是我大嫂、这是我侄女等的时候，并且告诉她我哥跟我弟弟是我们社区仅有的楼房居住者时，她睁大了眼睛："你娘家原来是不是地主？"我笑了，说："是呀，我娘家是地主，我们家原来还有楼呢，'文化大革命'时被造反派给拆了，他们想从地基下拆出银元来，多可惜啊！不然留到现在，还是国家级的文化遗产呢！"张主任一个劲地说我娘家的人不简单，而当听说娘家的秧歌队来给儿子的婚礼庆贺时，她也激动了。

2013 周 师者如兰
10·26 六

起步踱到院子时，是透心的凉，月亮还挂在稍偏东的天际上，它已经被残食成四分之一了，尽管这样，阳台上及院子里仍洒下花花搭搭的影子。打开电脑写作时，发现我昨天在QQ里发表的说说"花香满袖，师者如兰，我知道现在是果实累累的秋天"有不少人赞了。

想到昨天看过的有关精神养生的文章，几乎所有的文章都主张养生的第一要义是学习，学习是涵养心灵的方式，艺术是增加这种涵养量的方式，在实现中国梦的过程中，艺术被提到了前所未有的重要位置——这是人注重生活品位的表现啊！

2013 周日 10·27　残月在哪边

中午喝酒，下午睡了一大觉，晚上躺在床上，竟然怎么也睡不着，干脆起来看天上的月亮。现在已是凌晨零点二十六分，朦胧的月光中，我攀上屋顶，南边没有月亮的光盘，往东一看，才发现四分之一的月亮才上升到蔷薇的架上约一人高的距离，这次缺的月边呈直线了，完全不是前几日看到的那种圆弧形。看着月亮往上攀得吃力，想起古人的诗中残月与离别的脸相映衬，那这残月至清晨才会爬到分手的情人脸边的，多么的姗姗来迟啊。

早上八点，月亮就悬在南偏西三十度左右的天际上，只是感觉它那弧形的边又被蚕食了一部分，变得更平了，接下来的日子里，它就会变成凹形的弦月，呈线形出现了。看着它的时候，想起小时候大哥说的谜语"半边月亮一包齿，谁拿就是个小妮子"（梳子）还真的逼真和贴切，颇有性情的大哥小时候一定是个观察月亮的老手。

2013 周一 10·28　不好意思其实是不对的

晚上，老公的结拜哥哥来家里给我的儿子送结婚喜资，他带着自己的媳妇还有不满两岁的儿子。这哥哥此前有个幸福的家庭，他的儿子学习好人也长得帅，上大学后到长江游泳淹死了，儿子的妈妈不久也因为癌症逝去。哥哥从痛苦中走出来后，又组建了新的家庭生了儿子，他就是爷爷辈的年龄却是爸爸辈的任劳任怨。我们一起聊天，小孩子因为换了环境特别兴奋，跑进来跑出去的，怕他磕着碰着的，我就紧跟在他后面，老公看见这样妨碍我们说话，就从屋里找出了一个精致的玩具给小孩子，于是小孩子就安分多了。

一会儿客人要走了，小孩子手里还抓着玩具不放，老公极力让他把玩具拿走，客人也没有推辞的意思，小孩子就高高兴兴地把玩具拿走了。我知道这样做不对，但我不好意思说，不是吝啬这件玩具，而是考虑到孩子的习惯，孩子虽然小但他是有记忆的，如果他以为到了人家家里拿东西是理所当然，那么这种习惯以后改正起来就很困难。假如再有这样的场景，让小孩子把喜欢的玩具放下，他就以为是不正常。孩子的任性往往就是这么习惯出来的。

2013 周 10·29 二　月亮如钩，往事悠悠

早上四点半了，窗外黑乎乎的，想必月亮是不肯出来造访了，就斜躺在被窝里看《路上的风景》，这是我的安丘老乡写的散文，他的文章是信手拈来，每一种花在他的笔下都是一个鲜活的人的共同体，真是诗性的世界诗性的人。老公也被我弄醒了，看我的胳膊裸露在被子的外面，睡意朦胧地说："你不冷吗？把这件套在胳膊上。"说着的时候，就递过来那件绛红的厚实的睡衣。我把睡衣套上，温存地问他："怎么这样好呢？"他并不回答，兀自又沉沉睡去。这几天因为家里的活较多，这家伙累坏了。

看完了几篇文章，牵挂起窗外的月亮。披衣来到院子看时，知道月亮应是隐在东边的，从蔷薇架上看过去，果然看到了一个狡黠的眼神——这个旷世的眼神中包含着多少的意蕴啊！从锄到铲到眼神，想到明早再看它的时候看到的应是钩了，而当月亮成钩时，因为凝炼就更增加了亮度。一钩残月，往事悠悠。

2013
10·30 周三   美感在寻常

去买儿子结婚用的物品时，就看中了粉色的亚克力瓜果托盘，图案是粉色跟白色的蔷薇花，每一朵花的花边都是金色镶嵌，既有花的芬芳也有阳光的质感。这盘子虽然价格不菲，但我还是买了两个，回家放到新茶几上，里面装上新买的糖果，还有新炒的花生，感觉这些东西是被花朵拥着了。这盘子放在茶几上，我不看重它里面装的东西，眼光却常停留在盘子上，美啊！不胜收！

2013
10·31 周四   默默的关注

今天把潍坊社会科学创作优秀作品奖的获奖名单发到我的 QQ 空间里，晚上打开看的时候，发现好多学生在该日志的下面做了留言，原来默默地，有这么多我的学生在关注着我啊！桃李满天下的感觉啊！

下午，跟学校的张主任聊了近一节课的时间，她也是个心理学爱好者，我们有共同的语言。其间说到她的学生有得抑郁症的，目前正在北京治疗，我说凡是抑郁，一定是不接受父母，与父母的连接不好，就是与这个世界的原点连接不好，内心就无法在这个世界打开，没办法，就抑郁了。她很赞同这说法，她了解抑郁的女孩子的爸爸，平时对自己的女儿特苛刻，有时酒后竟然还动手打自己的女儿。当女儿精神抑郁，而且有明显的精神分裂的征兆时，爸爸束手无策了，给老师打电话，泣不成声。我说这样的家庭是有问题的，这样的家庭就需要做家庭治疗，当父母对于自己家庭中所存在的问题漠然不能察觉时，结果就会落到孩子身上，恶因种出恶果来啊！

11 月

2013 周 每一个人都是一处风景
11·01 五

　　跟着五弟的车回到家里，就见到了娘家秧歌队的负责人，论老家的辈分，我是应喊他爷爷的一位民间艺人。这位爷爷二胡拉得那叫一个好，是我们村民间艺术团的台柱子，村里每年的文化生活精采纷呈，都依赖于他的努力，他跟我说他自己当初学唱戏时，自己一个人拿着手电筒经常在大队的场院里转到早晨三点多。"人嘛，就得有点精气神，没有相当的投入，想把事情做好，那是不可能的。"爷爷发表感慨。"是要投入，但同时也痴迷啊，爷爷当初能三点多不睡觉，那就是痴迷了。"我说。跟这位长辈交流的时候，我感叹每一个人都是世上一处绝妙的风景，只要用心看，那一定会看到独特的地方。

　　晚上，躺在老家的炕上睡觉，窗外就是佛手瓜翠绿的叶子，叶子间缀着长成拳头大的佛手瓜，人躺在炕上，风景如同张贴在脸上，那种浓浓的绿似乎要洇染到脸上来，乡间的生活自然有乡间生活的魅力啊！沉沉睡去，醒来时已是早上七点。

2013 周 感慨秧歌的形式
11·02 六

　　大哥用车把我送回了家。回到家时已近十一点，大嫂要看看儿子结婚我们准备的程度，就一起来到我家。她如领导视察一样转着圈看了一遍，就一个劲地夸我们的劳动成果，看到新房里光辉耀眼时，她笑了，说："娶个媳妇一屋红，还真的，看到这些东西，就觉得喜庆。你们的媳妇很有福气啊，我看自从你们说了这个媳妇后，你们家的事情都很顺利，好事一件接着一件，连我们都替你们高兴呢。"我也笑了。我们说了一会话，大嫂是秧歌队的主力队员，我们聊得更多的是我们村的秧歌。想到儿子的婚礼上，秧歌也是一种表达祝福的形式，心中就特别地满足。任何艺术都是一种表达，而秧歌最适于表达喜庆的气氛，我用这样的形式来祝福儿子新生活的开始。

2013 周
11·03 日　　不能吓唬

走在路上呢，就有一对母女骑着电动车飞速从我身边经过，我隐隐地听到了背诵古诗的声音，真好！结果她们在前边一个垃圾箱边停了下来，妈妈急赤白脸地说："再背不过，我就把你扔在这垃圾箱里不要你了。"她面前的小姑娘看上去也就是刚上小学的样子，满脸泪痕还在背诵"人间四月芳菲尽……"在一张抖动个不停的纸上怎么能写上字呢？一颗恐惧的心怎么能学习呢？用吓唬孩子的方式是激发不了孩子的学习兴趣的。

2013 周
11·04 一　　彩旗飘飘

院外的胡同里已经挂上了红色的小彩旗，这彩旗是结婚的招牌。彩旗映着深秋温暖的阳光，那真是红彤彤的一片，看上去，感觉日子红火起来。彩旗下来往的人也多起来，儿子的婚期快到了。

2013 周二 11·05 世界很小·

上午去宣传部的路上，学校的司机跟我说他原来的学校有一个喜欢心理学的，动不动就给学生治病，就连学生开班会的时候，也会跟学生谈心理治疗，还动不动地给学生催眠，结果被家长告到校长那里，于是不再担任具体的课程，现在早已放弃心理学了，自己跑到北京不知干什么去了。我说这个世界千万年这么生存着，有诸多的因素诸多的影响，每一种的存在都是多种因素作用的结果，而每一个因素只是用自己的方式跟世界融合，而每个人也都有自己认识到的一面，但世界是多元化的，难以说清哪个因素重要，只是人关注的侧重点不同而已，说到底，每个人都有每个人的生活方式，每个人也都有自己获取幸福的手段，因此，不能强求，更不能强加于人。司机很认同我的这些观点。谈着谈着才知道，这个司机竟然是我最好女同学的学生，还是我那女同学的课代表——这世界真小啊！

2013 周三 11·06 爱的能量在传递

彩旗就是最靓丽的招牌，来送礼金的人络绎不绝，简直要把我家的门踩破。这段时间，老公的同事跟朋友特别多，这些多年不见的他的朋友都很帅气，记得前些年见到这些人的时候，感觉他们长相一般，而且穿戴也平常。现在来了，都西装革履的，谈吐也极度文雅。当一拨一拨送贺礼的人走后，我说："这些人怎么看着这么漂亮而帅气啊！"老公手里拿着一大把钱，笑逐颜开地说："这几天你大概是看着谁都特别漂亮、特别帅气，因为你现在的心情太好了，'人逢喜事精神爽'，在自己爽的时候看人，人就没有丑的了。"是这样吗？我细想想，这就是真理啊！

忙碌

　　总感觉有做不完的活。特地去蛋糕店取回了儿子结婚用的小糖饺和期子。记得小时候只要本家族的女儿要结婚了，母亲便会用整晚整晚的时间来做这糖饺跟期子。糖饺用做水饺的面皮包上红糖，然后用手把边捏成锯齿形状，放在锅里烙熟，每一只都鼓鼓的，像丰盈的日子一样饱满。期子呢，则是用发过的面擀成皮、切成条，再用刀斜切成菱形，取其名"期子"一则因为它的形状，二则因为它的寓意，娶新媳妇进门自然是期盼"子"的到来。曾有同事跟人说，儿子结婚用的这些东西都是分给别人吃的，自己又吃不了多少，买质量不好的就行了。对此我却持相反的意见，正因为是分给别人吃的，而且是因为儿子的婚事分给别人吃的，所以才更要精上加精，要最好的效果，因为这会关系到儿子的口碑。糖饺跟期子拿回家一尝，又酥又甜，真好。

化解怨恨

　　因儿子的婚期日益接近，我特别关心着天气的变化。早上的时候，天就阴沉沉的。到了晚上，淅淅沥沥的小雨就开始飘洒，天随之冷了下来。佛手瓜的叶子经过冬雨的洗涤，越发的清绿。藤萝呢，雨丝把它枯黄的叶子牵下来，一片片的沾在西屋顶上，如同水贴画一样。院墙外的彩旗被雨打湿，服服贴贴地蔫在细绳上，呈现着透明的红。帮忙筹备婚礼的人因为雨天，暂时没有什么事情可做，就在阳台上打扑克，大家吵吵嚷嚷地乱作一团。当大家都激动状地喊老爷爷时，我才发现本村一个辈分极高的人来贺喜了。

　　这个被喊做老爷爷的人，是我公公年轻时的至交，此前写到的公公年轻时那张照片上就有他。听婆家的人不止一次说过，这位老爷爷年轻时家境极其贫穷，是我公公不间断的接济，他们一家在最困难的时候才没有被饿死。后来公公被打成右派，婆母又是地主女儿，"文化大革命"开始后公公一家的厄运开始了，这位老爷爷就跟我的公公划清界限。后来又因为宅基地的事情，老爷爷当时是村干部，却不管不问地任由公公的后邻占去了公公家一部分宅基地。从此婆母就对这位老爷爷充满了怨恨，并且嘱咐家人不要跟他们一家人来往。公公直到去世，也没有跟这位老爷爷修好关系。前段时间我路过他家门口，看到他们老两口在门口站着，我主动喊老爷爷老奶奶的就说起了家常，老爷爷直感叹公公是个好人，边说边抹眼泪。人哪有知恩不报的道理？不报那一定是有原因的，特殊的年代特殊的遭遇很难说清楚了，唯有化解啊！他说现在年龄大了，能跟公公的家人说出这些，他的心里轻松多了，他感谢我主动搭理他。

如今他拿着喜资来贺喜，因为儿子的婚事把两家的关系修好，半生都没有来往的两个家庭重归于好，我想公公在九泉之下也会含笑的。

2013 11·09 周六 下雨也是帮忙

雨一阵大一阵小地下着，院子里进进出出的人很多，房间的地面满是泥巴，院子里也踩上好多的泥巴，这样的环境准备婚礼，人的心情易变得焦灼。我却怡然得很，看看雨中的植物，特别是厚实的猪耳朵一样的佛手瓜的叶子，经过雨的清洗，绿意盈眼啊！

侄儿从济南回来了，他来做儿子的伴郎。上大学仅两个月多点的侄子，此次回来已与高中时完全不一样的状态，挥斥方遒的感觉充斥在眉宇间。他回家时身上被雨淋湿了，一边擦脸上的雨滴一边感慨，感慨冬天的雨给人的感觉特不好，冰冷的感觉真是凄凉。我一边笑一边拍着他的肩膀说："看！老天多好啊！我们从多长时间以前就开始打扫卫生啊！不管是院子里还是院子外。老天也在帮我们打扫卫生呢，用雨把空气清洗过，同时又把我们院子里的植物洗刷干净。你看我们家的植物，这才叫一尘不染呢。"侄儿看看院子里的植物笑着说："大姑真行！有这样的心态，生活怎么能不快乐呢？连老天下个雨，也是在帮你，真是万物为己所用啊！"笑声中，我们又开始忙碌了。

2013 周日 今天是儿子结婚的日子
11·10

昨晚在雨中入睡，早晨三点就起床，今天这个日子对我们这个家庭来说是终生难忘。看看窗外，黑乎乎的一片，没有星星，天上应是多云的，但已不是阴天，因为经过了雨的清洗，空气格外清新。起床后我仍穿着做活的衣服，开始在厨房里忙碌，早上本家的人和婚庆公司的人几十口人吃喜面，这个风俗好啊！情长意长日子也长。不一会儿，来吃面的渐渐多起来，面条一锅一锅地下着，吃的人啧啧称道，说我们准备的小菜特好吃，我还特地做了炸肉酱。最年轻的婶婆嘱我赶紧去换新衣服，她在厨房里忙活。我到卧室穿好新买的红礼服，把灿烂的胸花戴上，出门跟婶婆炫耀："婶，看我，漂亮不？"婶婆扶了扶她的老花镜，把脑袋凑过来："哟！我侄媳妇今天还真俊！多年的媳妇今天也成婆婆了。嗯？"她又把眼镜扶正，"可了不得咧，你怎么戴上了新郎的花囊？"我低头一看，还真是戴上了新郎的花，于是大家哄堂大笑，婶婆就替我解围说是忙糊涂了。我也没有害羞，跑到屋里把花换过来了。这次婶婆看着顺眼了。

多日的忙碌就是为了今天啊，婚礼上最靓丽的就是秧歌队的表演了。喜事的一切都恰到好处，儿子的结婚典礼、婚宴一切都顺顺利利，真好！

2013 周一 上喜坟
11·11

婚礼的第二天，我们去上喜坟。先到青云山给本家的先人上坟，这是告知他们——我们家庭娶新媳妇了，添新人口了！所以每个本家人的坟头，要压上红纸。然后又到自己的娘家上喜坟，我们已经提前说好，所以是有备而来。到家了，大嫂一见我，眼泪就流下来了，直淌到鼻翼那里，她拉着我的手说："昨天，受累了吧？不容易啊！我和你哥都看到了，最欣慰的就是顺利。"二哥告诉我说，为了这婚礼上的秧歌，他们在家排练了一个星期，而且去的当天，因为怕睡过头，好多娘们一晚上都没敢睡觉。二哥也是这样，早上五点起来看看村里要参加的几家，大都亮着灯，他才放心了。二哥嘿嘿笑着说她们这些老娘们关键时候还真给力。

大哥二哥跟儿子去上坟了，我和媳妇就在家。大嫂就跟我们聊天。大嫂说，大哥昨天晚上还特地杀了兔子，准备做兔子肉，还问外甥媳妇是不是敢吃，大嫂问我的儿媳妇，儿媳妇说她很喜欢吃呢，我们一听，就知道她不明原因，大嫂使了一个眼色，我就趴在媳妇的耳边说："怀孕的人是不敢吃兔子肉的，因为怕怀的宝宝会长三瓣嘴。大舅的意思是问，你有没有怀宝宝呢。"媳妇的脸唰的一下变成了红布，小声说："没呢!"我跟大嫂都笑了。

儿子上喜坟回来了，我问他上了几个坟，儿子说："我们共上了四组坟。我们先上了我大舅他爷爷奶奶的，又上了我大舅他姥姥姥爷的，然后上了我姥姥姥爷的，还有我三舅的。"我从儿子的"你、我"里，就知道儿子的概念里有什么了，我说："儿子啊，你大舅的爷爷奶奶就是我的爷爷奶奶，你大舅的姥姥姥爷也是我的姥姥姥爷啊!"儿子睁大了眼睛，好像才弄明白我跟他大舅是一脉相承的人。

2013 周 11·12 二 宴请儿子的同事

不觉间，已到了儿子结婚的第三天了。今天晚上，我们要去潍坊宴请儿子的同事跟同学。下午的时候，我跟三个同事打电话联系，需要他们一个做司仪主持一下、一个开车、一个收钱。等我们都到了车上的时候，三个同事说我真是大将风度啊，今天去宴请当天才组织团队，超然的自信啊! 我笑着跟他们打哈哈："我不是拥有你们啊!"

这次由我自己组织的活动，好生的畅快淋漓啊。往回走的时候，车子在黑暗中急驰，我们都轻松得想唱歌。我说："感觉好舒服啊! 这最后的一幕演出才是最成功的。儿子婚礼的演出胜利结束。我感觉婚礼啊，是那么多至亲至爱的出钱出力人帮助我们演出一出戏，而且这出戏，我们演的还算是相当成功。""人生不就是演戏吗？这就对喽！"是的，人生如戏，戏如人生，只是我们要扮演好各自的角色。

2013 周三 自私还是盲点
11·13

去招待秧歌队的酒店结账，老板一个劲地夸我那天派去招待秧歌队的三个人热情又周到。这三个人两个是我的同学，一个是我的学生。当老板说到这里的时候，我才发现自己的私心：我能派出最得力的人去招待从我娘家来的秧歌队，却没有协调总管派人去照顾从淄博来的媳妇娘家的尊贵客人，这是私心呢还是本能？看来人做事都有自己的盲点，"当局者迷，旁观者清"，因此人做事是离不开别人的提醒的。

2013 周四 婚后的打点
11·14

今天儿子和媳妇要回娘家，看到淄博的人特别喜欢安丘的小糖水饺，包括青州来的客人也百般地喜欢，我去蛋糕房定做的质量又特别好，我又让蛋糕房的老板给做了十斤，跟媳妇用小袋装好后，再分成一个一个的大红包，嘱咐媳妇回娘家的时候，给她本家的尝一尝安丘人的手艺。

跟同事交流婚礼的凡此种种，我的一个同事说，他本村的一个姑娘，就因为来迎娶的人没有带腰带，娘家的人就逼着新郎去买，新郎百般地解释，说是现在不时兴结婚时扎腰带了，都是穿婚纱，也没有想到要买腰带，还说回去后买上根就行，也花不了几个钱，但娘家的人就是不发嫁，不依不饶的，新郎一气之下，径自带着车队回家了，回去该吃吃该喝喝。下午了，娘家的人以为婆家的人会来接的，结果没来，到了晚上，等不了了，娘家的人就把新娘送去婆家了。同事说到这里，说："这个女人啊，一辈子在婆家就翻不了身了，闹点情绪时，婆家的人一句话'又不是我们接你来的，是你自己送上门来的'就会受不了的。唉，婚礼上出现这种情况，都是一些不远不近的瞎打谱，亲生父母没有这样找事的，这是孩子一辈子的大事，谁不知道求个顺利？但出现这种情况，一般也是新娘的父母生性懦弱，主不了事，才任由本家人闹腾的。"这话真是说到点子上了，我就这么以为的。

2013 周 11·15 五　与儿媳妇的交流

早上，阳光下，佛手瓜的叶子仍然熠熠生辉，时令已是冬天了，冬天给人的绿，感觉到的仍是生机。绿豆一样的小瓜缀在叶尖，黄灿灿的小花顶在头部——仍然要成长啊！只要一切适宜，又管什么节令呢？成长就是了。

新婚后儿子跟儿媳妇回潍坊了，我用短信告诉自己的儿媳妇："结婚了，就从一个姑娘变成了家庭主妇。一个女人，操持一个家很辛苦，但操持一个家也能得到很多的乐趣，家务活给人的幸福感，是其他事情所不能比拟的。结婚时按照习俗婆婆和妈妈放入新房脸盆、箱子底的钱，还有婆母放入锅底的钱，都是有寓意的，就是告诉你要勤于洗漱、巧于饮食，同时要注意节俭，箱子底要保持一定的积蓄。我们的祖先经常告诉我，'家里有个巧巧妇，胜过那院里十头牛'，这所谓的巧巧妇，就是要会打理生活，有时间经常改善一下生活，家里的人经常通过做家务交流。家，不仅是一个容身的地方，也是涵养人心灵的地方，人在家里养足了精气神，就会在社会中营造出一片自己的天地。"媳妇回短信说："妈妈，我懂了。我会记在心里呢。"

2013 周 11·16 六　岁月会把一切镀上色彩

今年的深秋和初冬一直是比较温和的天气，所以叶子也就有了充分的在树上斑斓的际遇，看着那些黄色深浅不一的颜色悬缀在树冠，就感觉岁月会把一切镀上色彩的。骑车走在向阳路上，在风的吹拂中，叶子舞蹈着落下来，地上已经铺了厚薄不均的一层，空中也时不时就有翻飞的叶子。看着这一切的时候，就感觉今年的叶子是有福气的，可以有充分的时间终老在树上，把岁月的华彩充分地展现，这多像一个人的寿终正寝啊！曾看过议论幸福的文章，人的幸福感指数的衡量目标，能够终其一生平安老去是最大的幸福，平安即是福啊！今年冬天的叶子，给出了最好的诠释。

2013 11·17 周日　健康就是最高级的美丽

不用上班的日子，可以在院子里尽情地玩。记得曾写过一首小诗，说中年人的目光就像秋阳，不卑不亢而又给人力量。现在是初冬了，感觉院子里的阳光则如同老人的目光一样慈祥。我到屋顶，藤萝的叶子铺了一地，黄色的叶子堆积在那里，只等风来把它们带走。架上呢，有的叶子只剩了一根叶梗斜插在那里，如同一段一段的灰线连接着情与意。多数则是这条灰线串着一串黄，单薄的如同纸一样。我打理着架子上佛手瓜的叶子跟藤萝的叶子，心里盘算着，再有四个月，这里将是花的海洋。四个月的时间啊，就可以完成一次质的飞跃。叶的退却和花事的更迭，到底是谁连着谁，还真不好说，这就如同先有鸡还是先有蛋一样的说不清楚，但是叶子退了，枝间沉淀和积累的就是花了。我现在经常跟老公说，今后的审美观将以健康为主要参考目标，对于这个年龄阶段的我们，健康就是最高级的美丽了。

2013 11·18 周一　四时之景相伴

天气要变冷了，晚上气温会降到零下，所以下午放学回家后，就跟老公摘老了的丝瓜和架子上的佛手瓜，天黑看不清楚，只好打着手电筒摘。这让我想到了小时候，这个季节经常在坡里收红薯，天冷得不行，晚上又冷又饿，还要在坡里收那些沉得如同石块一样的红薯。现在呢，老公在摘瓜，我则在下面用袋子接着。把大大小小的瓜摘下来，我把佛手瓜的秧子扯下来，于是白的墙壁露出来了。从此，漫长的冬天开始，这院子也会陷入一年中的寂寞时候。雪花会成为这里最好的点缀。"春有百花秋有月，夏有凉风冬有雪，若无闲事挂心头，便是人间好季节。"人生活在四季中，与四时之景相伴，多欣喜的事啊！

2013 11·19 周二　她的选择很明智

许久没有早上写东西了，暑假的早上是最适宜写点什么的，因为气温适宜。现在则不行了，坐在这里，身体的冷会把人的情绪破坏掉，所以，舒适的环境很重要，同样地，身体的感觉更重要，因此，我最大的感慨是人要想做点什么，一定先把自己照顾好，不能照顾好的前提，那就先把心态放平。

今天见到了我多年不见的一个好朋友，我们两个是莫逆之交。我儿子还没到一周岁的时候，这位同事的老公出差遭遇车祸，丢下仅几个月大的孩子和年轻漂亮的妻子，演绎了人间的又一幕悲剧。当时同事精神几近崩溃。二十多天过去了，她自己从家里跑到学校来找我，因为她发现自己怀孕了，需要去医院做人工流产。这种情况下娘家婆家的人都不好知晓的，也不能麻烦他们，我主动陪她去了医院。当时我的儿子尚在哺乳期，我把她从产床上背下来的时候，感觉她整个人就跟面条一样软得不成形。那晚是下了一夜的雨，我在雨声中一夜未曾合眼，看着熟睡中可怜的她，想着在家待哺的儿子和焦急等待的老公。第二天她就出院了。几个月后，她又到我家去找我，这次是跟我说她谈新对象的事情。她结识的这个人因为闹离婚的事情，在当时的教育界整得沸沸扬扬，人都说这男人的品性不好，而她却有自己的看法，相信自己对他人品的判断，不相信世人的指指点点。她是找我拿主意来了，我当时不好表态，因为对于这男人的品德不了解，倾听是我最好的态度，也表示支持她的选择。她现在日子过得不错，在潍坊有一套房子，在安丘还有一家商铺，自己现在住的楼面积也很大，跟这对象生下的女儿已读高三，学习成绩很好，人长得也漂亮，她说现在的老公常夸她做了这样一件好事，生下了如此优秀的女儿。我笑着说她最大的功劳就是关键的时候勇敢地做了选择，选择跟这个男人成家，不仅主宰了自己的生活，也挽救了一个男人。她当即流下了眼泪，说这男的就是在她的怀里才又站起来打拼的，他有足够的才学，更有令人称道的品德，当初被人陷害，在他的自尊被人踩在脚底下的时候就垮了。要打垮一个男人太容易了，剥夺他的自尊就可以了。看看现在的拥有，想想当初的困境，她跟我聊的时候，不断地重复了三次"没有过不去的坎"，我接了一句"只有过不去的心路"，她同意这是哲理。我觉得这女人堪称生活中的勇士和智者，二十多年的经营，就把生活经营得超出了同层次的人。

人啊，关键时候的一个选择，真的会关系到生活的根本啊！看着她离去的背影，我在心底里默默地祝福她及她的家人。

2013 11·20 周三　最大的不幸是婚姻的不幸

早上的时候，看看佛手瓜的叶子，蔫了！一晚上的零度以下气温就足以让这些绿意颜色尽失，看着绿意盈盈的一片变成了灰黑的绿色，没有心疼，只感觉这是生命更替的必然。叶子已由平展窝做了一团，边上都翘起来了，看来人和植物都一样的，失却了水分，很快就会枯的。植物是多么体恤人的心理啊，春天来了，知道阳光会把人灼热，于是就长满叶子抵挡；冬天到了，懂得冬天人们是要温暖要阳光的，于是就把叶子脱掉。岁岁年年，年年岁岁啊！

跟一个女同学聊天，又一次聊到了一个很优秀的大师哥，他人长得帅气，上学的时候才华横溢，本以为仕途无限、前程似锦，娶的媳妇美若天仙，但媳妇是有貌无德啊！结果婚后陷入了婚姻的冲突中，相连几次心脑血管疾病发作，整天病病殃殃的，现在已过了知天命的年龄，人生已成定数。聊着的时候，我说："人啊！最大的不幸是婚姻的不幸！"同学极为赞同，说："就是这样子，娶到不合适的人，即使离了，所受的创伤也难愈合。"看世间人生百态，事业即使再成功，若无美满幸福的家庭，也难与幸福结缘。然后我又想到，任何事都是两极的，婚姻的不幸是人生最大的不幸，而婚姻的幸福又何尝不是人生最大的幸福呢？

　　品味散文中的一句话"锅如佛，端坐在火的莲花之上"，看着这句话的时候，我浮想联翩——佛的那种包容的特质、佛的那种大肚能容的肚量，在锅的身上有最好的表现，特别是那种有锅台的大铁锅。我家住小城，幸运的是我家有口大铁锅。我就特别喜欢招集同学或是好朋友来家里吃饭，我最高兴的就是用大锅煮东西——或是骨头，或是羊肉，或是水饺。煮水饺的次数最多。把整盖垫的水饺如同一群鸭子下海一样地倒进煮沸的水里，它们在满是泡沫的水里翻滚、蒸腾，等一个个的水饺都鼓起来了，如同鼓着白肚皮的青蛙一样的时候，就可以用大笊篱捞到盖垫上，一群人围着吃的时候，只看到升腾的热气，却看不到人的脸——这才是过日子的感觉啊！有诗意的是院子里飘着轻盈的雪花，大锅里煮着新鲜的羊肉，锅底下是一朵翩然盛开的花，这就是"火的莲花啊！"作者真的是把这幅场景写活了。俗话说"民以食为天"，孟子曰"食，色性也"，吃是人的第一生理需要，关系到人的生存，所以，每一个姑娘变成女人后，总和锅有着千丝万缕的联系，但唯有用坐在火上的锅煮生活，生活才有大块朵颐的那种快感。

　　我常因为自己拥有一口大锅而满足和欣喜，因为它可以一下子就满足好几个人一起吃饭，倍儿爽的感觉。

2013 周 11·22 五　任泪水悄悄流淌

　　今天是二十四节气的小雪，跟朋友一起吃饭，邂逅了一个我亲三哥的同事，他现在做着极好的生意，家庭幸福美满。当年跟三哥一起共事时，他还没有结婚，我还在师范读书。他说到三哥的病，说到他们都称呼我的三哥是"拼命三郎"，因为三哥是个工作狂。我跟他提起当年三哥在景芝病逝后我们扶棺回家的凄凉，那种痛彻心扉的场景如今仍历历在目。

回家后听着音乐，就开始流泪。此前经历的凡此种种，世事的沧桑、人生的无常涌上心头，总觉得三哥是世界上不可多得的美好之一，我失去了这种美好，总是努力让自己变成美好。自从娘走后，好长时间没有这样了，今晚，我任泪水悄悄地流淌。

2013 11·23 周六 生命要用多长时间等待

过了中年，极易思索生命的意义。过了中年，极易思索生命的际遇。

生平做了老师，特别是做了语文老师，就时时感受到思想的灵光在课堂上闪烁。生命的一个本能是生命的延续。生命的精彩是什么？生命的精彩是我们拥有生命，我们也可以超越生命。

文章中作者写到蝉的生命，为了得到九十天的生命，蝉要用十七年等待。作者发自内心地感慨"生命，哪怕！九十年，九十天，都要好好地活过！"学生心生感慨，有些震惊。我问这些心有所感的学生："自己的生命，较之蝉的生命要长很多，我们可以有几十年的生命，幸运者可以活到一百多岁。上苍给我们这些时间，足可以保证我们能很好地做成一件像样的事情。那我们的生命，要用多长时间来等待呢？""十个月！""不对，九个月！"我笑了，学生的知识储备量真是丰富得可以，懂的还是蛮多的啊！十月怀胎、一朝分娩的道理是都懂得的，生命来之不易啊！用九个月的等待，足显生命的珍贵了。

生命要用多长时间来等待啊？当我再度引发学生思索的时候，学生再度陷入了思索。我心情激动，侃侃而谈："生命要用多长时间来等待啊！五千年！五千年的生生不息，五千年的薪火相传，五千年多少生命的重组中，多少偶然的际遇中。偶然中的必然，必然中的偶然，合合分分、离离散散、亲亲聚聚、生生死死，才有了让我们到这个世界上来走一走、看一看的权利！珍惜生命，岂是一句简单的空谈？那里面有多少的分量，又有着多少的内涵啊！假如我们的祖先，没有那个此时此地；假如我们的祖先，没有那个此人彼人；假如我们祖先，没有那样一场场生命接力的延续，那现在还有我们吗？还有我们这个人在世上的存在吗？"当讲到这些的时候，窗外是暖暖的阳光，室内是灼灼的目光，我的浑身已被汗水湿透，但灵魂与灵魂的碰撞让教室成了心灵的牧场。

用五千年的等待活出一世，这一世怎不绚丽多彩？

2013 周 珍珠翡翠衫
11·24 日

早上醒来，就听到院子里雨滴洒落的声音，起床到院子一看，嘿！一院子的积水啊！水中漂浮着蔷薇半黄半绿的叶子。抬头看看架子上，每一枝蔷薇的刺上都串着一粒明晃晃的珍珠，而那些还没有落尽的叶子仍然拥有着绿的色泽。所有的珍珠集合起来，在架子上形成了一件珍珠翡翠衫，披在蔷薇的身上，这是初冬送给蔷薇的礼物吗？

2013 周 轻松的感觉
11·25 一

雨过了，院子里一地的凋零，院子外的马路上也是，到处都是叶子伏在地上的身影，落叶是凄美的，让人体会到悲壮的逝去，虽然人要学会享受四时的佳景，但寒冷裹着叶子吹打在脸上的感觉，除了冷，还是冷。佛手瓜的绿色已成昨日的梦境，但藤萝仍然在黄绿中摇曳。

寒风中，把儿子房款的最后一笔——大姑姐的钱悉数存好，当老公开车去送还时，我确实感到了一身的轻松。心轻松了，自由的高度就有了，而自由是创作的前提，所以我要好好地写文章。

2013 周 阳光满怀的日子
11·26 二

早上，天还亮呢，我就起床打扫院子。早晨的天气真是冷啊，感觉如同掉进了冰窟。蔷薇架下，落满了铜钱一样的叶子。想想这叶子因季节而调节的情怀，我们又有什么不能调节的呢？

早饭后，老公开车带二哥出门了。二哥共有四个女儿，因为计划生育，就把三女儿送别人家当养女。记得我小时候，要是谁把我惹急了，我会骂人是"拾羔子"，对小孩子而言，这是最大的污辱。长大了才知道真正的"拾羔子"对于父母和孩子都是一种灾难。二哥的三女儿养在人家家里，这事情简直就是我们全家的一块心病。早些年不敢去看这孩子，因为养母全家防着呢。后来这孩子嫁人了，征得养母的同意，二哥给了三女儿一笔钱。这女儿自己做妈妈了，也许是想明白了一些事情，就打电话给二哥，要二哥跟二嫂去看她，因为她不想自己的孩子长大了不认识姥姥姥爷。

晚上老公回家后跟我说，这女儿的婆母跟二哥和二嫂唠了半天的嗑，说自己的媳妇小时候磕磕绊绊长大的经历，说她有了自己的孩子后才理解当初自己的父母一定是在没有办法的前提下才把自己送走的，说他们全家都希望以后有时间二哥二嫂能常去看看他们。老公说下午他们要走的时候，二嫂跟自己的女儿拥抱在了一起，二哥跟二嫂都泪流不止。

我想，二哥的这个女儿，一定是理解了父母，并且接受了自己的过去，才做出让二哥跟二嫂去他们家的决定，这就等于这女儿认了自己的亲生父母，我感到这真是一个大喜事。寄养的孩子一辈子都会比别人多出一份痛苦，而只有彻头彻尾地接受，才能安然地享受当下的生活，否则心里充满了怨恨，对自己的生活不利也对自己孩子的成长不利，我的侄女一定是懂得了这些才做出了明智的选择。今天，我真高兴。今天是一个阳光满怀的日子。

2013 周三 11·27 我复苏了

坐在阳光下的感觉真好，其时的我，是阳光满身了。阳光到我身上，把自己涂满光亮；阳光到物体上，把物体的影子涂到地上。其时我的心际已被自己的感觉涂满。

窗前法国梧桐的叶子落得差不多了，树顶上的一些还簇拥在一起，悬挂着的那些小圆球，点缀在叶子中间，如同裙摆上的装饰一样。树冠底下的叶子几乎就落净了，剩下那些粗细不均的枝条兀立在那里，开始了漫长冬天的等待——此时的它们，感觉通道也封闭了吧？想到这里的时候，我自己一个人站在空无一人的走廊上，一个人傻笑了。近一个月来，忙于儿子的婚事，那种昏天黑地、彻头彻尾的忙碌加上抑止不住的喜悦，可以让人过后彻底封闭起来的——从儿子结婚后，我就感觉自己的身体同外界是剥离的，好像外界的一切渗透不到自己的身体里面，曾为一朵花而流连、会为一片落叶而驻足的我，对于外界的一切开始无动于衷，就连从自己的指端流泻出来的文字，也不再像涓涓细流，而是一粒粒拼凑起来的沙子，我看着它们的时候，没有什么感觉，只是钝钝的、木木的、呆呆的，我给自己命名为一只呆头鹅，没有曲项向天歌的朝气，有的只是沉沉的暮气。这个状态下的自己，我知道那是身体的感觉通道已经全然地封闭了，这没有感觉的生活，应内敛、应矜持、应蛰伏不动，我静养着我自己，这多像树木进入了冬天啊！

如今冬日的阳光中，我复苏了，今天全然享受了在电脑上写文章的快意，而且我竟然给自己的这种写作命名为"在电脑上散步"，那就是信马由缰、闲庭漫步的感觉啊，我的缰由我的思维牵着，去享受生活的美好和欣喜。

2013 周 早落的叶子因为啥
11·28 四

晚上的气温已达零下八度，树上的叶子一下子被冷气打掉了，失去了水分的叶子落下来，黑绿的表面被一层霜覆盖着，群体居在一起，完成了一年的宿梦，回归了。

听同学聊天，说是本市一个年轻的女教师，孩子才刚刚五岁，这女教师承受不了生活的重担和工作的压力，就在前几天竟然喝了"百草枯"自杀了。据说这"百草枯"毒性很大，喝过后救不过来的。同学说着的时候，听的人都为这年轻的生命惋惜。同学还说，这位女教师的母亲也是自杀谢世的——在她年轻的时候，因为看管孩子的时候孩子不小心把左胳膊摔断了，母亲就陷入了自责当中，心中总是想着孩子的胳膊摔断了，将来孩子长大了生活受到影响，会怎么样的责怪自己啊，没想到过了不久，母亲就在一种愧疚中自杀了。现在母亲的孩子长大后，凭着自己的聪明才智考入了教师行列，本来已有很好的工作，却又因为心理承受能力太差自杀了。同学在议论这件事的时候，看着我说：要是这位女教师能得到我的辅导就好了，她想开就不会自杀了，这世上也就少了一个悲剧。我告诉我的同学，单纯的心理咨询是难以解决这女教师的心病的，这样的家庭需要做家庭治疗，因为家庭有了一个模式，这是很可怕的，这模式已在两代人的身上发生了同样的事情，家庭也有健康和不健康之分，如同人一样。

虽然叶子终须落掉，但晚秋的叶子之落是因为它实现了自己的价值，而春夏的叶子飘落是因为出现了意外。

2013 周 11·29 五　享受生活

从儿子结婚后，我第一次让音乐响起在我写作的书房中，其时，窗外的阳光透过轻纱般白色的窗帘，室内一片眩目的光，《感风吟月》的曲子在我的心头滑过，如同淙淙的溪水漫过，心就这样被泡软了，软的心仿佛伸出了无数条的触须，去感悟、去体味我所经历着的一切。

2013 周 11·30 六　对鱼的感念

今天是周六休息的日子，我回家帮四嫂打扫卫生。四嫂的腰不是很好，四哥的儿子再有二十天就要结婚。四哥开超市，家里的盆子碗子锅特别多，这大多是供货方的赠品。我帮四嫂收拾厨房，把她不用的一些物品给收起来，我跟四嫂说："四嫂啊！看你多富啊！旧社会的老地主家也没有你这么富吧！"四嫂就高兴地笑。一个上午也收拾不了太多，把四嫂的厨房给归拢好了。中午吃饭的时候，四哥把能来的哥哥嫂子、妹妹和妹夫全叫来了，于是我们在一起吃了一个难得的团圆饭。

几个哥哥大多是煎鱼的高手，四哥当年曾开过饭店，所以煎鱼更上手了，知道我喜欢吃刀鱼，所以特地煎一盆黄澄澄的刀鱼。吃饭时我可就瞄准这盘鱼了，一大盘子的鱼几乎被我吃光了。边吃边想起小时候父亲从供销社带鱼回家我们吃的那付饕餮相。吃饭的间隙，几个哥哥跟我说起，前李戈村本家族哥哥的一个儿子，大学毕业后四年了，就待在家里，一门心思考公务员，但考了两年还没有考上。这个孩子平时就不踏出家门一步，而且吃饭时还要父母端到自己的房间里，外人去他家时，他是从来不出来的，就是喊也不出来。几个人在一起议论这孩子的现状，我并没有多说话，但想到这孩子的现状，也是有几分沉重感。这样的孩子，父母应鼓励他走出来，他走出来的目的已经不是打什么工挣多少钱，而是他需要人际沟通，他也需要从自己所做的事中寻找自己的价值感，如果一味地让一个这样大的孩子在一种没有价值感中自闭下去，那么这孩子的将来会是灰色的，待的时间越长，对于他就越不利，因为人极易懊悔自己的失去，他在家多待一天，他的失去就会增加一天，他的得却无从觉察。对于这样的孩子来说，他已经与外界切断了联系，所以，能拯救他的，只有他的父母，父母去认同他脚踏实做事体会到的那种价值感，父母让自己的儿子和现实生活连接，而不是一味地让儿子架空在生活中。

12 月

相互成了财富

　　昨天四嫂跟我说，她还没有准备给儿子结婚用的栗子，我想起上次叶子从沂山捎给我的栗子还有些，足够四嫂的儿子结婚所用，于是今天就带着这半袋栗子回家了。到大哥家时，二哥也在呢，我就跟大嫂说："嫂子啊！我们又来了，名义上是来送栗子，实际是找点借口回家玩玩，昨天大家一起玩的感觉那实在是太好了。"大嫂笑着说："来玩玩多好！我今天中午包水饺，大家一起在这里吃，叫上小五一家子。"二哥也笑了："又要过集体的生活了，真好吧。"

　　饭间的时候，大哥跟二哥就开始说我们家乡的趣事，说起我们马家先辈的发家史，说我们的老头子（家族人对于能数得上辈分的人会称老头子，那也是爷爷的爷爷之类的人物）发家史，说我们老马家是输在了和仙家打官司，卖了地的银子一麻袋一麻袋地用毛驴驮着去安丘打官司，大哥说起那白衣神仙的传说竟然有鼻子有眼的。我在想啊，祖先是什么级别的人物啊，能和神仙过招，我将来有机会的时候，一定把这些内容写进书里。听着的时候，看小五还在发呆，我笑着扯扯他的袄袖子，说："啊！多亏娘生下我们这一堆，看我们现在，多好！"

　　玩了一天回家的时候，我坐在车上还在意犹未尽，我说："我跟妹妹真是哥哥们的财富！小时候的跟屁虫变了。"老公慢慢悠悠地说："我看哥哥们是你们的财富吧！你呀，真是感觉良好。"我一想，这对谱呀，人际关系从来都是相互性的，一方感到愉悦，另一方一定会感觉痛快；而假如一方感到别扭，另一方也一定感觉不痛快——两好噶一好，就是这么个理吧。可怜大多数人，当关系出了问题，往往对对方多了不满和抱怨，于是就少了重修于好的机会。

2013 周一 12·02 关系是相互的

上午在咨询室见到了原来的一个同事，她现在极其苦恼，因为她与自己的两个哥哥大动干戈，闹得几乎不上门。我询问其中的原因时，她哭了，说自己因为孩子还小、在学校担任的课时又多，娘家母亲年老体衰，已基本失去了生活自理能力，娘家的两个哥哥对母亲照顾不周，她很生气，几次三番、几次三番地跟哥哥吵，对哥哥充满了怨气。可是哥哥呢，却开始变本加厉起来，甚至说她那么好，怎么自己不把娘带回家养着，最后弄得跟哥哥彻夜闹翻，母亲自己一个人住在她的老房子里，有一顿没一顿的，她想起来都想流眼泪。我看着她委屈的样子，想到了自己的做法：我在娘家父母的赡养问题上，从来就没有抱怨哥哥们哪里做得不合适，而是极力修补母亲跟哥嫂的关系，因为她们平时就住在一个村子里，哪有不磕磕碰碰的？而且家庭里闹矛盾，很大的程度就是为了财物，家庭里牵扯到的财物，真的是鸡毛蒜皮，不会是大的财产纠纷，所以母亲在世的时候，只要跟哥嫂产生矛盾，我就问她是缺什么了，或是没钱了，没有的只管跟我说跟我要，我都会给买上的，"轻财物、少怨气"是有绝对道理的，这样母亲跟哥嫂的纠葛就很少，一家人其乐融融的时候就多，这种其乐融融的感觉也会抵消偶尔的不快。我跟这位同事说，家庭的幸福不是得到的多，而是计较得少，抱怨别人做不到的事情，先检查自己做到了什么程度，用自己的行为去引发别人的行为，永远是亲情相处的策略。她一时是接受不了的，甚至感觉很不舒服，因为我们平常多是以为"以牙还牙、以血还血"，而以德报怨就会使自己吃亏。但我坚信，当她尝试过后，她就知道计较是于事无补的，抱怨更不会解决问题，要求自己多些，要求别人少些，别人做不到的自己去做，才会使事情往好的方向发展。

鲜明的对比

冬日的暖阳当中，藤萝跟蔷薇的叶子发生了质地不同的变化。藤萝的叶子干了，用手一捏，就"沙沙"地响，而蔷薇呢，则还呈现着一片成长的绿色，虽然早上起来的时候看上去是一片墨绿色，但在阳光的催醒中，到中午的时候，它竟然又还原成绿色了，而且质地柔软，叶子里一定还流通着水分。

我的一个女同学，也是兄弟姐妹七个，她的母亲早逝，是大姐一手把他们带大，除了早年就逝去的大哥，他们兄妹五人全部考学出来成为事业单位的工作人员，而大姐却因为不能读书至今还在农村做活，但下面五个兄妹的婚事全是大姐一手操办，后来家里的老爷子生病又去世，这六个姊妹一样摊份子拿钱料理。同学跟我说起她大姐的时候，满眼的泪花，我想这位已近古稀之年的大姐，在她步入老年期后会得到兄妹待她如父母一样的亲情。与此同时今天听到了另一个类似的家庭，也是同样的大姐的付出，也是同样多的兄妹的艰辛成长，但不幸的是这位大姐的儿子在四十岁的时候查出了恶性脑瘤去世，而此时的大姐已经偏瘫了，村里主事的把大姐的两位兄弟拢到一起，想商量一下后事及大姐的生活问题，结果两位兄弟却百般的推诿，令在场的所有人都很寒心。姊妹多的家庭，年长者对幼小者的付出是共同的规律，而年长者老年后会受到年幼者的照顾是多数人遵循的规则，也是家庭序位的一个表现，遵从者家庭中能量的流通是通畅的，他们的家往往是合的、发达的。否则呢？情况就不太乐观。就这两个家庭而言，前面的那个家庭中姊妹七个都兴旺发达，而后面那个家庭姊妹则命运多舛。时运会眷顾什么样的人，在此得到一个很好的明证。

自制泡菜

难得今天有半天的休息时间，我就可以完成我的名牌泡菜了。上街去把所有的料备齐，然后就在家里捣饬开了，客厅成为盆盆罐罐的天下，所用的水果跟调料一一备齐，所用的酱油在锅里熬开，于是院子里就飘散着酱油的香味。我把待用的水果剁碎，把所用的蒜捣烂，把晒好的萝卜条放到瓷盆里，用手把各种料拌匀了，我也进行了封坛大吉。边封坛边想，安丘的景芝酒最近在进行"亿元封坛大吉"，我的这种名吃呢？虽然称不上这么高的价值，它波及的范围却也相当广，照我五弟的话说，那就是"震动五湖四大洲"啊！春节到的时候，我的哥哥、妹妹、弟弟会分享这封在坛里的味道，这味道现在就码在坛子里酝酿着。

生活还是自己经营，才有属于自己的味道。

2013 周
12·05 四　柳树的"情商"

昨天柳树的叶子"哗啦啦"地落下来，校园里到处飘着浅绿色的细长柳叶，如游鱼一样在平整而又光滑的大理石面上倏忽而东、倏忽而西。结果到了晚上，气温就一下子降到零下几度，早上在学校里，看着叶子稀疏的柳树，就感叹这树对于气温的感知能力，"叶落而知秋"啊，植物的神经也是与自然连着的。柳树是叶子最早生发的树木之一，当梧桐还在沉睡的时候，当槐树还在观望的时候，柳树早就衍生出了一树的绿色，碧玉妆成的颜色早已如初，这也是适应环境的一种超强的感应能力吧？所以柳树才博得那么多文人墨客的喜欢，而成为文章里、绘画中最美的形象之一，成为情也长、思也长的象征，杨柳依依的婉约情怀是柳树的特色，所以我认为柳树一定是树中"情商"最高的一种。

2013 周
12·06 五　父爱如山

晚上的时候，到一个相处很好的同事家去玩，他们刚刚喝过酒。正面的沙发上，是一位七十岁左右的长者，同事端着茶水跟我说："你知道吗？这是咱叔。我爸爸在去世的前几天，也就是潜意识吧，就跟我说当他走后我若有事或是心情不好，就找叔。我跟叔啊，几乎每个月都会在一起喝一次酒、聊一次天。"我当即想到的是"家有芳邻"，但这位叔之于同事，已不仅仅是芳邻了，而是精神的抚慰者。同事跟他的叔在说着他们两家几十年的交往，说着同事的父亲跟这位叔叔之间的那种在生命的深处相知的经历。同事的父亲真是一位伟大的父亲，他知道自己的儿子对他的依赖，他心疼在他老去后自己的儿子漫漫长夜里的浊泪横流，所以他把儿子的精神托给自己的至交看管。父亲突然离世后同事痛不欲生，而同时，这位叔就成了同事的看护神。如今同事已从逝父的阴霾中走出，夫妻两个正享受看管外甥女的天伦之乐，一家人其乐融融的感觉如阳春三月。

生活就这样，一道坎一道坡的，同事处在坎的时候有个支撑，现在到坡的时候就幸福怡然地向前了。

2013 12·07 周六 大雪时的感悟

今天是大雪日，"大雪不封地，不过三两日"，一天的时间，天上灰蒙蒙的，这正是气温骤然下降的征兆。下午还不到五点的时间，天色全暗下来了，太阳在这个节气里最懒了，出勤的工时最短，白天看上去也是一副懒洋洋的感觉。树上的叶子快落光了，天地间变得疏朗起来。这一切，似乎都在为严寒做准备，"秋收冬藏"啊，内敛的日子到来了，而这种内敛，也是一种积累啊！

2013 12·08 周日 一心向善，即善不奖

知心朋友写下一句箴言："有心向善，虽善不奖；无心向恶，虽恶不惩。"她问我对这话的看法，我直言不讳地表明自己的观点，这话虽然是表明了人在现实中洁身自爱的勇气，但这种勇气有那么一点点的牵强。朋

友问如何修订呢，我说改成："一心向善，即善不奖。无心向恶，虽恶不惩。"我问她对改后的看法，朋友笑了，说："'一心'自然内心全是善的因子，而且这行善的人也对社会充满了信心，因为'即善不奖'那就是说还有奖的时候，但是'虽善不奖'则是否定了社会的评价机制。"我笑了，说："对啊，人还是要相信社会怀有期望之心生活。只要行善，自然就会产生好的效应，这好效应本身就是奖励了。再说了，善欲人知，不为大善，总想有回报的行善也不是什么大善啊！"

2013 周一 12·09 亦如繁花飘零

上午九点左右的时候，东边还有昏沉沉的太阳呢，那太阳一副慵懒入睡的样子，我们这边则飘起了满天的雪花，那雪花纷纷扬扬的，在空中飘着很长时间才坠落地面，一副恋恋不舍的样子。我看着这些雪花在空中飞的时候，就想这到底是不是2013年的第一场雪呢？因为清楚地记得，2013年元旦来到的时候（论农历那时间还在2012年），正是冰天雪地、彻头彻尾地冷，那种冷啊！直入骨髓的感觉，那种记忆现在犹新！雪花纷飞着，雪花飘满着，亦如繁花飘零。从2013年元旦到春节及至春节后，又飘了好几场雪。

这两头都有的飘零，哪个才算是第一呢？循环往复的东西，最说不明白了，因为本身就是无始无终，或者说始也是终，终也是始。

2013 周二 12·10 共鸣就是生活的色彩

夜间的气温越来越低，早上的院子里，总有散落稀疏的蔷薇叶子，一种干枯的绿的颜色，时光就这样催生着变化。向阳路的法国梧桐，每一棵的树冠上还悬挂着一些干枯成古铜色的叶子，蜷曲着身子贴在枝上，只等一阵风来把它带走。记得有人这样说："心若不动，风又如何。你若不伤，岁月无恙。"但对于一颗死了的心，风就可以任意为之了，诸如此时的叶子，想去哪里便是风的杰作，因为它已经成了没有根系、没有挽留的枯影。蜕落了旧的，新的已经孕育在里面，这就是轮回啊！

今天在街上遇到了以前的一个老领导，她的职位也做得不低。但从退下来后，就不再与外人接触，也从不参加家族里的红白喜事等，更不与原来圈子里的人交往。这样她的内心其实就缺少了与别人的许多共鸣点，生活中少了与别人"共喜则喜、共悲则悲"的心情振动，自己的情感呈一条直线状，那么没有波澜、没有起伏的生活也就真的没有了弹性，而没有弹性的生命，岂不是死水一潭？人的与人共事就是增加生命活力的机会，特别是那些情感的共鸣点，就是生命的色彩，有这样的色彩堆积，才会有生活的绚烂。否则单调而又乏味的生活，岂不是白纸一张？

2013 12·11 周三　不用过多担心

一位爸爸咨询我，他的儿子上小学五年级，发现近一个时期做题很粗心，有时候直接抄数就会出现错误，爸爸在着急中百般教诲，也是收效甚微。聊着聊着的时候，就听到这位有心的爸爸说：前一段时间，他的儿子跟小朋友在看蚂蚁，正看得入迷的时候，被老师打断了，被打断的孩子因为不再谦恭的神情把老师气坏了，老师罚孩子抄课文，因为抄课文的数量实在是太大，超出了孩子的承受能力，孩子在极不耐烦中说了一句："老师好坏！老师的娘大概也很坏！"可是这话竟然被同学听去跟老师告了密，告密时成了"老师好坏！我就是老师的娘！"老师有些气极败坏了，当即撤掉了孩子在班里的职务，并且对孩子不理不睬，视为空气。这事还影响到其他的老师，其他的老师也对这孩子不理不睬的——我一时听得有些悚然，多么可怕的一件事情啊！在孩子的心里，还有比老师更为重要的人吗？老师对孩子的冷落对于孩子来说比成人的家庭暴力更为可怕。好在当问起孩子的表现时，爸爸说孩子跟他说着这些的时候哭了，孩子还把这事情写下来装在信封里，说是要寄给老天爷！可见在孩子的内心世界里，世上还是有一个公平的地方，好在孩子还有了很好的宣泄——对于孩子来说，他心中以为的这个公平的地方就是他内心向往的春天啊！这件事的阴影足以影响孩子学习、考试的专心程度，因此他需要一段时间的恢复，如同疾病的痊愈一样需要一段时间，好在孩子的状态慢慢地好起来，好在孩子还能感受到老师对待他的态度也在慢慢地好转，好在孩子在爸爸面前还是安全的。因此爸爸要传达的就是对孩子的信任和肯定，不管是口头语言还是肢体语言。有心的爸爸还要创设这样一个场景：带着孩子去做他喜欢的事情，在做事情的过程中或是结束后，看到孩子的情绪好到了极点，爸爸会不显山不露水地说："儿子！看到你这样高兴，爸爸真开心啊！我还一直为你那次因为看蚂蚁的事情跟老师有了冲突而担心呢，你现在还在为那件事而伤心吗？"也许孩子会笑着说："那早过去了，我都不在乎了！"那样孩子的成长当无虞了。可能做到这点，也需要爸爸敏锐的心啊！不过有知识、有爱的爸爸，做到这点也是不难的啊。

　　分析孩子出现这样的学习障碍，大多是成长中的能力受阻，而不是智力因素，如果家长过多地担心、过多地指责，甚至在口不择言的时候说些言不由衷的话如"你真笨"之类，那样孩子遇到问题后不会向好的方面调节，那才是成长的大忌。分析这个孩子，在受到强烈的刺激下，按照条件反射的原理，人的行为在出现反射的同时，情绪也会出现反射，行为可以转瞬即逝，但是情绪却可以固着下来，在人的身体内长时间地起作用。而一旦这种情绪受到固化，改变起来就很麻烦。比如这个孩子，如果爸爸总是提孩子粗心的毛病，有时就会造成一种负强化，倒不如用孩子的闪光点来进行抵消，用肯定的方式来增强孩子的自尊心，孩子就会慢慢地自行调整了。

　　孩子成长中这样的卡口，需要爸爸妈妈真爱的陪伴啊！

2013 周 给生命一个扎根的机会
12·12 四

　　每天守着一泡沫扦插的月季写文章，写的时候不时地看看它，并且时不时地想着给它浇水，虽然那只是一些人家剪下来扔掉的枝条，在我这里却是生命萌动的胚胎。今天蹲下身来看时，才发现这里已经悄悄地绽出了新芽！这冬天里的欣喜啊，我好像已看到了鲜花坠满枝头的那种绚然。

看着它们的时候，想起剪下来的那些月季枝，也曾用心地把它们插到盆子里，待发出芽来才移栽到院墙外面，结果它们先是叶子慢慢地枯萎，再是枝慢慢地去除绿色，最后，都死去了！后来才知道要越冬的枝条扦插，才是最容易成活的。看着这些已生出芽来的月季，我知道了生命要想勃发，那一定要有一个先扎根的过程，把要越冬的枝条插进土壤中，在漫长而寒冷的冬天里，这些养在温室中的枝条就有了一个很好的扎根机会。根已有了，才会有向上的立足点啊！那对于孩子而言，什么才是扎根式的教育呢？生命要自己萌发才好啊！

2013 周 冬日早晨的感觉
12·13 五

早上六点醒了，看看老公正在身边眨着眼睛呢，于是就撒娇了："嗯，给我背首诗！"他故作姿态地背诵："床前明月光……""啊！每次都是这首，不听，换首新的。""在苍茫的大海上，狂风卷集着乌云，在乌云和闪电之间，海燕在高傲地飞翔……"一边是人高声朗诵"乌云和闪电"，一边是我起床的身影，心底里告诉自己：又睡了一个舒服的觉，又要开始满怀希望的生活，真好！穿好衣服到厨房里做上饭，看看只用了十分钟的时间，就来写作的房间写作了。看看那些月季花的刺刺棱棱，仿佛都在笑呢。

2013 周 接受失去父亲的痛苦
12·14 六

周末不用上班的日子，在屋顶上抒情呢！藤萝的叶子厚厚的一层，踩上去软绵绵的，脚底下发出"刷刷刷"的声音，这些萌过一季、绿过一季、绿透一季的叶子，如今就在我的脚底下安眠了，生命的更替总有它的变数，但这些变数中也会有一个大的规律在运作，当生命到它的劫数的时候，就如这熟透的叶子一样飘落下来。

　　一个很要好的朋友，父亲远逝了，他说心里空荡荡的，干什么都没精神，六神无主的感觉仿佛失去了自己最珍贵的东西，而这种失去永远不可能失而复得。他说父亲走后的这些日子，老人家的音容笑貌总在眼前浮现，晚上一觉醒来，往事就像电影一样历历在目，久久不能入睡。他说父亲中午还吃了三个包子，拿着铁锨到了菜园地，就突然倒在了地上，永远起不来了，一抔黄土成了父亲永远的归宿，从此阴阳两隔，再也见不到父亲风风火火矫健的身影，他感觉自己的生活空了，做事再也提不起精神。

　　我慢慢地告诉他：

　　知道这几天你休丧假的经历，足可以让你回顾自己四十多年的生活时光。父亲是一个人的灵魂所在，父亲走了，人心灵的大厦也会坍塌，需要重新构建，这个构建过程的长短因人而异。你想到了，父亲以他的善良和勤劳走完了他的一生，但他从不抱怨生活的艰辛，最后都不会去麻烦他为之付出爱的任何一个孩子，对此我们应心怀感激，而不是追问父亲为何走得这样匆忙。

　　人心路的变化，莫过于生老病死给人的教育，我觉得这样的教育机会胜过一切书本上的学习。我们从人的"生"中看到希望，我们从人的"死"中看到珍惜，我们从与人的"别"中感到真实。面对亲人的离去，是真正使自己的内心强大起来的机会。强大到足可抵抗恐惧，强大到可以用一颗平和、善良、坦然的心去面对自己生活的变数，去成就凭自己的能力和心力能够成就的东西，但是决不强求！风雨过后，天就会晴的。风雨是经历，天晴也是生活。天晴的感觉真好，可以感受阳光的温度，可以享受微风的动感，可以看天上的云卷云舒，更可以用一颗恬淡、怡悦的心去看花开花落！

　　接受当下的这种空的感觉吧，心灵的空很正常，也是生活中不可多得的一种际遇，心灵空了，才有新的东西进入。生命就是这样，一代又一代的人生存繁衍，许多的人在我们的生命中来了，许多的人在我们的生命中也去了，我们会因为他们而使生活丰富，我们也会因他们而使心灵丰富起来，使我们智慧的人生升华起来。于我们而言，唯有好好活着，才是我们最好的选择。不管是健在的还是已逝的父母，他们的孩子好好活着，永远是他们最朴素的心愿。愿九泉之下的父亲安息！因为我们会好好的！

2013 周
12·15 日　生命过程中的 "结"

今天我回家帮四哥做了一天的活，给他炸了半天的藕、肉、鱼，炸完后无论我走到哪里，都带着一身的味道，氤氲的力量啊！四哥的家里，洋溢着喜庆的气氛，大红灯笼挂起来了，新房内新郎新娘的照片挂起来了，大红色的装饰品挂起来了，我跟二哥说祖先造的这个 "张灯结彩" 的词真好，喜气就是通过氛围传达的吧。

记得此前我一个修行很高的同事喝着功夫茶的时候跟我说："人活着啊！就是结婚、送丧、生孩子、过年，就是通过这些过程感受到什么叫做活着。"结婚是人生的大喜，送丧是人生的大悲，在这大喜大悲中，有一些节日能让人感到切实的存在，这如同时光河流的跌宕吧。假如把人生看做一根成长着的竹子，每一次的或悲或喜的经历就是竹子上的结，遇到结的时候，日子就被夯实了，这夯实的日子增加了生命的厚度，也会增加人生的硬度，是人生的一个个连接。有了这些连接，人生会继续延伸下去，增加生命的长度。既有密度，又有长度，人生才是切实的人生啊！

2013 周
12·16 一　让书也扎上蝴蝶结

今天打算送给我们校长一套书，总得把这书装扮一下吧？于是我就用红色的绸带把书包扎起来，最后还系上了一个漂亮的蝴蝶结，书的封面是绿色的，做这些的时候感觉是身穿绿萝裙的小姑娘扎着漂亮的蝴蝶结，看着这系上蝴蝶结的我的精灵，我心底绽放着五彩的花朵。记得小时候，每次出门，娘都会把我打扮得漂漂亮亮的，总是特地给我扎上两个朝天的小羊角辫，辫子上系那大红的绸子，如同盛开一朵鲜艳的花朵，娘每次给我梳头时，总也忘不了说："头上一杆枪，谁也不敢搪，搪着就闹饥荒。"

看着这装扮起来的书，我好像看到了小时候的自己。在我的眼里，书是有生命的，它也有脚，它也会走，它也会去到合适的地方。我总感觉自己和书成为一体了，这时常让我想起韩剧《面包大王》里主人公做面包的场景，在那些面包高手的眼里，面包也是有生命的，所以它才会散发出特殊的香气。而我呢，我的书终究也会散发出自己的香气。

2013 周二 12·17 面鱼也是艺术品

　　四哥的儿子婚期越来越近，我用整晚上的时间给侄儿做了喜庆的面鱼。用熟油把炒熟的面拌好，再加上红糖跟芝麻，用面模子把鱼一个个磕好，饧好后用大锅蒸熟，再用电饼铛烙得黄澄澄的，排在案板上，如同一群鱼浅翔水底呢！这样做出来的鱼仿佛一件件的艺术品，不仅爽目，也会赏心，看着和吃着的时候，心都是喜庆的。婚礼上鸡和鱼都是吉祥物，"大吉大利、年年有余"是人生活的期盼，我把面鱼做成艺术品，也是我的智慧啊！

2013 周三 12·18 冬天的点缀

　　早上屋顶上的红瓦沟里有一层薄薄的雪，红白相间的屋顶告诉我们冬天的点缀来了，起身到院子里的时候，才发现天空中还飘着零星的雪花，因为过于轻盈，就在院子的上空迟迟不肯落下来。但落到地上的，就难以寻见它的踪影了。生活也是这样子的吧，有一些事发生了，却了无痕迹、遍寻不着，而有些事情却如影随形、挥之不去。于人而言，事来则应、事过不留是极好的处事方式，人多数因为过去的事而心生遗憾、痛苦或烦恼，就在这种种的折磨中，那本是长着脚的时光又悄悄地溜走了，感怀于过去的人对于当下的生活往往就缺少了一颗感受的心，而没有感受的心就形同虚设，所经过的只能是了然无味的生活。幸福的人生本是用一根看不见的丝线串起那些零星而又美好的事情，用心享受自己做事的感觉，这样的生活才是有灵性的生活。

想着这些的时候，屋顶的雪没有了。太阳出来了。

2013 周四 12·19 孩子纯美的心灵

今天给参加我生命教育的学生写了一封信，信里有这样一句话："让你本就精彩的生命如花一样绽放！"这句话意在表明我们开设生命教育课的目的。课后做反馈时，我调查学生对本堂课的哪个环节最有感觉，结果超过半数的同学对这句话有强烈的感觉。从学生的呈现中就能看出人的心灵是多么需要别人的认同啊！人更希望过一种有期待的生活。孩子纯美的心灵啊，让人感叹。

2013 周五 12·20 侄儿结婚的感触

今天是侄儿结婚的大喜日子，我们回到家的时候，家里已是高朋满座。整个婚礼的喜庆中最让我动情的是侄媳妇在婚礼台上喊"娘"的细节——婚礼进行中，司仪问媳妇："面前站着的这个人，你叫她什么呀？"媳妇有点羞涩地说："妈妈！""那你叫什么她高兴呢？""妈妈！"司仪不依不饶地，再把话筒举到媳妇的嘴巴前，于是媳妇回答："亲妈妈！"司仪还不放过，媳妇也是蛮大方的，高声回答："娘！""亲娘！"立时，我就感到自己眼角的泪下来了，而现场的妈妈们，也大多用袖子擦自己的眼睛。"娘"这个词有多么大的能量啊，它足以让任何一个心肠柔软的人动心。

2013 周六 12·21 自由与幸福

早上的气温较低，骑车走在路上，感到浑身有一种冻透的感觉。今天是安丘教育局文联成立后第一次对文学协会进行培训。培训了一天，脑袋太沉了，回家的时候干脆推车走着，我在想：人，怎样才算是幸福呢？幸福一定和灵魂有关，和灵魂的质量有关。灵魂的质量，取决于灵魂的自由和灵魂的高度，我忽然悟到：我的文学表述就是一种自由，我用五笔打字的速度是快速的盲打，而且准确率很高，我不用考虑字的输入，只在头脑中构思行文的内容，我在这种文字的自由表达中得到一种超脱，体验一种释然，那种驾轻就熟、轻车熟路、行云流水的感觉让我感到这是一种至高无上的享受。所以，真境界那一定会有前期的大量投入。前期所读的大量有思想性的书再加上心理学的整合和自己经历的提炼，就让我享有了灵魂的高度。什么是自由啊？这种自由决不是为所欲为的肆无忌惮，而是"从心所欲而不逾矩"的那种行于当所行、止于当所止，只不过这种行和止已有习惯性的制定，如驾驶高手的驾驶一样得心应手了。

由好奇而成志趣，由志趣而成爱好，由爱好而享受幸福——这就是我对灵性人生的阐述。

2013 周 12·22 日　如何做到人性的升华

今天是一年当中白天最短的一天，所以具有特殊的意义。早上感觉很晚了，太阳才懒洋洋地出来，如同一张擦了白粉的脸，一点也生动不起来。温度呢，因为没有风，所以还不是那么的冰天雪地。做家务的时候，就忽然悟到给学生看的那个《你为什么和别人不一样》的视频，这视频其实是有着深层的含义的，那天给学生上心理课时学生已经感受到了女孩子的成长历史，开始"为什么我和别人不一样？"这是不接受的阶段，接下来接受现状，开始投入练习，并且从练习小提琴中得到了无限的乐趣，这是接受的阶段和改变的阶段，最后的脱颖而出则是拥有了与宇宙天地同生的那种灵性。我由此想到了人在遇到重大刺激时也是这样，当苦难来到的时候，就会不服气，委屈地想"怎么是我呢？""为什么是我？""早知道……我就……"然后会慢慢地接受事实，想到这是命吧，命该如此啊，于是接受现实开始调整和改变，最后人的心智就会得到升华——这样人就会慢慢地成熟起来而拥有智慧。

2013 周一 如何让心灵自由
12·23

　　过了冬至，白天会慢慢地变长，不知不觉当中，就会感觉白天明显地长了，这就是不经意间的变化。伴随着白天的渐渐增长，春天就一脚一脚地走来了，看看旁边的月季，芽已经变成锥形了，冬天能遥想春花的美丽，那美丽是一定在心头的——这也是心灵自由的一种吧？

　　心灵只在自由的境界中，才能创造出具有灵气的作品吧。曾看过一个史实：原来人们考证为建造金字塔的是一些奴隶，但是心理学家却提出了异议，因为人在失去自由的情况下不可能建造出如此精美的艺术建筑，金字塔巨大的石块之间连一枚刀片都插不进去，因此金字塔的建造者必是一批怀着虔诚之心的自由人！心理学家的猜测最后得到科学的证实，金字塔确实是一些自由而又有生活保障的人所为。心灵的自由是创造力得以最佳发挥的前提，一个心灵有障碍、内心有冲突的人，是不能进行艺术创作的，更不用奢望在他们的手下能有精美绝伦的艺术品产生。能让心灵自由，最方便的捷径就是淡化名利的得失。

2013 周二 感悟做事的境界
12·24

　　今天下午跟球友酣战一场，结束后我坐着其中一位的车赴宴，他一边开车一边摇头晃脑，我说："看样子你很高兴啊，什么事情这么快乐？"他的头晃得更厉害了，就像打着节拍哈哈乐一样，说："啊！跟你们打球真是一种享受啊！身上的每一个细胞都舒坦！公车改革很快就要推行，我大概很快就不能再给领导开车了，不管怎么样，我也要去和你们一起打球。现在，打球成了生活的一大乐事呢！"享受乐事的人整个身心都是快乐的，这就是心理养生的境界。

　　今天是圣诞节。下午从工会的职工心理咨询室下班回家时，老公又忙着去给他的远房弟弟筹备婚礼了，我一个人在家，就有足够的时光打发。天冷极了，拖净的地面湿漉漉的，迟迟不肯干去，我在院子里有些心疼白白过去的时间，就想，到超市去买些吃的吧，改变一下每晚总在电脑前"吧嗒吧嗒"打字的模式。

　　因为是节日，所以超市里买东西的人特别多。我径直来到自己要挑选的甜点前，选好了自己要买的点心，抬头时就发现前边站着一个中年妇女对我特别关注，隔着老远我就能感受到她目光的热力。见我抬头了，她就热情地走到我的面前，我才恍然记起是前几年一个领着女儿找我做咨询的妈妈。当时她的婚姻面临离异，正上中学的女儿精神又出了问题，每天总是木木的、呆呆的。这些变故使心力交瘁的她承受着巨大压力，当时她再也顾不上修补自己的婚姻，领着自己的女儿踏上了漫漫的求救征途，她带着女儿去过潍坊、到过济南，每到一家医院，医生总给她的女儿开治疗抑郁的药。吃了一段时间的药，女儿不呆了，眼睛变成了眯——她好像总在半睡半醒之间，眼睛空洞无神，成了一个木偶。当时的我还没有学习系统的绘画治疗之类，但我知道一个正值青春期的孩子吃药是会吃坏的，一旦她产生药物依赖，那是无论如何也救治不了的。我跟妈妈聊，让妈妈先处理好自己的生活，把家庭的温馨感先建立起来，同时对女儿传达一种信心，女儿觉得安全了，她就会慢慢地好起来。记得那天谈话结束时，我带她们母子到了我家的佛手瓜下，看着佛手瓜绿色攀爬、生命力旺盛的场景，我让她女儿来感受生命的张力，让她体验那种上天给我们一次生命，我们就要让生命在我们的手里灿烂以至圆满的那种欣然。绿意盈眼的那种场景我至今还记忆犹新……当我问及这位妈妈女儿现在的状态时，她那风韵犹存的容颜流露出幸福的微笑，她告诉我，她的女儿现在很好，结了婚还有一个近两岁的女儿。说着的时候，一个小女孩跑到我们的面前，拉着她的手喊姥姥，原来这就是她说到的那个小孩子，穿着红红的合身的小花袄，大冬天的看上去感觉温暖而舒适。这位妈妈满脸洋溢着幸福的表情告诉我，小女孩穿的袄是女儿缝的，女儿有了孩子可聪明能干了，给孩子做的衣服连自己这个做妈妈的也赶不上，说着的时候，一个劲地对我表示感谢，全然不是几年前那个无着无落、失意落魄的人。她热情地帮我称好了几样点心，并且把我送到超市外。

马路上晃动的车灯映着路灯，圣诞节的晚上真有点灯红酒绿的感觉。我一个人慢慢地走着，想到这个前后判若两人的妈妈当下所过的生活，她就是用一颗恬然而满足的心来看着自己的孩子开始自己的人生，那种静候花开一样的感觉一定充溢在她的心间，尽享天伦啊！真好！想起今晚上我要走的时候，妈妈拽住我，拿着一张纸，非要我在纸上给她的女儿写几句话，我想了想，就在超市的柜台上俯身写下："花香蝶自来，做最好的自己，才能遇见最好的别人。"寒风中我心里默默地回味着这几句话，感觉已是春天了。

2013 12·26 周四　雪花飘落

天冷极了，人在室外只感到脸上的皮撕裂一样的感觉。太阳光是白色的，如同给校园里铺上了一层白色的透明的纱。不一会儿，天上竟然飘起了雪花，那雪花轻盈透明，让人疑心是轻盈的柳絮在飘。慢慢地，雪花大了起来，因为太稀疏，所以就成不了那种纷纷的感觉。

今天到饭店吃饭，宴厅门对面屏风镶嵌着一个字，是篆体繁体字"龢"。酒喝得差不多了，三哥就考我，指着这个字问我是什么字，回答正确后他又紧追不放，问我从中看到了什么。我仔细地看着这个字说："我看到好些人在吃饭，而且饭还很丰盛。从一边倒来的'禾'来看，是获得了大丰收，大家在庆祝。"大家就开始议论，三哥说我的回答很有创意，很多人一起吃美味的饭是最大的"和"吧，他又说："'谐'是有话可说，'和'是有饭可吃，那么'和谐'的意思就好懂了。"

看着这美术的字体，我想到有饭吃是人生存最重要的一步，想想在那蛮荒的时代，有饭吃是多么重要啊！现在人生活条件好了，不是有饭吃的问题，而是吃得好的问题，从这个字的表面意思来看，也有吃得好的问题啊，所以我们的祖先真是高明的人。"谐"呢，有话能够痛快淋漓地说出来，不用瞻前顾后地，这是交流最理想的境界了。我们的祖先，想到了人不仅要有饭吃、要吃得好，还要好好地交流，"知无不言、言无不尽"，就是和谐，就是文明，就是心理健康。真是大道至简啊！

2013 周 12·27 五 什么才是影响孩子成长的首要因素

我给学生进行的生命教育课设计了两个调查问卷，就是学生的自我接纳和个人优势的情况调查。学生自我接纳程度高的，也就是对自己认可程度高的，学习成绩普遍要高。不接受自己的外貌、不接受自己的父母、认为班主任和同学不喜欢自己的学生，学习成绩很差。学生的个人优势得分情况与学习成绩正相关，也就是对自己的优势有明确认识的学生，学习成绩要好。单独分析自信、自尊因素，学习成绩是 A 类的学生普遍有自信，并且感觉自己很有自尊。自尊而又自爱，对学生的学习成绩有着多么重要的影响啊！丰富孩子的内心、提高孩子自尊和自信的程度对于孩子的成长有着多么重要的作用。

同时对这个班级的家长做两项调查——也就是生活满意度和接纳孩子的程度。调查他们的生活满意度，从中分析得出的结论是：生活满意度高的家长，他们的孩子学习成绩普遍优秀。接纳孩子程度高的家长，他们的孩子学习成绩普遍优秀。

2013 周 12·28 六 阳光在自己身上

天阴沉沉的，年头岁尾的时间到了，连天也开始有感觉，不肯露出白花花的脸。冷风吹在脸上，仿佛撒了一把冰碴，每一根神经都能感受到刺骨的寒冷。蔷薇的叶子还有泛着白色的，挂在枝上，时不时地就散落下几枚来，飘在院子里，让人意识到它的存在，不会忘记曾经有过的生机。感谢蔷薇绿意的存在，让我即使在滴水成冰的寒冬，也能感受到绿色的向往。眼中有绿意，阳光自然就常在心头筛落。

今天收到了一封信，拆开看时，才知道是我最后的那批弟子中我的课代表写来的，她在信中说："读了董思阳的书，我觉得我最应该感谢的是您，从小吸收负能量的我多亏了初中三年您对我的教导，如果没有让我遇到你，不敢想象我现在是否还活在这个世界上。我现在的状态很好，我相信我的未来是光明的，我一定能坚强勇敢地走下去。"这在 QQ 上一直喊我"娘"的闺女，多么自信啊！我想到了她上学的时候，曾有一次体育课，大家都在兴致盎然地做活动，她却旁若无人在操场的角上抱着头哭得昏天黑地，体育老师怒气冲冲地把我喊过去，意思是让我这个班主任武力镇压。我站在她的面前看着她，她仍然抱着头哭得一塌糊涂，我没有说话，用手抓住她的手，把她慢慢拉起来，把她抱在我的怀里，让她尽情地哭。她哭够了，才跟着我到了教室，擦干眼泪，她告诉我今天是计生委的人要她家交罚款的日子，爸爸妈妈超生，她是家里的第二个女儿，下面又有一个不到一岁的弟弟，想到家里要发生的一切，她再也控制不了自己，她说她不想活了，她死了，家里就不再超生，也就有活路了。又可怜、又高尚、又简单的孩子啊，多少人的悲剧也许就是这一闪念间啊！当这一闪念任由线性发展时，悲剧就在所难免了。我揽着她，看着她的眼睛，让她也看着我，要知道这个时候目光是能产生能量的，而滔滔不绝的道理却难走进她的心里，我用语言告诉她："每一个人，父母把他生在这个世界上，每个人都会有每个人的价值，每个人都会有每个人的人生，在这个世界上，谁也代替不了谁，谁也无法替谁而活，假如想有所承担，那就自己勇敢坚强，先让亲人不为自己操心，就已是胜了一把，再力所能及地帮助到亲人，那就是胜了两把，而把自己发展壮大，有足够的能力既活好自己的人生，同时又让自己的亲人获益，那才是生命价值的最大化，这种最大化比你现在轻而易举地选择去死，其意义和价值无法比拟吧？死是最简单的事，而活着却有千般的不易，而恰由这种不易，才会缔造出人生的意义来啊！"小女生好像把每个字嚼碎咽下肚里的感觉，我又问她："生活中有阳光吗？"她说："有！"我问："阳光在哪里？"她想都没想，一扬头说："阳光在弟弟身上！"我当即义正词严："错！阳光在自己的心上！请你记住，阳光在自己的心上！再难的事，遇到迈不过去的坎，就告诉自己，阳光就在我的心里，然后，你就有力量了，试试看，站起来！"她眼睛直视着我，慢慢地站了起来。此后，每逢合适的机会，比如上学放学遇到的路上，或是课间在校园里，遇到她一个人时，我们就有目光对接，然后我就握紧拳头，笑却抿着嘴巴，在心里跟她传递"阳光就在我们的心里"。她就用目光和拳头回应。中考的时候，她以优异的成绩考入了高中，然后我就很少有她的消息，只是每逢平安夜的前天，我的桌子上都会放着一个用彩纸包起来的大大的苹果，纸上的留言一定是："妈，平安夜要到了，愿你一生平安！别忘了吃苹果。"

　　一个懂得关心别人的孩子，那一定是内心积聚了强大的力量，我享受着她的关心，同时也坚强着自己的坚强。

2013 周　**什么是真境界**
12·29 日

　　读史书看到这样一个故事：汉末有一位著名经学大家蔡邕。有绅士邀请蔡邕来家里做客，特地请了一个弹琴的高手在家里响起丝竹之音以表示家庭环境的高雅，更显示了对蔡邕的盛情。结果刚走到门口的蔡邕听到琴声，说："这声音中杀机四伏，那请我来做什么？"于是扭头就往回走，门人一看赶紧去和主人汇报，主人一听急了，好不容易请来的学问大家还没有到家怎么就要离开呢？于是赶紧追上去问个究竟，当听蔡邕说出实情时，主人很诧异，叫出弹琴的高手来询问，琴手说："我刚才看到一只螳螂要吃一只蝉，我一边弹琴一边着急，螳螂怎么还不扑上去呢？"蔡邕一听说："你真是弹琴的高手！"主人谓蔡邕："你真是听琴的高手！"——这弹琴的听琴的都是世间高手啊，连自己的情绪通过琴声都能表达了，这就是世间的高人啊，人已经与他所做的事完全相融了，这个时候的人，会体验到真性情、表现真情怀。这个故事我完全可以讲给学生来听，引导他们理解什么是真正的投入、什么是做事的真境界！

2013 周一
12·30

赌气会毁掉自己

接触到一个初三女孩子的案例。这孩子本来学习成绩很好，从小一直就很听父母的话，在班里担任班长。结果初二升到初三换了班主任，班主任有次体罚学生被举报了，误以为是她举报的，于是孩子就遭受了天大的委屈——生活中被委屈的事情也是时有发生的，如果不能善待这种委屈，那么正常的生活就会失去很多。这孩子的个性很强，自然是受不了这种委屈的，虽然班主任后来弄明白了事情并不是这孩子所为，也当着全班的同学给她道了歉。想想一个班主任，能当着全班同学给学生道歉，他做得也可以了。但孩子却并不领情，还是一个劲地反抗，学习无心，心无着落，做事再也没有了精神。爸爸一看，急了，于是把孩子转学回了老家的学校。其实这个坎也是孩子成长的机会，耐心地等等她，情绪缓和了，或是做做心理疏导，就可以了。但是爸爸采取的是改变环境的方式来让孩子改变，殊不知，当孩子的成长出现波折的时候，改变环境是最差的应对方式，孩子本来应对这份挫折的心力就很小，还要花费更大的心力来适应环境，一个人要适应新的环境，是多么困难的一件事情啊！这只能使成长延误，而父亲又等待不起，初三的学习多么重要啊！父亲是真着急啊，于是就动手打孩子。这一打，新的矛盾又产生了，不仅是成长受挫，又有了亲子冲突，亲人之间变成敌人，在心理上进行着你死我活的拼杀！当拼杀进行到白炽化的时候，父母再也没有了办法，因为孩子什么也不听了，心已经死了，再也不起波澜。结果就有了这一次的咨询。

我知道孩子是什么也听不进去，商量让她跟爸爸妈妈对视五分钟，但是她做不到。让她跟亲爱的姥姥对视五分钟，她答应了。在我的引导下对视时，姥姥流下了眼泪，她也情不自禁。看她情绪平稳了，我给她讲了苏轼写的河豚子的故事——一只河豚子在河里快乐地游泳，结果不小心撞到桥墩上了，头一下子撞晕了，河豚子很生气，心想，"我好好地游我的泳，我又没招谁惹谁，怎么还有这么粗的一个桥墩在这里呢？而且就偏偏撞上了我的头呢？我怎么这么倒霉啊！"河豚子越想越生气，也没有心思游泳了，于是在河上随波逐流，这样还不能除去心中的恶气，它干脆把白白的肚皮露在水面上，好让大家都看看，好让大家都知道它受了委屈。这时在天上飞的老鹰看见了，啊！这河豚露肚皮可是天赐良机啊！老鹰一个箭头飞下来，尖厉的喙一下子就把河豚子的肚皮啄破了，鲜血染红了河面，河豚子也被老鹰叼走了。——这就是赌气的下场啊！想想就会明白啊，跟别人赌气其实还是跟自己赌气，最后的失去是自己的失去啊！聪明的女孩子眼睛很长时间没有转动，我想她已陷入了深深的思索。

2013 周二 12·31 亲子关系失衡的重要原因

今天回访那个受伤的女孩子，妈妈说她的情绪好多了，其实我昨天跟她定的目标就是先把情绪平静下来。妈妈说她今天上学时主动收拾好书包，要知道以往她是从不带书包的。而且昨晚开始写字、做作业。

通过众多的案例积累，我从内心觉得自己发现了青少年因行为失调而导致的亲子冲突的原因在哪里。亲子关系的失衡大多是因为心的重力作用点问题而致，青少年处于自我意识的觉醒时期，这个时候的他们刚刚开始思索人生的时候，他们的人生之路还没有开始，因此他们极易陷入对未来的担忧而产生焦虑，人的焦虑如果程度上过于严重会压得自己喘不过气来，人的行为也就出现了偏差，而这个阶段恰恰又是父母很担心的阶段，因为这个阶段的孩子很容易做些出格的事情让父母为难，父母一旦发现孩子的行为有些不合时宜，当即判断为孩子不负责任，不为自己的将来考虑，于是反复敲打、不停地告诫，可谓苦口婆心、滔滔不绝，于是亲子双方的心理能量都压在了将来上，这样"将来"在孩子心中所占的比例更大，心理更加失衡，情绪更加不稳，行为更加失调，于是就容易出现激烈的亲子冲突了。

人年轻的时候易为将来而考虑过多，因为在他们的人生中将来的时间多；年老的易为过去的事情而心生悔意或遗憾，因为在他们的人生中过去的时间多，而这个时候的父母极易拿自己过去的人生经验来教育孩子，但孩子因为没有亲历亲为，没有这方面的体验又听不进去，亲子冲突就在所难免了。就亲子双方来说，父母的力量要大得多，这不是体力的问题，而是经济方面的原因，经济基础决定上层建筑，因为孩子消费的是父母的成果，所以父母一方就占了绝对的优势，父母很值得同情，毕竟是付出的太多，思维宽泛的父母考虑多个方面，许是能体恤和包容一些，他们往往不用硬的，所以孩子受的伤害相对要少。而只从自己方面来考虑的往往就是软硬兼施，而且软的往往不好用，于是就来硬的，或打或骂或关禁闭，毕竟这些手段能让孩子的行为快快地收敛。这样孩子的心理受伤害不说，身体也往往跟着受苦。我认识的一个人她的儿子就傻傻的，快三十岁了什么也做不成，什么也做不好，熟知的人都说这儿子被他妈妈打坏了，因为妈妈下狠手的时候时常把一根手臂一样粗的棍子都能打折，而且往往儿子还没有弄明白什么事，棍子早已飞上头顶，棍子落下来的时候，儿子早已傻掉。

谁的父母不是希望孩子好啊，天下的爹娘哪有害孩子的，但也应该了解一个不争的事实，那就是不被对方接受的爱就是难受和煎熬，就是灾难，发展下去就是恨了，"爱恨情仇"不是没有爱，而是不会爱。

后 记

　　写作这本书整整用了一年的时间，但完成后对上半年的内容极为不满，于是就把上半年的内容全部做了修订，等整本书内容完成的时候，架上的藤萝开满架了，蔷薇的花苞也秀出来了。这是巧合呢，还是故意的一种等待？今年藤萝第一次开满架，那满架的藤萝一院的香啊，就让我常常不能自持。

　　虽然书中无数次的写到家里的这株藤萝，但后记中我仍然无法不写它。记得五年前刚刚栽下藤萝时，儿子看着刚刚发出的一米来长、屈曲盘旋的藤芽，再看看那架在屋顶上硕大的藤萝架，茫然地问我："妈妈，什么时候这藤萝能爬到架子上？什么时候这藤萝才能攀满整个架子呢？"我跟儿子说："时光会给我们最好的答案，我想藤萝爬满架子的时候也是我们做事业已成规模的时候。"如今五年过去了，这藤萝就攀满了整个花架，而且开出了缀满花架的藤萝花。串串紫色的藤萝花悬垂在这里，梦幻一样把理想表达成一种真实的存在。每当在藤萝架下的时候，心里就是理想要溢出来的那种感觉，就渴望如花一样把生命的美挥洒到极致。要开，就开到绚烂；要美，就美至灿然。藤萝架下有一种感召的力量，让我立誓使生命如花绽放。

　　成长不就是这样吗？只要有目标、把握住方向，不间断地每天成长一点，今天的成长在昨天的基础之上，今年的积累成就明年的理想，如同我们这本书一样，每天都有新的感悟，一天天积累下来，细数自己的拥有，竟然发现自己已前所未有的富足。

　　完成这本书，自己对生活有了更深的感悟。祖先真是先知先觉者，连"生活"二字都告诉我们生活的哲理："生"意味着每天的生活都是新的，如同每天的太阳都是新的一样，我们每天过的是全然不同的生活，自然要有新的经历、新的感受、新的体验，把每天当成新生一样去过，那种强烈的好奇心会促使自己过出怎样不同的人生？这样的人生一定与众不同！"活"意味着要动起来，要行动起来，做有意义有价值的事情，人生最美的享受就是做自己喜欢的事、遇到自己喜欢的人，人要活得好须有"水"一样滋润的感觉，还要有"舌头"的动，那自然是少不了沟通跟交流，而这种交流除了人跟人外，也要有自己跟自己心的交流、自己跟自己心灵的对话，这种交流和对话到位了、合适了，就是成长，就是灵性啊！"生活"二字本身，不是已经告诉我们很多？只是我们要用心去感受每年的"365 天"。